Interventionen

Eine Koproduktion des
Instituts für Theorie der Gestaltung und Kunst (ith)
an der Hochschule für Gestaltung und Kunst Zürich (HGKZ)
und
Edition Voldemeer Zürich
SpringerWienNewYork

Das Institut für Theorie der Gestaltung und Kunst (ith) ist Ort für Forschung und Lehre in den Bereichen Bild-, Gestaltungs- und Medientheorie. Getragen von der Hochschule für Gestaltung und Kunst Zürich (HGKZ), ermöglicht und organisiert das ith kulturwissenschaftliche Grundlagenforschung. Das ith unterstützt die Studienbereiche der HGKZ und fördert mit Vortragsreihen, Symposien, Seminaren sowie eigenen Publikationen einen wissenschaftlichen Dialog, der auch Fragestellungen der Geschlechterforschung, der Soziologie, der politischen Theorie und der Wissenschaftsgeschichte beinhaltet. Der Aufbau des ith wird von Jörg Huber geleitet. Die Zusammenarbeit mit dem benachbarten Museum für Gestaltung Zürich (MfGZ) sowie mit in- und ausländischen Hochschulen und Universitäten bildet die Grundlage für die angestrebte aktuelle und nachhaltige Forschungs- und Lehrtätigkeit.

The Zurich Institute of Art and Design Theory (Institut für Theorie der Gestaltung und Kunst – ith) *functions as a research and training center and focusses on the theory of the visual sign, design, and the media. Supported by the Zurich Academy of Visual Design and the Arts* (Hochschule für Gestaltung und Kunst Zürich – HGKZ) *the ith initiates and facilitates basic research in the fields of culture and society. It enhances the diverse curricula at the Zurich Academy* (HGKZ) *and, by organising lecture series, seminars and conferences as well as by attaching great importance to communication by publishing, also promotes the dialogue between wideranging but interconnected fields of interest, such as gender and social studies, political theory and the history of science. Jörg Huber, managing the* ith, *lays stress on the collaboration with the Zurich Museum of Visual Design* (Museum für Gestaltung Zürich – MfGZ) *and with other Swiss or foreign institutions, academies, and universities, creating thus a strong base for current research and teaching.*

Herausgegeben von Jörg Huber
(Interventionen 2–5 mit Alois Martin Müller, 6–8 mit Martin Heller)

Im Rahmen der *Interventionen* stellten bisher die folgenden Autorinnen und Autoren ihre Arbeit zur Diskussion:

Until now, Interventions *have presented papers by the following contributors:*

Singularitäten – Allianzen

Interventionen 11

Interventionen von

Mandakranta Bose
Drucilla Cornell
Georges Didi-Huberman
Terry Eagleton
Michael L. Geiges
Michael Hardt
N. Katherine Hayles
Derrick de Kerckhove
Ram Adhar Mall
Angela McRobbie
Judith Mayne
Irene Nierhaus
Horst Wenzel

herausgegeben von

Jörg Huber

Institut für Theorie
der Gestaltung und Kunst
Zürich (ith)

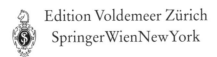

Edition Voldemeer Zürich
Springer Wien New York

Jörg Huber
Institut für Theorie der Gestaltung und Kunst Zürich (ith)

Copyright © 2002

Institut für Theorie der Gestaltung und Kunst Zürich (ith)
www.ith-z.ch
an der Hochschule für Gestaltung und Kunst Zürich (HGKZ)
und
 Edition Voldemeer Zürich
Postfach
CH-8039 Zürich

Administration Interventionen:
Isabel Kempinski, Zürich
Lektorat: Ulrich Hechtfischer, Freiburg i. Br.
Satz: Marco Morgenthaler, Zürich
Repro: Jung Crossmedia, Lahnau
Druck: Novographic GmbH, Wien
Gedruckt auf säurefreiem, chlorfrei gebleichtem Papier – TCF
Printed in Austria

SPIN 10871453

Mit 24 Abbildungen

ISSN 1420-1526

ISBN 3-211-83806-6 Springer-Verlag Wien New York

SpringerWienNewYork, Sachsenplatz 4–6, A-1201 Wien
www.springer.at

Inhalt

Vorwort

Wie kann sie sich mit den Frauen in Afghanistan solidarisieren, fragte mit Drucilla Cornell eine Interventionistin in der Diskussion nach ihrem Vortrag: als Frau in einer feministischen Tradition, als demokratische Bürgerin gegen den Krieg der Amerikaner, als Amerikanerin gegen den US-Patriotismus, als eine westlich sozialisierte Denkerin über die kulturellen Differenzen hinweg? Welcher Ort könnte das sein, von dem aus die Solidarität gefühlt und gedacht wird? Sollte es eine »ortlose Orthaftigkeit« sein, wie sie der in Deutschland lehrende indische Philosoph Ram Adhar Mall vorschlägt, wenn er für sein Denken ein Territorium der Überlappungen zu bestimmen sucht, das zwischen den Kulturen liegt als ein Terrain der Gemeinsamkeiten innerhalb der Differenzen: ein Übergangsfeld in jedem Fall?

Die hier versammelten Beiträge der *Interventionen* 2001 sind, wie immer, veranlasst durch das Interesse, das die Teilnehmenden mit ihrem (Nach-)Denken und ihren Arbeiten erweckt haben; es gibt insofern kein verbindendes »Jahresthema«. Es gab jedoch Anlässe, Anstöße und Kontexte, die in den einzelnen Beiträgen ihre Spuren hinterlassen. So fanden die Interventionen von Ram Adhar Mall und Mandakranta Bose auf Theaterbühnen statt, im Gespräch mit RegisseurInnen, SchauspielerInnen und ZuschauerInnen, im Rahmen eines Symposiums mit dem Titel »local – global«, das als ein integraler Teil des Zürcher Theater Spektakels inszeniert wurde, einer auf das Theater anderer Kulturen ausgerichteten Veranstaltung. Inter- und Transkulturalität war das Thema, das zur Gegenüberstellung von lokaler Kulturtradition und Weltkultur führt, wie es auch Terry Eagleton beschäftigt. Seine Forderung nach der »Politisierung der Kultur« wird jede und jeder unterstützen – gerade weil sie noch zu konkretisieren ist –, der im Geschäft mit der Kultur ist. Das Problem ist, dass heute alle für »Kultur« votieren: Kultur ist, was zählt, so das pathetische Bekenntnis der Weltbank. Doch wenn Kultur nicht nur zählt, sondern rechnet, wird aus dem frohen Bekennen ein harter Kampf. Es wird dann offensichtlich, als was Kultur zählt: als Dienstleistung der Wirtschaft, die ihrerseits auch die entsprechende Forschung und (Bildungs- und Kultur-)Politik gängelt. Es gibt selbstverständlich auch Ausnahmen, die Kulturförderung als Gabe und nicht als zweckdienlichen Tauschhandel verstehen; doch allgemein triumphiert die »Verzweckung« der Allianzen, was die Kulturwissenschaften in speziellem Ausmaß zu spüren bekommen, da sie sich zu ihrem Ziel machen, die herrschenden Kategorien der Anwendung von Denken und Forschen, von Theorie und Wissenschaft kritisch zu befragen. Es ist denn auch dieser Horizont, in dem die Arbeit des Instituts für Theorie der Gestaltung und Kunst (ith) und damit auch die *Interventionen* verortet sind. Ein Horizont, der das Terrain für Denk- und Handlungsbewegungen als Übergangsfeld bestimmt und der entsprechend die Theorie-Bildung auf ihre Anstößigkeit verpflichtet, indem sie die Anstöße, die sie in Bewegung setzen, nicht überwindet und bereinigt, sondern in ihr Denken aufnimmt und als stets unabgegolten erhält. Was uns lebensweltlich umtreibt, kann in der Theorie nicht erledigt werden; die Theorie kann sich jedoch ihrerseits dieser An- und Zumutungen nicht entledigen. Auch dies also erneut eine Zwischenlage.

Und es ist diese Ortsbestimmung, die mit den Beiträgen von Angela McRobbie und Michael Hardt zwei weitere Interventionen anstieß. Den Rahmen bildete eine Tagung mit dem Titel »Welcome to the Revolution«, die den Fragen nachging, »wie sich Subjektivität, Kollektivität und deren geschlechterspezifische Ausprägung vor dem Hintergrund nonlinearer Arbeits- und Lebenszeitverhältnisse formieren«, so die Organisatorinnen. Im Mittelpunkt steht dabei die Beobachtung, dass ehemals dissidente Praktiken und Subjektpositionen zur Effektivierung von Institutionen und ökonomisch motivierten Organisationsabläufen eingesetzt werden. Zwischen Kultur, Kunst, Politik und Wirtschaft sind Übertragungen zu beobachten, die befremden: Der individualisierte Kreativ-Arbeiter etwa ist die beispielhafte Figur einer talentgeleiteten Wirtschaft. Hier stellt sich dann das Problem, wie unter den Bedingungen der New Economy und des Neoliberalismus die Demokratie gerettet respektive realisiert werden kann; wie Allianzen gebildet werden können über die Individualisierung und Selbstausbeutung hinaus und in globalem Maßstab: die Frage nach den »post-individuellen politischen Formierungen« (McRobbie) und nach der »Politik der Vielheit« (Hardt).

Singularitäten, Kollektivitäten, Allianzen: Es sind dies Begriffe, die in den thematischen Kontexten der anderen Beiträge ebenso von Bedeutung sind. So etwa, wenn sie auf aktuelle Kommunikationsfragen bezogen werden (»kollaborative Software«: Derrick de Kerckhove) oder auf Geist-Körper-Umwelt-Interaktionen (der »verteilte Mensch«: N. Katherine Hayles). In Bezug auf die »Vorgeschichte« neuer Medien und ihrer Wahrnehmungsdispositive (Horst Wenzel), das »Nachleben« als einer Wirkmächtigkeit von Reminiszenzen in Bildern (Georges Didi-Huberman) und die kulturell produzierte Vermittlung von Wissenskonstruktionen (Irene Nierhaus) werden die Fragestellungen auch im historischen Zusammenhang exponiert. Das konkrete Beispiel eines geschlechterspezifischen Settings der Frage nach Allianzen untersucht dann Judith Mayne anhand eines Filmgenres.

Die Fragen nach Anähnlichungen und Übertragungsleistungen, nach historischen und transkulturellen Bezügen, nach Singularitäten und Allianzen, nach lokal Spezifischem und Globalisierungen müssen in ihrer Ambivalenz reflektiert werden. Es geht jeweils um Verbindungen und Differenzen, um ein Dazwischen und ein Darüberhinaus, um Bestimmungen / Festlegungen und Übergänge / Eröffnungen, und nochmals und dringlich: um Verbindlichkeiten, aber nicht Zweckdienlichkeiten. Und genau in diesen Zwischenstellungen ist die Theorie-Arbeit verortet, die das ith entwickelt und die hier versammelten *Interventionen* repräsentieren. Es ist eine fragile Lage und eine schwache Position, wie dies diejenige der Dissidenz auszeichnet. Die folgende Übersicht soll eine erste Orientierung ermöglichen.

KULTUR – in Großbuchstaben – im Sinn universaler Zivilisiertheit sowie Kultur – kleingeschrieben – als Bereich spezifischer Lebensformen sind heute, so *Terry Eagleton,* ausgehöhlt und zersetzt durch einen radikalen Partikularismus der Identitätspolitik, eine globale Massen- und Marktkultur sowie den postmodernen Skeptizismus. Eagleton beschreibt, wie sich die verschiedenen Formen eines »schlechten Universalismus« einerseits und andererseits einer Deformation partikularer Interessen heute ausprägen und geopolitisch eintragen; wie sie sich herleiten lassen, sich gegenseitig bedingen und generieren und auch gegeneinander ausgespielt werden. In Unterscheidung zu diesen »Kulturkriegen« fordert er die Wiedergewinnung des Partikularen – auf der Ebene jedoch des »wahrhaft Universalen«. Das meint, das Individuelle und Lokale zu beachten in seiner Öffnung auf das Allgemeine hin. Dies kann nur ge-

schehen, wenn Kultur in ihrer Bedeutung anerkannt und gleichzeitig in
den Rahmen einer aufgeklärten Politik gestellt wird, denn Letztere ist
(weiterhin) entscheidend.

Jeder ist kreativ: Kultur als Verheißung oder Bedrohung? *Angela
McRobbie* beschreibt anhand von Beispielen aus Großbritannien, wie
Kunst und Kultur modellbildend werden für Wirtschaft und Arbeitsmarkt der New Economy. Der (vom Staat und anderen kollektiven Ver-
pflichtungen) ungehinderte Kreativ-Arbeiter ist die paradigmatische
Figur der talentgeführten Wirtschaft. Entsprechend gibt das individualisierte Künstlersubjekt als Unternehmer das Leitbild der neoliberalisier-
ten Kulturökonomie ab. Kunst und Kultur sind jedoch Orte der Beobachtung und der Reflexion, so der Anspruch McRobbies, und sie fragt
sich denn, wie die Individualisierung im Bereich der Kultur für Demo-
kratisierungsprozesse produktiv gemacht werden könnte – abgekoppelt
vom Neoliberalismus. Während durchaus kritische Geister Kunst und
Kultur parallelisieren durch ihre kausale Anbindung an den Neoliberalismus, fordert McRobbie ein Nachdenken über »post-individuelle politische Formierungen«. Zwischenräumliche Orte eröffnen eine utopische
Dynamik, wenn man sie als Knotenpunkte in den globalen Bewegungsflüssen der Arbeit interpretiert. Und die Kunst könnte dabei Orte der
Reflexion liefern, an denen deutlich wird, dass alltägliche Erfahrungen
als Identifikationsmomente genutzt werden können zur Bildung neuer
produktiver Singularitäten – und dies auch im Kontext von Arbeit.

Interpretiert man Kunst und gewisse Aspekte der Kultur als immaterielle Arbeit, ist der Beitrag von *Michael Hardt* in einem ähnlichen
Kontext des Fragens verortet. Wie kann man, so hier das Problem, das
Privateigentum herausfordern, das (immer noch) das zentrale Hindernis
ist für die Demokratie – auch im globalen Rahmen. Ausgehend von der
Arbeit, die im kapitalistischen System grundlegend ist für das Privateigentum, bestimmt Hardt (wie mit Toni Negri schon in *Empire*) die immaterielle Arbeit als signifikant für unsere Zeit. Ihre charakteristischen
Merkmale, die Hardt im ersten Teil des Beitrags schildert, stellen Krite-
rien des überlieferten Arbeitsverständnisses infrage (Körper / Geist, Produktion / Reproduktion und andere). Im zweiten Teil bezieht Hardt die
immaterielle Arbeit auf das Eigentum und fragt, wie im Kontext des immateriellen Eigentums Privateigentum legitimiert werden kann. Dessen
effizienteste Herausforderung kommt nicht von außerhalb (des Imperiums), sondern von innen, indem nämlich das Verhältnis von Arbeit
und Eigentum forciert und zum Umschlag gebracht wird: Immaterielle

Arbeit kann (in den meisten Fällen) nicht einem Einzelnen zugeschrieben werden; sie ist sozial und kollektiv. Konsequenterweise ist das durch Arbeit legitimierte immaterielle Eigentum ebenso kollektiv/sozial. Es ist Eigentum vieler und kann nicht als ein privates reklamiert werden. Das ist, betont Hardt, ein Beispiel, wie die »Politik der Vielheit innerhalb des Imperiums des globalen Kapitals« in Richtung globaler Demokratie wirkmächtig werden kann.

Der globale Rahmen ist nicht hintergehbar, und Kultur und Kulturen müssen sich, so *Ram Adhar Mall,* der interkulturellen Herausforderung stellen. Dies betrifft auch die Philosophie und die Ästhetik, zwei »Disziplinen«, die gerade in unserer Kulturtradition immer wieder Agenturen des Eurozentrismus und Essenzialismus darstellen. Gegen die Vorstellung totaler Kommensurabilität und diejenige radikaler Inkommensurabilität verschiedener Kulturen, Traditionen, Philosophien, Theorien entwickelt Mall für eine interkulturelle Theorie und Praxis der Ästhetik sowie für eine die Kulturen übergreifende Philosophie die Position der »ortlosen Orthaftigkeit«. Einige der grundlegenden Voraussetzungen dieses Konzepts von Interkulturalität sind erstens die Behauptung anthropologischer Konstanten – zum Beispiel die Universalität ästhetischer Reaktionen –, die sich selbstverständlich kulturell unterschiedlich ausprägen; zweitens die Überlappungen der verschiedenen Kulturen als »Territorien« der Vermittlung zwischen fundamentaler Identität und absoluter Differenz und drittens das Konzept einer Hermeneutik, die sich als »analoge« auf die »Gleichheit der Beziehungen unter ungleichen Dingen« ausrichtet.

Die Tradition des klassischen indischen Tanzes liefert ein konkretes Beispiel, an dem *Mandakranta Bose* Fragen *en détail* zur Sprache bringt, die bei Mall im Allgemeinen aufgeworfen werden. Im Zentrum steht hier das Problem, wem eigentlich das kulturelle Potenzial dieser Kunst »gehört«. Im klassischen indischen Tanz haben (bis ins späte Mittelalter) ausschließlich Frauen getanzt. Über Ausbildung, Reglementierung, Vermarktung usw. bestimm(t)en jedoch die Männer. Der weibliche Körper ist das grundlegende »Ausdrucksmittel« – restlos aber der männlichen Regie unterworfen. Die spätere Deklassierung des Tanzes im Kontext von Prostitution ist symptomatisch für die »weibliche Qualität« der Tanzkunst. Und diese »Feminisierung« scheint sich auch heute zu bestätigen, wenn, wie Bose feststellt, es in jüngster Zeit die Frauen sind, die den Tanz wieder als respektable Kunst praktizieren. Dabei geschieht aber eine entscheidende Wende, indem der Tanz erstmals gegen die rigi-

den Traditionen als ein freier Ausdruck persönlicher Erfahrungen interpretiert und durchgesetzt wird. Diese nun »feministische« Interpretation
der Tanzpraxis steht in Verbindung mit der Globalisierung des indischen
Tanzes. Dies führt Bose jedoch auch zu der Frage – im Spannungsfeld
von Verlust und Gewinn bezüglich Traditionen –, ob nun an die Stelle
der Herrschaft der Gurus diejenige der internationalen Kulturindustrie
getreten sei.

Um das Problem der Traditionsstiftung und -sicherung geht es auch
in dem Beitrag von *Drucilla Cornell*, genauer: um die Frage, wie es möglich ist, die Situationen und Erfahrungen von Frauen zu erinnern, zu
erzählen und zu bezeugen, wenn die Frauen selbst immer wieder zum
Verstummen und Verschwinden gebracht werden. Cornell nennt bei-
spielhaft Gayatri Spivak, die eine solche Spurensuche bezüglich von
Frauenschicksalen ebenfalls aus der indischen Kulturgeschichte unternommen hat. Und dieses Beispiel weist auf eine weitere Frage: Wie kann
es gelingen, eine Beziehung über die Distanz von Zeiten und Kulturen
hinweg aufzunehmen, die Geschichten sich anzueignen, sie in Worte
(oder Bilder) zu fassen und damit Zeugnis abzulegen und letztlich auch,
in aktuellen Situationen, Solidarität zu entwickeln? Die Beziehung zu
den Anderen müsse über ethische Werte aufgebaut werden, und Cornell
schlägt als eine wichtige Kategorie die Würde der Person vor. Konkret
soll dies über Affekte geschehen, indem – und hier bezieht sich Cornell
auf Kant und Schiller – das Leiden und Verschwinden der zu Bezeugen-
den als Momente des Erhabenen repräsentiert werden: In der Wahrnehmung der Erhabenheit konstituiert sich die Gemeinschaft der Zeugenschaft, die bezeugt, wie es anders sein müsste und die die Geschichte
erinnert als einen Zusammenhang von Unabgegoltenem.

Ausgehend von Carl Einsteins Filmtheorie, die den Film zurück bezieht auf frühere Formen von Bilder-Folgen und -Dramaturgien bis hin
zu den ägyptischen Reliefs, untersucht der Mediävist *Horst Wenzel* mittelalterliche Texte auf ihre vielfältigen Strategien der akustischen und
visuellen Versinnlichung. Er zeigt, wie die Texte mit Verfahrensweisen
der Veranschaulichung, der Imagination und der Sichtbarmachung sowie mit der Konstruktion räumlicher und zeitlicher Wahrnehmungs-
konstellationen arbeiten, die eine kinästhetische Mehrdimensionalität
eröffnen, welche die Leserschaft – als Hörer und Zuschauer zweiter
Ordnung – suggestiv einbeziehen. Das Lesen ist, in der damaligen Nähe
zur Unmittelbarkeit oraler Kommunikation, selbst kinästhetischer Vollzug: Einverleibung des Textes, und Literatur ist primär »leibgebundene

Verständigung« denn Vermittlung von Information. Wenzels Darstellung macht die Verwandtschaft dieser poetischen Strategien mit filmischen Verfahrensweisen offensichtlich. Eine derartige Historisierung der kinästhetischen Wahrnehmung und ihre kulturwissenschaftliche Kontextualisierung eröffnen interessante Perspektiven für eine Mediengeschichte des Sehens und Einsichten in die Entstehungsbedingungen (innerer) Bilder.

In den gegenwärtigen Debatten zu einer Bild-Theorie ist Aby Warburg (weiterhin) eine wichtige Figur. Gegen die positivistische und/oder idealistische Kunst-Geschichtsschreibung, wie sie auch heute noch an den Universitäten die Kunstwissenschaft überwiegend prägt, hat Warburg versucht, den Bild-Gegenstand in seiner Vielschichtigkeit quasi von innen her zu begreifen. Begriffe wie »Nachleben« und »Pathosformel« dienten ihm dazu, die Zeitlichkeit und die »Körperlichkeit« des Bildes in ihrer Widersprüchlichkeit zu beschreiben; die Bild-Entstehung als psychisches und gestalterisches Vermögen zu bestimmen, das gedächtnismäßig geleitet ist. Dieses »Nachleben« ist auch Gegenstand der Ausführungen von *Georges Didi-Huberman.* Er beschreibt es als eine ab- und untergründige Wirkmächtigkeit von Reminiszenzen, die im Bild pathetisch einen Körper annehmen und so nachleben. Mittels des Begriffs des Symptoms und seiner Freudschen Deutung gelingt es Didi-Huberman, die Warburgsche Konstruktion des »Funktionierens« und Wirkens von Bildern einsichtig zu machen.

Ein Kapitel der Mediengeschichte des Sehens thematisiert die Kunstwissenschaftlerin *Irene Nierhaus,* indem sie die Beziehungen zwischen der Konstruktion von Räumen und der Herstellung von Blickdramaturgien untersucht. Beide – sowie ihre Wechselwirksamkeit – sind bestimmt durch geschlechtliche Faktoren, die sie gleichzeitig auch konstruieren. Nierhaus richtet ihre Aufmerksamkeit auf den Zusammenhang von urbanem Raum und Blick von oben sowie dessen Darstellung in Film, Kunst und Literatur. Durch den Vergleich der medial, kulturell und historisch verschiedenen Figuren der Supervision gewinnt sie Einsichten in die kulturell produzierte Vermittlung von Wissenskonstruktionen und den »Ordnungen der Dinge«. Dieser Vergleich folgt dem Prinzip der Anähnlichung, das Unbestimmtheit und Offenheit zulässt und darauf hinweist, dass diese Verhältnisse und Beziehungen sich ständig verändern und den Handlungsraum von Individuen und Kollektiven repräsentieren.

Um Blickkonstellationen, Sichtbarkeit und Spectatorship geht es

auch im Beitrag von *Judith Mayne*. Sie untersucht den »Frauen im Gefängnis«-Film als ein Genre, das darauf angelegt ist, Verhältnisse unter
Frauen in Form verschiedener exemplarischer Situationen und Typo-
logien zur Beobachtung zu bringen. Im Zentrum stehen die Identitäts-
konstruktionen und Beziehungsgeflechte, die sich ergeben durch die
Kategorien Rasse, Klasse, Gender und Sex, wobei dem Thema des Lesbischen ein spezielles Gewicht zukommt. Was in anderen Filmgenres nur
angedeutet wird, wird hier – ob in anspruchsvoller Form oder in B-Movies – explizit thematisiert, durchgespielt und sichtbar gemacht, in Geschichten von Gewalt, Unterdrückung, Freundschaft und Solidarität.
Dabei kann dieses Genre auch und speziell das weibliche Publikum inte-
ressieren (und das männliche streckenweise sogar enttäuschen), da es vor
allem um das Sichtbarmachen von Beziehungen zwischen Frauen für
Frauen geht. Dem Interesse des weiblichen Publikums an diesen Filmen
kam, so Mayne, die Entwicklung vom Kinofilm zum Videoverleih und
dem privaten »Heimkino« entgegen.

Als Interface zwischen Sprache und Geist beeinflussen Medien die
Kommunikations- und Wahrnehmungsvorgänge sowie die kognitiven,
sensorischen und psychologischen Prozesse, die dabei aktiviert werden.
Die verschiedenen Medien tun dies auf je spezifische Weise und eröffnen
damit auch je spezifische Möglichkeiten der Verbindung von Geist und
Maschine: *Derrick de Kerckhove* beschreibt dies an den Beispielen Buch,
Fernsehen und Internet. Letzteres ermöglicht neue Formen von »ver-
bundener Intelligenz«, die de Kerckhove in der praktischen Entwicklung und Anwendung so genannt kollaborativer Software (»Thinkwire«,
»Sessionstorm«) erprobt. Es sind dies Formen von Hypertextualität und
»Hyper-Denken«, welche die Online-Interaktion in der Produktion
von Bedeutung ins Zentrum stellen. Individuelles und kollektives Denken und Arbeiten werden wechselwirksam vermittelt; gefordert sei, so
de Kerckhove, eine »Technopsychologie«, die diese medial produzierte
interaktive Wissensproduktion unterstützt.

»Posthuman« ist nach *N. Katherine Hayles* die angemessene Bezeichnung für ein gegenwärtiges Menschsein, das durch technowissen-
schaftliche Entwicklungen geprägt ist. Die »klassische« Konzeption des
liberalen humanistischen Subjekts erfährt dabei eine Verschiebung: Die
zentralen Kategorien wie Kognition, Bewusstsein oder Handlungskom-
petenz und -trägerschaft werden »zerstreut«, das heißt aufgeteilt in einen
komplexen Interaktionszusammenhang von Geist – Körper – Umwelt.
Dieser »verteilte Mensch« ist nicht (mehr) beschreibbar mit dualisti-

schen Modellen (Geist – Körper; Subjekt – Umwelt usw.), wie es Hayles selbst noch in ihrem Buch »How We Became Posthuman« mit dem Begriffspaar Körper – Verkörperung tat. Vielmehr übernimmt sie jetzt von Mark Hansen den Begriff »Geistkörper«. Sie beschreibt den damit bezeichneten Zusammenhang von Geist und Körper als emergentes Phänomen – wie dies auch die »Welt« ist. Sie emergieren aus einem umfassenden Fluss des Geschehens, einem geschehenden Fluss (the on-going flux). Am Beispiel von drei Kunstwerken, die mit virtuellen Realitäten arbeiten, zeigt Hayles, wie Vorstellungen von Körper, Erfahrungen von »Verkörperung« und Erleben von emergenten Prozessen in Beziehung gebracht werden. Gerade die Kunst, so Hayles, eröffnet Möglichkeiten von Räumen intensiver Interaktion und Rückkopplung, in denen das Subjekt »sich erlebt als etwas, das aus relationaler Dynamik entsteht, statt als vorgegebenes und statisches Selbst zu existieren«.

Die Haut als Interface von Person und Umwelt, als Ort von Einwirkungen und Symptomen, der Erscheinungs-Bilder von Krankheiten; diese werden auch im Zeitalter der modernsten Bildtechnologien mittels der traditionellen Moulagentechnik dokumentiert für die historische Sammlung wie auch für die aktuelle Ausbildung an den Universitäten. *Michael L. Geiges,* der Konservator der einmaligen Moulagensammlung des Universitätsspitals in Zürich, hat für uns einen Bild-Essay zu diesem Thema zusammengestellt und sachkundig kommentiert.

Dies ist der elfte Band der *Interventionen,* mit dem die Kontinuität repräsentiert ist, die gerade die kulturwissenschaftlichen Debatten in ihrer Offenheit und Dynamik fordern. Zu verdanken ist sie vor allem den InterventionistInnen, die uns auch im Jahr 2001 die Treue hielten und nach Zürich kamen, um mit ihren Vorträgen und den Kolloquien an unserem Projekt mitzuwirken. Ihnen allen gilt unser herzlicher Dank. Namentlich danken möchte ich
– Gesa Ziemer, wissenschaftlicher Mitarbeiterin des ith, für die Interventionen von Mandakranta Bose und Ram Adhar Mall, die im Rahmen des Symposiums »local – global« stattfanden, das sie konzipiert und geleitet hat;
– Marion von Osten und Sibylle Omlin, wissenschaftlichen Mitarbeiterinnen des ith, für die Interventionen von Angela McRobbie und Michael Hardt, die im Rahmen des Symposiums »Welcome to the Revolution« stattfanden, das von Osten und Omlin konzipiert und geleitet haben;

- Yvonne Volkart, Dozentin an der HGKZ, für die Interventionen von Katherine Hayles und Irene Nierhaus;
- Isabelle Stauffer und Christa Haeseli, Studentinnen am Seminar für Filmwissenschaften der Universität Zürich, für die Intervention von Judith Mayne;
- Eva Manske, Direktorin des Deutsch-Amerikanischen Instituts / Carl-Schurz-Hauses in Freiburg, für die Zusammenarbeit bei der Intervention von Drucilla Cornell;
- Elisabeth Bronfen, Professorin am Englischen Seminar der Universität Zürich, für die Zusammenarbeit bei den Interventionen von Drucilla Cornell und Georges Didi-Huberman;
- Benjamin Marius Schmidt, Assistent am Englischen Seminar der Universität Zürich, für seine Übersetzungen der Beiträge von Bose, Cornell, de Kerckhove, Eagleton, Hardt, Hayles, Mall, McRobbie und Mayne;
- Markus Sedlaczek für die Übersetzung des Beitrags von Didi-Huberman;
- Last, but not least danke ich besonders Isabel Kempinski, die zum ersten Mal und souverän das Sekretariat der *Interventionen* geleitet hat.

Die *Interventionen* sind eingebettet in die Aktivitäten des Instituts für Theorie der Gestaltung und Kunst (ith), das sich gegenwärtig im Aufbau befindet. Die Möglichkeit, dieser Aufgabe nachzugehen, verdanken wir nicht zuletzt der Gebert Rüf Stiftung, welche die Konzeption und Realisation des ith mit einem namhaften Beitrag unterstützt. Den Stiftungsverantwortlichen gilt für diese veritable Gabe unser spezieller Dank. Die *Interventionen* werden im Jahre 2002 fortgesetzt.

                                                              Jörg Huber

Terry Eagleton

Kulturkriege

Das Wort »Kultur« schien immer schon sowohl zu weit wie auch zu eng zu sein, als dass es wirklich brauchbar wäre. Seine ästhetische Bedeutung beinhaltet Strawinski, aber nicht notwendig Science-Fiction; sein anthropologischer Sinn kann von Haartrachten und Trinkgewohnheiten bis zur Herstellung von Abflussrohren reichen. In seiner turbulenten Karriere als Konzept war das Wort »Kultur« sowohl Synonym wie auch Antonym zu »Zivilisation«, es stand auf der Kippe zwischen dem Tatsächlichen und dem Idealen und schwebte prekär zwischen dem Deskriptiven und dem Normativen. In seinem engeren Sinn bedeutet es die Künste und das schöne Leben: Die Künste definieren, was das Leben lebenswert macht, aber sie sind nicht selbst das, wofür wir leben. Es suggeriert ziemlich herablassend, dass Wissenschaft, Philosophie, Politik und Wirtschaft nicht mehr als »kreativ« betrachtet werden können (aus welchem historischen Grund ist das so?), und impliziert alarmierenderweise, dass zivilisierte Werte inzwischen nur noch in der Fantasie gefunden werden.

Kultur in diesem Schillerschen oder Arnoldschen Sinn ist ein Gegengift gegen Sektierertum – sie erhält den Geist in heiterer Unberührtheit von einseitigen Engagements und extrahiert eine universelle Menschheit aus unseren erbärmlichen empirischen, alltäglichen Identitäten. Doch da dieser Hellenismus gegen spezifische praktische Interessen antrat, kann er sich nur auf Kosten eines Selbstverrats in Handlung verwirklichen. Die Handlung, die notwendig ist, um ihn zu garantieren, unterminiert seine harmonische Symmetrie. Aber man kann immer noch versuchen, diesen Sinn von Kultur mit anderen zu verbinden, und zwar in einem dreistufigen Prozess: Kultur als Ästhetik definiert eine Lebensqualität (Kultur als Zivilisiertheit), und es ist die Aufgabe der Politik, sie in der Kultur als Ganzer zu verwirklichen (Kultur als körperschaftliche Lebensform).

27

Sechs historische Entwicklungen in der Modernität setzen den Begriff der Kultur auf die Tagesordnung. Erstens rückt Kultur in dem Moment in den Vordergrund, in dem »Zivilisation« selbst erstmals in sich widersprüchlich zu sein scheint. An diesem Punkt wird ein dialektischer Gedanke notwendig. Sobald die Idee von Zivilisation im nachaufklärerischen Europa eher ein trist faktischer als ein erbaulich normativer Begriff wird, beginnt die Kultur, als utopische Kritik dem zu begegnen. Zweitens gewinnt Kultur Prominenz, sobald man begreift, dass ohne radikalen sozialen Wandel (Kultur in diesem Sinn) die Zukunft der Künste und des schönen Lebens (Kultur in jenem anderen Sinn) in höchster Gefahr ist. Damit Kultur überleben kann, muss man die Kultur ändern. Drittens bietet mit Herder und dem Deutschen Idealismus Kultur im Sinne einer distinktiven, traditionellen, vielleicht ethnischen Lebensweise eine bequeme Möglichkeit, dem aufklärerischen Universalismus zuzusetzen.

Viertens beginnt Kultur wichtig zu werden in dem Moment, in dem der westliche Imperialismus mit dem Rätsel fremder Lebensformen konfrontiert wird, die unterlegen sein *müssen*, aber in recht guter Form zu sein scheinen. Kurz gesagt, wie die Massen von Raymond Williams, ist Kultur andere Menschen. Die Viktorianer sahen sich nicht als eine Kultur, da der relativierende, selbst-entfremdende Effekt dieses Manövers zu zerstörerisch gewesen wäre. Im Zeitalter des Imperialismus ist der Westen dann in genau dem Moment mit dem Geist eines kulturellen Relativismus konfrontiert, in dem er sein eigenes spirituelles Privileg bestätigen muss.

Die anderen beiden Gründe für die Prominenz der Idee von Kultur gehören eher unserem Zeitalter an. Zunächst die Kulturindustrie: jener historische Moment, in dem die kulturelle oder symbolische Produktion, die in der großen Epoche der Modernität von anderen Formen der Produktion abgetrennt wurde, schließlich wieder mit ihnen reintegriert wird, um zu einem Teil der allgemeinen Warenproduktion als solcher zu werden. Und zweitens in den vergangenen Jahrzehnten der Umstand, dass Kultur im weiten Sinn von Identität, Wert, Zeichen, Sprache, Lebensstil, gemeinsamer Geschichte, Zugehörigkeit oder Solidarität für die drei Strömungen, welche die globale politische Tagesordnung dominiert haben – Feminismus, revolutionärer Nationalismus, Ethnizität –, die Sprache darstellt, in der man seine politischen Forderungen artikuliert, und nicht nur einen angenehmen Bonus. Dies trifft für Identitätspolitik auf eine Weise zu, wie dies etwa für den industriellen Klassenkampf oder die Politik der Hungersnöte nicht der Fall ist.

Und unter dem Gesichtspunkt einer klassischen Konzeption von
Kultur ist dies eine dramatische, folgenschwere Entwicklung.
Denn der
ganze Witz von Kultur bestand ja, klassisch gesprochen, gerade darin,
dass sie ein Terrain war, auf dem wir einen gesegneten Moment der
Transzendenz lang all unsere schrulligen Idiosynkrasien von Region,
Geschlecht, Status, Beruf, Ethnizität und dergleichen aufgehoben sein
lassen und uns stattdessen auf dem gemeinsamen Grund des fundamental Menschlichen treffen konnten. Wenn Kultur im engeren, ästhetischen
Sinn wichtig war, dann deshalb, weil sie eine Möglichkeit bot, diese
menschlichen Werte in einer bequem tragbaren Form mit uns herumzuschleppen und sie als sinnliche Erfahrung mit Fleisch und Blut zu versehen. Soweit war Kultur ein Teil der Lösung; aber während der letzten
Jahrzehnte hat sich Kultur – und das ist einer der Hauptgründe, warum
der Begriff in eine spektakuläre Krise gestürzt ist – auf der Achse verschoben und ist nun weniger Teil der Lösung als vielmehr Teil des Problems. Kultur bedeutet nicht mehr ein Terrain des Konsens, sondern
eine Arena der Auseinandersetzung. Für den Postmodernismus bedeutet Kultur nicht die Transzendenz von Identität, sondern die Affirmation einer Identität.

Natürlich gehören in gewisser Weise Kultur und Krise zusammen wie
Dick und Doof. Kultur und Krise wurden auf einen Schlag geboren. Die
Idee der Kultur ist selbst eine strategische Antwort auf eine historische
Krise. Aber für uns, hier und jetzt, hat diese Krise eine distinkte Form
angenommen, die man als Entgegensetzung zwischen KULTUR und
Kultur zusammenfassen könnte. KULTUR (im Sinne einer universalen
Zivilisiertheit) ist selbst kulturlos, ist in der Tat gewissermaßen ein Feind
von Kultur in diesem zweiten Sinn. Sie zeigt nicht einen partikulären
Lebensstil an, sondern diejenigen Werte, die jeden Lebensstil überhaupt
prägen sollten. Oder vielmehr ist KULTUR zugleich an Kultur gebunden (grob gesagt, Teil der westlichen Modernität) und auch genau der
implizite Standard, an dem partikuläre Kulturen überhaupt erst identifiziert und bewertet werden können. Sie ist also in einem genauen philosophischen Sinn transzendental – die Bedingung der Möglichkeit einer
Kultur als solcher –, während sie nichtsdestoweniger in einem partikulären Lebensstil Fleisch und Blut annimmt, so wie Gott sich *irgendwo*
inkarnieren musste und aus einem mysteriösen Grund das Palästina des
ersten Jahrhunderts dazu auswählte.

Man kann sich KULTUR vielleicht in den Begriffen der romantischen Einbildungskraft vorstellen. Die Einbildungskraft ist nicht durch eine spezifische Zeit oder einen spezifischen Ort gebunden: Sie ist nur jene unendliche Fähigkeit zur universellen Sympathie, die es uns erlaubt, in den Geist einer jeden beliebigen spezifischen Zeit oder Identität, eines jeden beliebigen Ortes oder Objektes einzudringen. Sie ist daher wie der Allmächtige, für den sie einen säkularen Ersatz darstellt, sowohl alles wie auch nichts. Diese proteische, quecksilberartige Macht hat keine eigene Identität: Ihre Identität besteht einfach in der sympathischen Fähigkeit, die Identität anderer Menschen anzunehmen, ja sie besser zu kennen, als sie sich selbst kennen. Sie besetzt alle Identitäten von innen, doch genau dadurch transzendiert sie jede einzelne von ihnen, da keine von ihnen mit ihrer Kraft mithalten kann. Kulturen (im zweiten Sinn) kennen sich selbst, während sie das sind, was KULTUR kennt. Und die Affinität dieser wohlwollenden Kraft mit den liberaleren Formen des Imperialismus muss wohl, nehme ich an, nicht ausgeführt werden. KULTUR ist nicht ein partikulärer Lebensstil, sondern die Hüterin der Kulturen; und so, staatenlos und zeitlos, wie sie ist, erhält sie das Recht, im Namen der KULTUR in solche Kulturen einzugreifen, das heißt letztlich im Namen ihres eigenen Interesses.

Zumindest vom Standpunkt der KULTUR aus sind Kulturen unkulturiert, weil sie offen, gelegentlich militant partikulär sind, nichts als sie selbst evozieren und ohne solche Differenz einfach verschwinden würden. Vielmehr bemächtigen sie sich, vom etwas verächtlichen Standpunkt der KULTUR aus gesehen, auf perverse Weise der Partikularität im Sinn von historischer Kontingenz – der reinen Akzidenzien (im scholastischen Sinn) von Ort, Herkunft, Geschlecht, Beschäftigung, Hautfarbe und dergleichen – und erheben diese Akzidenzien, die für Hegel nicht »in der Idee« sind, zu universellem Status. KULTUR ihrerseits kümmert sich nicht um das kontingent Partikuläre, sondern um jenes sehr andere Tier, um das essenziell Individuelle; und ihr Ziel besteht darin, eine Direktverbindung zwischen dem Individuellen und dem Universellen einzurichten, die das schmutzig Empirische unterwegs umgeht. Denn was könnte einzigartiger individuell, in größerem Maße selbstreferenziell und *sui generis* sein als das Universum selbst?

Der folgenschwere Umstand unserer Zeit besteht nun darin, dass dieser Krieg zwischen verschiedenen Versionen von Kultur, ob wir es wollen oder nicht, nicht bloß eine Konfrontation zwischen den langweiligen alten Stubenhockern am Englischen Seminar ist, die immer noch Zeilenenden bei Milton untersuchen, und den cleveren jungen Hüpfern am anderen Ende des Flures, die Bücher über Masturbation schreiben. In gewisser Weise wäre es schön, wenn es so wäre! Es wäre schön, wenn Kultur tatsächlich, wie vulgäre Linke behaupten, dem Alltagsleben entrückt wäre. In Bosnien oder Belfast oder dem Baskenland ist Kultur aber nicht nur das, was man in den CD-Spieler legt oder in der Galerie betrachtet: Kultur ist, wofür getötet wird. Der Konflikt zwischen KULTUR und Kulturen ist nun auf der Landkarte der geopolitischen Achse zwischen dem Westen und dem Rest eingetragen worden, sodass die westliche KULTUR im Sinne von universeller Subjektivität und Zivilisiertheit nun mit Kultur konfrontiert ist im Sinn von Nationalismus, Regionalismus, Nativismus, Körperschaftlichkeit, Kommunitarismus, Familienwerten, religiösen Fundamentalismen, ethnischer Solidarität, New Age und dergleichen – körperschaftliche Formen von Kultur, die sie sowohl von innerhalb wie von außerhalb ihrer Tore belagern. Dies ist nicht einfach ein Kampf zwischen dem Norden und dem Süden des Globus – teils deshalb, weil einige der Feinde auch im Inneren sind, teils deshalb, weil, sagen wir, islamischer Liberalismus mit texanischem Fundamentalismus auf Konfrontationskurs geht oder indischer Sozialismus europäischen Rassismus konfrontiert. In jedem Fall ist nichts stärker klaustrophobisch körperschaftlich als die schöne neue globale Welt transnationaler Körperschaften, die genauso geschlossen und homogenisiert sein können wie die engstirnigen oder inzestuösen Intimitäten in Gemeinden von südlichen Baptisten.

Doch auch so ist die geopolitische Achse inzwischen ziemlich offensichtlich – oder, wem das lieber ist, die eingefahrene Dialektik zwischen diesen alternativen Bedeutungen von Kultur, die sich zunehmend gegenseitig in die Ecke drängen. Je leerer formalistisch die Universalität wird – je mehr sie mit kapitalistischer Globalisierung synonym wird –, desto eingewachsener und pathologischer werden die kulturellen Verteidigungen dagegen. Je mehr die liberalen Humanisten fälschlicherweise William Blake als die Stimme des ewig Menschlichen feiern, desto mehr wird er in Kalifornien als toter weißer Mann abgetan. Für jeden europäischen Liberalen gibt es einen Neonazi-Schläger. Für jeden Jetset Corporate Executive, für den jeder, der ein Kunde sein könnte, menschlich ist, gibt es einen lokalen Patrioten, für den die Menschheit strikt nur auf dieser Seite der Berge existiert. Ein vakuumartiger Globalismus und ein militanter Partikularismus stehen sich gegenüber als die auseinander gerissenen Hälften einer Freiheit, zu der sie sich nicht zusammensetzen lassen.

Aber unsere Kulturkriege haben tatsächlich drei Ecken, das heißt keine einfache Polarität. Da gibt es zunächst einmal die Hoch- oder

Minderheitenkultur, oder besser das, was Fredric Jameson die »Nato-Hochkultur« genannt hat. Diese Version von Kultur ist sozusagen der spirituelle Flügel der EU und muss zunehmend ihre eigene heitere, harmonische, interesselose Symmetrie durch unilaterale Militäroperationen verraten, die nur darin Erfolg haben, dass sie genau den spirituellen Universalismus demaskieren, den sie unterstützen sollten. Während der Westen sich weiterhin als verletzter Goliath definiert, der mutig gegen die tyrannisierenden Davids antritt, werden wir wahrscheinlich weiterhin Zeuge dieser Selbst-Subversion sein, in welcher der liberale Universalismus seinen Slogan »Nichts Menschliches ist mir fremd« redefiniert als »Selbst die obskursten Hinterwäldler können unsere Profite gefährden«.

Die Sichtweise des Westens ist hier jedoch nicht gerade zuversichtlich, da ein Teil dessen, was wir in der Periode nach dem klassischen Nationalstaat durchleben, eine Verzerrung kultureller und politischer Formen ist oder, wenn man so will, ein Fehlschlag (bisher jedenfalls) neuer transnationaler politischer Formen beim Versuch, ihre essenziellen kulturellen Korrelate hervorzubringen. Noch nicht allzu viele Menschen sind bereit, sich mit dem trotzigen Ruf »Lang lebe die Europäische Gemeinschaft!« auf die Barrikaden zu werfen. Politik braucht zu ihrem Gedeihen die kulturelle oder psychische Investition der Menschen, aber der Widerspruch hier besteht darin, dass Kultur eine weniger abstrakte Angelegenheit ist als Politik, eine Frage dessen, was wir auf dem Körper und im Bauch und am Puls und mit unserer Sippschaft leben, und so immer potenziell schräg steht zu den notwendig universellen Formen des Staates, ganz zu schweigen vom Transnationalen. Es war in der Tat der Bindestrich in »National-Staat«, der einen triumphalen Moment der Modernität lang die Verbindung zwischen Kultur und Politik, Menschen und Regierung, lokal und universal, Sippschaft und Polis, ethnisch und bürgerschaftlich sicherte; und ein weiterer Grund dafür, dass der Begriff der Kultur in so großen Schwierigkeiten steckt, ist der, dass der National-Staat ebenfalls in Schwierigkeiten ist. Der National-Staat war zu seiner Zeit eine wunderbar ressourcenreiche Art, das Individuelle mit dem Universellen und sinnliche Partikularität mit formaler Abstraktion zu verbinden, wie es in der Tat auch jene andere große Erfindung der Moderne tat: das Kunstwerk. Ich meine das Kunstwerk, so wie es von Grund auf neu konstituiert wurde durch das, was wir als Ästhetik kennen, für die das Kunstwerk wichtig war, weil es eine ganze revolutionär neue Art von Totalität präfigurierte, eine neue Beziehung zwischen dem

Partikulären und dem Ganzen, in der das Gesetz des Ganzen nicht mehr war als die Artikulation seiner sinnlichen Partikularitäten.

Diese Minderheitenbedeutung von Kultur überlebt also; aber in der heutigen Welt tritt sie in einen merkwürdigen Widerspruch zu zwei anderen Versionen von Kultur. Zunächst mit Kultur als körperschaftlicher Partikularität oder Identitätspolitik, indem nämlich die alte,»exotische« anthropologische Bedeutung neu aufpoliert wird und sich wild auszubreiten beginnt, um nun auch die Gewehrkultur, Taubenkultur, Strandkultur, Polizeikultur, Schwulenkultur, Zulukultur, Microsoft-Kultur und dergleichen zu beinhalten: ein Universum sinnlicher Partikularitäten, die anders als das klassische Kunstwerk dazu tendieren, das Universelle insgesamt zu verleugnen. Und drittens gibt es natürlich die kommerzielle oder marktgetriebene Massenkultur, wobei diese beiden letzten Versionen zusammen wohl, nehme ich an, das ausmachen, was wir als postmoderne Kultur kennen. Man könnte das Trio viel zu oberflächlich als Exzellenz, Ethnos und Ökonomie zusammenfassen. Oder man könnte sie auf einer alternativen Achse eintragen: der von Universalismus, Parochialismus und Kosmopolitismus.

Aber sehen wir uns einige ihrer merkwürdigen Interaktionen an. Je mehr beispielsweise die postmoderne Marktkultur des Westens den Erdball durchdringt (und es gibt inzwischen ein Institut für Postmoderne-Studien in Peking), desto mehr muss der Westen eine spirituelle Legitimität für diese etwas überzogene globale Operation finden. Aber je stärker die Marktkräfte sich vermehren, desto mehr unterminiert eine skeptische, relativistische, vorläufige, anti-fundamentale postmoderne Kultur innerhalb des Westens genau die Form stabiler, solider Werte, aus denen sich das ordentliche Rahmenwerk der Marktkultur speisen muss und an die der Westen für seine spirituelle Autorität appellieren muss. Mit anderen Worten, man kann nicht so leicht den Nietzscheschen Ausweg nehmen, der darin besteht, einfach die Autorität des Überbaus abzulegen (»Gott ist tot«) und die Vorläufigkeit zu feiern. Oder vielmehr, es ist einfacher, dies zu empfehlen, wenn man eine geisteswissenschaftliche Fakultät führt, als wenn es sich um einen Staat handelt. Neopragmatische Formen der Rechtfertigung von der Art Rortys (»Dies ist einfach das, was wir weißen liberalen westlichen Bourgeois tun – nehmt es oder lasst es sein!«) sind sowohl ideologisch zu schwach wie auch politisch zu entspannt für einen Westen, der jetzt nicht nur eine übergreifende globale Autorität für sich beansprucht, sondern der auch anderswo Feinden gegenübersteht, die weit stärkere, fundamentalere

Formen kultureller Legitimation haben, wie etwa der Islam. Zugleich erzeugt jedoch der westliche Kapitalismus selbst eine Art gelangweiltes, skeptisches, post-metaphysisches Ambiente, welches dieser Art von hoch rhetorischen, fundamentalen Appellen, welche der Bourgeoisie zu ihrer Zeit überragend gute Dienste leisteten – die Bestimmung des Westens, der Triumph der Vernunft, der Wille Gottes, die Bürde des weißen Mannes –, einen deutlich hohlen, unplausiblen Klang verleiht.

In der Tat, wenn man noch einen weiteren Grund für die Krise der Kultur im Westen wollte, könnte man schlechter fahren als mit der Antwort: der Niedergang der Religion. Ich muss mir hier natürlich in Erinnerung rufen, dass es in den Vereinigten Staaten mehr Kirchen als Hamburger-Buden gibt – dass die materialistischste Nation eine wuchernd metaphysische Gesellschaft ist und dass es für US-Politiker immer noch *de rigueur* ist, feierliche, gefühlvolle, hochtönende Appelle an das besondere Wohlwollen des Allmächtigen für ihr großartiges Land zu richten. (Hier liegt übrigens ein weiteres Problem mit dem idealen, utopischen oder rhetorischen Sinn von Kultur: die Tatsache, dass man sie nicht einfach kurzerhand abschaffen kann, dass sie aber wahrscheinlich die peinliche Kluft zwischen dem Ideal und dem Tatsächlichen aufzeigt und den performativen Widerspruch zwischen dem, was kapitalistische Gesellschaften tun, und dem, was sie sagen, dass sie tun, enthüllt.) Es war natürlich nicht die atheistische Linke, die die Religion als ideologische Form nach unten brachte, sondern in höchster Ironie der industrielle Kapitalismus selbst, dessen erbarmungsloses Säkularisieren und Rationalisieren nicht umhin kann, genau die metaphysischen Werte zu diskreditieren, die er braucht, um sich zu legitimieren.

Jene delikate, flüchtige, ungreifbare Kreatur, die Kultur ist, wurde im 19. Jahrhundert aufgerufen, den Platz der Religion selbst einzunehmen – eine Funktion, die sie unter solch immensen Druck setzte, dass sie pathologische Symptome aufzuweisen begann. Religion hat diesen Job schon immer viel besser getan, mit ihrer engen Verschmelzung zwischen der Intelligenzija (Priester) und den Volksmassen, zwischen Ritual und Innerlichkeit, mit ihrer Verbindung der unmittelbaren Textur persönlicher Erfahrung mit den kosmischsten Fragen. In der Religion beschäftigt ein ästhetisches Ritual oder eine symbolische Form Millionen gewöhnlicher Menschen und ist direkt relevant für ihr tägliches Leben: ein außergewöhnliches kulturelles Phänomen im Zeitalter der Moderne. Kultur im spezialisierten Minderheitssinn kann diese Rolle jedoch nicht spielen, da sie von zu wenigen Menschen geteilt wird; während Kultur im stärker körperschaftlichen, anthropologischen Sinn dazu ebenfalls nicht in der Lage ist, weil sie zu deutlich ein Kampfgebiet und keine transzendentale Lösung von Konflikten ist.

Kultur im traditionellen Sinn steht heutzutage also unter Beschuss von Seiten der Identitätspolitik, der Marktkultur und des postmodernen, postideologischen Skeptizismus – doch die Ironie besteht darin, dass sie mit diesen Antagonisten auch kollaboriert und gelegentlich dazu beiträgt, sie zu erschaffen. Im schlimmsten Fall ist Identitätspolitik paranoid, suprematistisch und bigott und stellt eine Art schlechter Partikularität dar, die nur die Gegenseite einer schlechten Universalität ist. Kultur als Zivilisiertheit bietet den Rahmen, innerhalb dessen Kultur als Marketing sicher operieren kann. Und Hoch- und Marktkultur haben oft dieselben konservativen Werte gemeinsam, da Kunst, die den Marktkräften ausgeliefert ist, dazu tendiert, genauso vorsichtig, konformistisch und anti-experimentell zu sein wie die respektabelsten kanonischen Werke. In jedem Fall ist aber die meiste Nato-Hochkultur weit links der Nato. Homer war kein liberaler Humanist, Shakespeare hat ein gutes Wort für den radikalen Egalitarismus eingelegt, Balzac und Flaubert verachteten die Bourgeoisie, Tolstoi lehnte Privateigentum ab und so weiter. Nicht was diese Kunstwerke sagen, sondern was man sie bedeuten lässt – das ist der politisch entscheidende Punkt.

Es spricht viel mehr für Kultur, als die Postmodernen sich anscheinend vorstellen können. Sie war zu ihrer Zeit eine revolutionäre, welterschütternde Idee – die außerordentliche Idee, dass man ein Recht auf Freiheit und Achtung, Gleichheit und Selbstbestimmung hatte, nicht aufgrund dessen, was man war, woher man kam oder was man tat, sondern einfach deshalb, weil man ein Mensch war: ein Mitglied der universellen Gattung. Hier war es das Ancien Régime, das partikularistisch, lokal, differenziell war, und Abstraktion und Universalität waren radikal, was die angeblich historisch gesonnenen Postmodernen anscheinend nicht zu schätzen wissen. Marx war ein Apostel der Aufklärung; aber Marxismus ist eine eigenartige Kreuzung zwischen Aufklärung und Romantik, da Marx auch erkannte, dass wenn eine wahrhaftige Universalität gebildet werden sollte (und wir können nicht mit den liberalen Humanisten annehmen, dass sie einfach *gegeben* ist), sie in und durch Differenz und Partikularität konstruiert werden müsste (worauf Marx manchmal als Gebrauchswert anspielt). Die Partikularität muss, wie bei dem Hegel, von dem Marx hier abschreibt, wieder zurückkehren, und zwar diesmal auf der Ebene des wahrhaft Universalen; und das heißt schlicht, dass die universelle Reziprozität des Sozialismus etabliert werden muss, aber als Beziehungen zwischen den reichhaltig individualisierten, sinnlich partikularisierten Männern und Frauen, welche die Klassengesellschaft mit hervorgebracht hat. Jede Gemeinschaft, die umfassender ist als eine Gemeinde, muss damit beginnen, wo und was die Menschen als Gemeinde oder als Körper sind; und wenn sie das erfolgreich tun kann, dann deshalb, weil es kein lokales Partikulares gibt, das nicht ein offenes Ende hätte und differenziell und überlappend wäre. Das rein Lokale gibt es streng genommen gar nicht. Menschen sind, was sie sind, weil ihre sinnliche Partikularität konstitutiv offen gegenüber einer Außenseite ist: Gänzlich auf der Innenseite eines Körpers, einer Sprache oder einer Kultur zu sein heißt schon, sich einem Jenseits zu öffnen.

Wir haben in unserer Zeit eine enorme Inflation des Begriffs von Kultur gesehen, bis an den Punkt, wo das verwundbare, leidende, materielle, körperliche, *objektive* Gattungsleben, das wir am offensichtlichsten gemeinsam haben, voller Hybris beiseite gefegt wurde durch die Torheiten eines so genannten Kulturalismus. Es ist richtig, dass Kultur nicht nur das ist, wonach wir leben, sondern in gewisser Weise auch, wofür wir leben. Zuneigung, Beziehung, Erinnerung, Zugehörigkeit, emotionale Erfüllung, intellektuelle Freude: dies ist den meisten von uns näher als Handelsbeziehungen oder politische Verträge. Doch die Natur will immer die Oberhand über Kultur behalten, ein Phänomen, das als Tod bekannt ist, so sehr neurotisch sich selbst erfindende Gesellschaften das implizit auch verleugnen wollen. Und Kultur kann immer auch näher sein, als einem lieb ist. Genau diese Intimität hat die Tendenz, morbider und zwanghafter zu werden, wenn wir sie nicht in einen aufgeklärten politischen Kontext stellen, der diese Unmittelbarkeiten mit abstrakteren, aber in gewisser Weise auch großzügigeren Affiliationen temperieren kann. Kultur hat in unserer Zeit überhand genommen und ist unbescheiden geworden. Es ist Zeit, ihre Bedeutung zwar anzuerkennen, sie aber auch fest zurück an ihren Platz zu setzen.

(Aus dem Englischen von Benjamin Marius Schmidt)

Angela McRobbie

»*Jeder ist kreativ*«

Künstler als Pioniere der New Economy?

Zunächst möchte ich einen kritischen Kommentar zum »Green Paper«
(April 2001) mit dem Titel »Culture and Creativity: The Next 10 Years«
(Kultur und Kreativität: Die nächsten zehn Jahre; DCMS 2001a) und
zum »Creative Industries Mapping Document 2001« (Planungsdokument der Kreativ-Industrien 2001; DCMS 2001b) abgeben. Mein Interesse an diesen Texten liegt in der neuen Politikrichtung, die im »Green
Paper« skizziert wird, sowie an dem Informationsmaterial, das in dem
»Planungsdokument« zusammengestellt wurde, und insgesamt an der
Rolle, welche die Regierung im Prozess der »kulturellen Individualisierung« spielt. Dieser Kommentar ermöglicht mir auch, den Boden für
die vorläufigen Argumente zu bereiten, die ich weiter unten ausführen
möchte. Die Themen, auf die ich eingehe, sind erstens die neuen Phänomene, dass Künste und Kultur ein Modell dafür werden, wie Wirtschaftswachstum erreicht werden soll, und damit die Muster freiberuflicher und selbstständiger Arbeit, die mit dem Künstlersein assoziiert
werden. Zweitens werde ich darstellen, wie die Intensivierung der Individualisierung in diesem Sektor und das Zurückdrängen des Staates
Konsequenzen für die Natur der Künste und der Kultur selbst haben
und wie die »talentgeführte« Wirtschaft zum Entstehen von neuen Ungleichheiten führt. Schließlich mache ich mir Gedanken über die Aus-
sichten für »post-individualistische« Praktiken in den Künsten und der
Kultur als Erfordernis für Demokratie. Vielleicht ist dies der richtige
Moment, um eine symptomatische Umkehrung zu bemerken. In der
Vergangenheit waren die Künste und die Kultur von der Regierung gewissermaßen übersehen worden und für das *big business*[1] von relativ

---

1 Zu den Eigenheiten der Neoliberalisierung in Deutschland gehort unter anderem auch
der Umstand, dass gewisse dafür typische Phänomene englisch bezeichnet werden. Einige

wenig Interesse. Sie waren dementsprechend mit zu geringen Finanz-
mitteln ausgestattet, aber verfügten über eine gewisse Autonomie. In
den Nachkriegsjahren wurden diese Bereiche zunehmend mit sozialer
und politischer Kritik assoziiert. Aber heutzutage ist Kultur für kommerzielle Organisationen überaus wichtig, und Kunst scheint »das Soziale nicht mehr in Frage zu stellen«.

Während der Trend, dass Künste und Kultur wie Unternehmen auf-
gezogen werden, zunehmend normativ wird, gibt es auch einen Niedergang und eine Marginalisierung der soziologischen Erklärungen der Welt
der Künste und der Kulturwissenschaften, die bisher in Blüte gestanden
hatten. Heute sind sie von den Bereichen der Politik und Gesetzgebung
noch weiter entfernt (trotz einer Mitte-links-Regierung). Im Gegensatz
dazu ist der Schriftsteller mit dem größten Einfluss auf die Regierung
einer, der sich eingängig mit dem Übergang zur »New Economy« beschäftigt hat, Charles Leadbeater. Leadbeater ist Journalist und Politik-
berater der New Labour und Autor von *Living on Thin Air: The New
Economy*, einem Buch, das ein begeistertes Zitat von Tony Blair persönlich auf dem Schutzumschlag trägt (Leadbeater 1999). Von Soziologen
wird er typischerweise als unverantwortlich dargestellt in seinem Enthusiasmus für die Erfolge und Fehlschläge der neuen Unternehmenskultur,
die er begrüßt. Sein neues rechtes Denken versteckt sich hinter dem
forsch-fröhlichen, jugendlichen und charakteristisch modernen Ton seines Schreibens. Es gibt jedoch sowohl vonseiten der alten Linken wie
auch vonseiten der Sozialwissenschaftler des Mainstream eine Tendenz,
sich nicht mit dem Ausmaß des Übergangs zu stärker individualisierter
Kulturarbeit zu konfrontieren, die, oft in Form von freiberuflicher oder
selbstständiger Arbeit, eine entscheidende Eigenschaft des Arbeits-
markts in Großbritannien ist. Stattdessen beklagen Kritiker der alten
Linken ein Mantra von Verlusten (den Niedergang des Gewerkschafts-
wesens, den Mangel an Interesse für politische Kultur unter jungen Menschen, die in diese Beschäftigungsbereiche hineinfluten, den Verlust an
Rechten und Regelwerken im Arbeitsbereich seit der Zeit der Thatcher-
Regierung) und sehen sich nicht wirklich an, was passiert. Das bedeutet,
dass sie unfähig sind, Individualisierung von einer Kapitulation vor neoliberalen Werten zu trennen. Die individualisierten Karrieren, die für die
Arbeit in diesem Sektor charakteristisch sind, sind auch für Sozial-

---

der charakteristischen Begriffe lasse ich daher unübersetzt, um ein Gefühl für die angli-
sierte Sprache des deutschen Neoliberalismus zu vermitteln. – Anm. d. Ü.

wissenschaftler problematisch, die traditionellerweise am »Massenarbeiter« interessiert waren und deren Arbeitsplatzstudien den Vorteil eines festen Standorts, fester Beschäftigungsdauer und sichtbarer Hierarchien der Macht und Verantwortung hatten. Aber diese schnell beweglichen und prekären Karrieren können uns viel über die Dynamik der Veränderung sagen; sie können auch eine Art konkreter Basis bieten für das, was Sozialtheoretiker verschiedentlich als Verschiebung von Strukturen zu Flüssen oder als Übergang zu »reflexiver Modernisierung« beschrieben haben. Daher möchte ich als Ausgangspunkt vorschlagen, Individualisierung, wie sie in den Arbeitspraktiken des Kulturbereichs manifest ist, von Neoliberalisierung zu trennen. Nur indem wir Individualisierung so, wie sie gelebt wird, untersuchen, können wir die möglichen Räume, die sie für eine Kritik der Neoliberalisierung der Künste und der Kultur öffnet, erkennen.

Individualisierung ist eine Regierungsstrategie, die im Kontext der Kulturindustrien neues Leben einhaucht in die redundant gewordene modernistische Konzeption von individueller Kreativität als einer inneren Kraft, die darauf wartet, freigelassen zu werden. Indem es so Texte und Forschung zu den sozialen und kollektiven Prozessen kreativer Produktion (Becker 1982; Bourdieu 1993; Negus 1992) beiseite kehrt, versucht das aktuelle »Green Paper« stattdessen, einen traditionellen Begriff des »Erschließens von Talent« wieder zu beleben. Die Quelle solchen Talents ist natürlich »das Individuum«, welches, versehen mit der richtigen Unterstützung, am besten allein gelassen wird, um auf sich gestellt persönliche Kreativität ungehindert von Bürokratie und Papierkram zu erkunden. Interessanterweise stehen im »Green Paper« Kinder und junge Menschen, ja Babys, im Mittelpunkt der Aufmerksamkeit.[2] Dies zeigt, wie man sich die Arbeitskraft der Zukunft vorstellen muss. Das Paper beginnt mit den Worten »Jeder ist kreativ«, und man bemerkt schnell, wie der Einfluss der Ideen Leadbeaters seine Spuren auf den Seiten hinterlassen hat. Das Denken, das in diesem Paper ausgedrückt wird, besteht darin, den Zugang zu Künsten und Kultur für Produzenten und Konsumenten gleichermaßen auszuweiten, mit besonderer Betonung auf denjenigen, die bisher gemeint hatten, dass diese Bereiche »nicht für

---

2 18. Juni 2001: Gordon Brown, Chancellor of the Exchequer, hält eine Rede, in der er die Wichtigkeit betont, eine erfolgreichere Unternehmerkultur bei Kindern und Schulkindern aufzubauen, die aktiver dazu ermutigt werden sollen, eine Zukunft als Selbständige anzuvisieren.

sie« seien. Die Ermutigung der sozial Benachteiligten, ihre eigenen kreativen Fähigkeiten zu entwickeln, hat also einen doppelten Zweck: die
Möglichkeit, zukünftige Generationen einzustellen, inklusive derer aus
Schichten mit niedrigen Einkommen, zu verbessern, indem kreatives Talent in Richtung wirtschaftlicher Aktivität kanalisiert wird, und zugleich
den Übergang vom Massenarbeiter zum individuellen Freiberufler zu
bewirken. Indem er beiläufig die Reihe neuer Beschäftigungsprogramme
vom »New Deal« bis zum »Sure Start«-Programm für Vorschulkinder
erwähnt, fasst der Bericht zusammen, bei diesen politischen Maßnahmen gehe es um »herausragende Leistung«, »Zugang«, »Erziehung« und
»Wirtschaft«. Die Rhetorik ist libertär; die Mission der Regierung sei es,
»das kreative Potenzial von Individuen freizusetzen«. Um dieses Ziel,
»herausragende Leistung freizusetzen«, zu erreichen, werden eine Reihe
von Initiativen vorgeschlagen, darunter ein »Cultural Pledge«, der beinhaltet, kreative Partner für individuelle Kinder in der Schule zu finden,
indem man kreative Künstler, Darsteller und andere dazu bringt, mit
Kindern zu arbeiten, weiterhin »Culture Online«, einen Zugang zu einer
Website für die Künste, aufzubauen, und schließlich »Bücher für Babys«
bereitzustellen, ein Geschenk der Regierung in Form von Bibliotheks-
ausweisen, Babybüchern und Einladungen zu Gratis-Erzählstunden.
Daneben gibt es Pläne für »Centres of Excellence«, spezielle Kunsthochschulen und Innovationszentren an den Universitäten. Neben der
anerkannt sozial wertvollen Rolle der Künste und der Kultur ist es der
mögliche Beitrag zum Wirtschaftswachstum, der diesen Vorschlägen zugrunde liegt, und zwar aus dem Grund, dass die Kulturindustrien, so die
Behauptung des Papers, »jährlich mit einer Rate von 16 Prozent expandieren«.

Dieses »Green Paper« bringt drei Elemente zusammen: das Individuum, Kreativität (der Begriff wurde ausgeweitet und bedeutet nun
»Ideen haben«) und Freiheit. Bürokratie und Institutionen bringen den
kreativen Prozess zum Ersticken; die Finanzierungsgremien müssen
Beiträge direkt Individuen statt Organisationen zusprechen können,
und den Universitäten und Kunsthochschulen wird ihre lange Tradition
»herausragender Leistung« in der Ausbildung von Künstlern und Kul-
turproduzenten wenig angerechnet. Stattdessen werden sie dafür kriti-
siert, dass sie oft nicht die richtige Art von kultureller Arbeitskraft hervorbringen. Überhaupt keine Rolle ist für die Kulturwissenschaften
vorgesehen, stattdessen zielt man darauf, Praktiker mit Schülern zusam-
menzubringen. Insgesamt sieht das »Green Paper« freudig einer zukünf-

tigen Generation von sozial diversen Kreativ-Arbeitern entgegen, die randvoll mit Ideen sind und deren Fähigkeiten nicht nur in die Gebiete der Kunst und Kultur kanalisiert werden müssen, sondern die auch gut für die Wirtschaft sind. Vor allem aber werden dies selbstständige oder autarke Individuen sein, deren Bemühungen nicht durch die Staatsverwaltung gehindert werden. Diese Charakteristika spiegeln fast alle Themen in Leadbeaters *Living on Thin Air* wieder, und wenn wir uns dem jüngsten DCMS-Planungsdokument zuwenden, finden wir in der Tat einen Satz aus dem Buch im Vorwort zitiert. Es ist ein Bericht über die Kulturindustrien in Großbritannien, und es ist vielleicht unvermeidlich, dass der Ton optimistisch ist, mit nur gelegentlichen Einsprengseln von Euphemismen, die Schwierigkeiten zeigen. Die verschiedenen Kommentare zur Wichtigkeit der Kreativ-Industrien für die Wirtschaft Großbritanniens und insbesondere zum Wachstumspotenzial (es werden 16 Prozent Wachstum von 1998 auf 1999 erwähnt) zeigen, dass weniger hoffnungsvolle Merkmale überpoliert werden. Das genannte Wachstum war fast gänzlich das Ergebnis der Expansion in den Software- und Computer-Dienstleistungen, wo es auch einen Anstieg um fast 135 000 Jobs gegenüber 1998 gab. Das Kleingedruckte enthüllt jedoch, dass diese Zahlen auch »Angestellte, selbstständige unbezahlte Familienarbeiter und Menschen in Ausbildungsprogrammen der Regierung« einschließen. Im Modebereich (in dem ich ein gewisses Expertenwissen habe) finden wir, dass 75 Prozent aller Firmen einen Umsatz von weniger als 1 Million Pfund haben – was meinen eigenen Untersuchungen zufolge bedeutet, dass Designer oft mit weniger als 20 000 Pfund im Jahr überleben (McRobbie 1998). Und dass es die ungefähr zweihundert Firmen, die zu einer gegebenen Zeit existieren, in fünf Jahren sehr wohl nicht mehr geben könnte. Aber trotzdem verkünden die Überschriften über diesem Abschnitt, dass der Bereich Modedesign in Großbritannien der viertgrößte der Welt ist. (Es gibt eine enorme Disparität zwischen den Gewinnspannen für Mode in Italien, Frankreich und den Vereinigten Staaten einerseits und in Großbritannien andererseits.) Experten könnten ebenso die Zahlen und die Prosa der anderen Bereiche überprüfen, und dabei würde herauskommen, dass, egal wie wichtig die Kulturindustrien für das Wachstum sind, dies ein Bereich mit niedrigem Kapitalrückfluss ist und dass der Beschäftigungsgrad, insbesondere bei selbstständiger Arbeit, zwar oben auf sein mag, dass dies aber auch ein Niedriglohn-Bereich ist (»Arme mit Arbeitsplatz«). Und schließlich ist er ebenso flüchtig und verwundbar für die Schachzüge des multinationalen Kapitals wie viele traditionellere Bereiche wie zum Beispiel die Bekleidungsfabrikation. Ich würde argumentieren, dass die Beschäftigten in den Kulturindustrien in Großbritannien nicht so sehr die von Leadbeater gefeierten schnellen Denker und Ideen-Menschen sind, sondern vielmehr das Ergebnis einer langen historischen Tradition der Ausbildung in Gebieten der Expertise (in den öffentlich finanzierten Kunstschulen und Colleges Großbritanniens), für die es nirgendwo auf der Welt ein Äquivalent gibt. Sie sind wertvoller Besitz. Der Pluspunkt ist das Kunstschulsystem, unterfinanziert, mit zerbröckelnden, überfüllten Gebäuden, die, wie der Rektor des Royal College of Art kürzlich bemerkte, eher wie Sozialwohnungen aussehen. Die Industrien selbst, von Film und Fernsehen zu Design und Publishing, sind weitaus stärker Teil der globalen Wirtschaft. Diejenigen unter ihnen, die im Besitz Großbritanniens stehen, sind tendenziell kleine Mikro-Ökonomien der Kultur, ansonsten handelt es sich eher darum, dass Großbritannien die größeren Firmen und Verbände mit hoch qualifizierten Graduierten speist. Dies ist dann eine weitere Quelle der Individualisierung. Die Karrierewege sind anders als bei traditionelleren Beschäftigungen; diese Leute bahnen sich ihren eigenen Weg, sie sind ständig unterwegs, sie müssen ihren Namen bekannt machen, sie sind ihre eigene Marke, sie müssen auf ihr Eigeninteresse bedacht sein, sie sind »künstlerische Individuen«.

Nachdem wir festgestellt haben, dass wir uns gegenwärtig der vollen Neoliberalisierung der kulturellen Ökonomie Großbritanniens gegenübersehen, ist die Frage, was das bedeutet. Und es gibt eine weitere Frage: Wie kann der dauernde Prozess der Individualisierung in der Welt der kulturellen Arbeit getrennt gehalten werden von der scheinbaren Unvermeidlichkeit eines lokalen und globalen Neoliberalismus und als eine Kraft für die Wiederbelebung des demokratischen Prozesses umgeleitet werden? Kann er diese antisozialen Kräfte zum Rückzug zwingen? Im Bereich der Kultur- und Kreativ-Industrien finden wir den vollsten Ausdruck eines »idealen lokalen Arbeitsmarktes« in den Augen einer New-Labour-Regierung, die sich auf Vollbeschäftigung, auf die Befreiung der Individuen von der Abhängigkeit von Staatssubventionen, auf das Erschaffen einer blühenden Unternehmenskultur und auf eine neue Arbeitsethik der Selbstverantwortung verpflichtet hat. Dies erfordert nicht so sehr einen Arbeitsmarkt als solchen, vielmehr ein Netzwerk von kreativen Personen, für die Jobs oder Projekte ausgehandelt werden wie bei Schauspielern, die für eine Rolle vorsprechen gehen. Wir finden also das merkwürdige Szenario einer Mitte-links-Regierung vor, deren

Priorität darin besteht, den doppelten Akt einer Neoliberalisierung zu vollziehen, zunächst die Sozialhilfe derjenigen zu minimieren, die nicht in der Lage sind, ihren Lebensunterhalt zu verdienen (sodass Einkünfte nun viele Quellen haben, wobei Kreative zwei bis drei Jobs auf einmal haben), und zweitens Individuen in Bezug auf das Schaffen von Jobs sich selbst zu überlassen, sodass die großen Unternehmen mit der Verantwortung für eine Belegschaft weniger belastet sind. »Bezahlte Angestellte«, »Sozialhilfeempfänger« und »Arbeitsmarkt« werden das, was Beck »Zombiekategorien« nennen würde, sowohl tot wie auch lebendig, und in diesem Fall das, was von den *key players* der New Economy am wenigsten gewollt wird (Beck 2000). Die Antwort auf viele Probleme in einem breiten Spektrum der Bevölkerung – wie zum Beispiel der Mütter zu Hause, die noch nicht bereit sind, wieder Vollzeit zu arbeiten – ist vonseiten der New Labour »Selbstständigkeit«: sein eigenes Unternehmen gründen, frei sein, um sein eigenes Ding durchzuziehen. Leben und arbeiten wie ein Künstler. Und kreative Arbeit ist für Jugendliche besonders attraktiv wegen der Betonung des Aufdeckens von Talent und wegen der Nähe zu Bereichen, die bereits als erfolgreich ausgeflaggt werden, wie zum Beispiel Popmusik, Film, Kunst, Schreiben, Schauspielen, Mode, Grafik-Design usw.

Dieser Sektor bietet Großbritannien die Möglichkeit, angesichts globalen Wettbewerbs eine distinktive nationale Wirtschaft wieder zu beleben, indem man auf eine sowohl einheimische wie auch von Migranten getragene Tradition der populären (Arbeiter- und dann Jugend-)Kultur zurückgreift, die in den frühen 6oer Jahren verstärkt entstanden ist.[3] Vierzig Jahre später rechtfertigt das eine Rhetorik wie etwa diese: »Wir sind gut in sowas; die Plattenindustrie Großbritanniens macht 16 Prozent des Handels weltweit aus; unsere Modedesigner sind international bekannt; unsere jungen britischen Künstler haben die Kunstwelt wieder belebt, und unsere Schriftsteller und Kolumnisten liefern einige der besten Drehbücher für Hollywood.« Aber mit Hunderten von Absolventen der Kunsthochschulen landauf und landab kann man sich schon die Frage stellen, wie viele Kreative die Wirtschaft aufnehmen kann. Oder ist es so, dass Individuen ihr eigener Arbeitsmarkt werden müssen? Der

---

3 Das Zusammenkommen von Jugendlichen aus der Arbeiterklasse in den Kunstschulen in Großbritannien seit den späten 5oer Jahren, die zunehmende Sichtbarkeit von »Rasse« nach den Unruhen von 1958 in Notting Hill in London und in der Tat auch das Entstehen der Kulturwissenschaft sind Tendenzen, die Frith und Horne 1987 und Ang 1996 ansprechen.

Arbeitsmarkt schmilzt dahin, in Baumanns Worten, er verflüssigt sich (Baumann 2000). In einer talentgeführten Wirtschaft hat es der Einzelne nur sich selbst zuzuschreiben, wenn sein nächstes Drehbuch oder Buch, sein nächster Film oder seine nächste Show nicht ganz zureichend ist. Oder, wie Giddens es ausdrückte, Individuen müssen jetzt ihre eigenen Strukturen »sein«. Wie können wir sowohl mit wie auch über Individualisierung hinaus denken, um die Zeitbombe einer gänzlich freiberuflichen Wirtschaft abzuwenden? Wird angesichts des Niedergangs der »narrativen Sozialität« die Netzwerk-Sozialität (Lash) neue, dauerhafte soziale Bande schaffen? Wird Reflexivität die soziale Analyse und Kritik der neuen Arbeit erweitern?

Der Niedergang der »Indies« – die Frage des Wertes

Meine gegenwärtige Forschung weist auf eine Verschiebung hin von der ersten Welle von Produzenten, für welche die Unterscheidungslinien zwischen autonomer und unabhängiger Arbeit und Arbeit in einer offenen kommerziellen oder unternehmerischen Umgebung klar waren, die mehr oder weniger sich selbst überlassen waren und die sich auf Arbeitslosenunterstützung verließen, um Zeit für ihre Etablierung im Kunst- oder Designbereich zu haben, hin zu einer zweiten Welle entspezialisierter Kulturunternehmer (oder Selbst-Unternehmer), für die nun eine sogar noch aggressivere kulturelle Umgebung des freien Marktes die Chancen und Möglichkeiten, im kulturellen Sektor zu arbeiten, gestaltet. Wenn die erste Welle von der Figur des Künstlers / Designers verkörpert wird, dann bringt die zweite Welle den Inkubator, den Kulturstrategen hervor. Dies bedeutet, dass die distinkten Kategorien, die das DCMS als Zeichen der Ausbildung oder der professionellen Identität skizziert, jetzt zunehmend diffus und verschwommen sind und in einem verstärkt beschleunigten unternehmerischen und globalisierten Markt der Waren und Dienstleistungen miteinander verschmelzen. Architekten werden als Online-Editors eingesetzt, Kunstverwalter werden auf freiberuflicher Basis von regierungsfinanzierten Organisationen in einmaligen Projekten angestellt, die sie für zwei bis drei Tage in der Woche beschäftigt halten, was bedeutet, dass sie sich nach weiteren Projekten umschauen, um den Rest der Sieben-Tage-Arbeitswoche zu füllen. Die Gruppen von jungen Kulturarbeitern, die Leadbeater und Oakley als die neuen »Independents« (Unabhängige) bezeichnen, sind dies keineswegs

– tatsächlich handelt es sich um Kreativ-Arbeiter, die als Subunterneh-
mer für die von ihnen bereitgestellten Dienstleistungen, die nun in Out-
sourcing statt im Haus produziert werden, von größeren Unternehmen
abhängig sind (Leadbeater / Oakley 1999). Diese noch nicht abgeschlossene Arbeit zeigt, dass die erste Welle
von 1985 bis 1995 dauerte – die Zeit der »Indies«. Die zweite Welle hat
den Effekt, dass sie Karrieren unterbricht und kreative Individuen zum
multi-skilling zwingt (das heißt dazu, mehrere Fähigkeiten gleichzeitig
zum Einsatz zu bringen). Sie besteht aus Entspezialisierung und Anpas-
sung an das Wachstum der neuen Medien und ihrer Chancen, und sie ist
Zeuge der Geburt des »kulturellen Unternehmers«. Kreative Aktivitäten dieser Art entstehen aus eigener Initiative, aber Kultur bedeutet auch
big business. Das Kapital, das in der Vergangenheit zugelassen hatte, dass
der kulturelle (nicht-kommerzielle) Sektor der »Indies« weitgehend vom
Staat betreut wurde, bezeichnet dieses Terrain nun als einen Ort, der
neben seinem extensiven Interesse an Medien und Kommunikation für
Investition und Expansion reif ist. Seit 1997 hat sich die New-Labour-
Regierung in Richtung eines stärker unternehmerorientierten Modells
für die Künste und die Kultur bewegt. Aber selbst wenn der Staat versucht, es dem Kapital leicht zu machen und günstige Bedingungen für
Investitionen zu schaffen, besteht keine entsprechende Verantwortlichkeit seitens des Kapitals. So verliert die Regierung politisch potenziell an
Boden, indem sie die Maßnahmen zur sozialen Sicherung zunichte
macht, während das Kapital beschleunigt und sich weiterbewegt, nachdem es Bedingungen geschaffen hat, die nur für es selbst nützlich sind.
Dies will ich im Folgenden illustrieren. Im Modedesign gab es die Periode, in der sich ein distinkter Sektor herausbildete, der weder Haute
Couture war (wie in Frankreich und Italien) noch ein Großunternehmen (wie in den USA), sondern das, was ich als »unabhängig« etikettieren würde, in Kunstschulen ausgebildet und mit benachbarten Formen
kultureller Aktivitäten wie zum Beispiel Musik, Zeitschriftenproduk-
tion, Grafik-Design verbunden, aus einer Kombination von Arbeits-
losigkeit (mit einigen Benefits in Form von Wohnbeihilfen) mit dem »Do
it yourself«-Ethos, welches ein Ergebnis der Punk-Generation war (aus
der viele auch eine Kunsthochschul-Ausbildung hatten) (McRobbie
1998). Die Modedesigner in meiner Studie waren Spezialisten auf ihrem
Gebiet, die sich einen Ruf erwarben, indem sie in erster Linie als Unabhängige arbeiteten und sich als Kleinunternehmer oder Halbselbst-
ständige (in der informellen Wirtschaft) etablierten. Dies gelang ihnen

aufgrund von Zugang zu billigem Raum in Form von städtischen
Straßenmärkten oder winzigen Ladengeschäften in viel besuchten Stadt-
lagen. In den späten 90er Jahren bewegten sich jedoch die großen Marken aus Europa und den Vereinigten Staaten, darunter sowohl Ketten
wie Gap und Diesel wie auch Designer-Label wie DKNY oder Prada
entschieden in den Modemarkt, drängten mit ihrer Preispolitik die »Indies« aus dem Laden-Immobiliengeschäft, stellten eine Hand voll von
ihnen mit extrem kurzen Verträgen ein, beschäftigten ihre Partner in den
Bereichen Styling, Grafik-Design und Image-Kreation, um ihr Marken-
Image neu zu entwerfen, das nun zu den verschiedenen Welten junger
Konsumenten passen sollte – und das gesamte Feld des unabhängigen
Modedesigns in Großbritannien verschwand buchstäblich und wurde
von einer Reihe international als Marken platzierter Produkte ersetzt.
Modedesigner (von denen jedes Jahr 4000 ihren Abschluss machen) werden von der ersten in die zweite Welle gezwungen. Sie müssen ihre Fähigkeiten diversifizieren / verwässern, sich in anderen, benachbarten Aktivitäten etablieren, für dot.com-Firmen arbeiten, ihre Erwartungen, die
»eigene Arbeit« in den Schaufenstern zu sehen, herunterschrauben, Zeit
für kreatives Denken und Recherchieren aufgeben, sich in den Mainstream der großen Ketten als »freiberufliche Modeberater« begeben,
wenn sie Glück haben, und vielleich für ein paar Tage in der Woche zum
Unterrichten zurückgehen. Das Mode- und Stiltrend-Magazin *i-D* berichtet über dieses Phänomen unkritisch.[4] »Fashion-Multi-taskers: auf
einmal findet man sie überall. Aber es ist nicht einfach, zwei, drei oder
mehr Dinge auf einmal zu tun: Man hat nie genug Zeit, man verdient
nicht mehr Geld als mit einem Job, und man kann sich nicht immer darauf verlassen, für das, was man tut, respektiert zu werden. Und es macht
süchtig. Wenn man einmal versucht hat, vier Jobs zu machen, will man
nie mehr weniger. […] Es ist nicht mehr nötig, ein Vollzeit-Irgendwas zu
sein, um erfolgreich und angesehen zu sein. […] Ein Fashion-Multi-
tasker sagt, sie probiere aus, auch DJ zu sein. ›Es könnte eine auf-
keimende neue Karriere sein. Es fühlt sich nicht nach mehr Arbeit an‹«
(Rushton 2001). In einem weiteren Porträt heißt es zu Joanne Koller:
»Kollers mehrfache Rollen bedeuten eine Sieben-Tage-Woche. ›Es ist wie
eine Droge‹«. (Die zugrunde liegende und niemals offen angesprochene

4 Dieser Artikel erschien nach einem öffentlichen Vortrag, den ich in London im
November 2000 über »Prada-isierung, Niedergang des Modedesigns und den Aufstieg des
Multi-Taskers« hielt. Da das Publikum meist aus Modeprofis inklusive Journalisten be-
stand, komme ich nicht umhin, Rushton als Antwort darauf zu sehen.

Frage hier ist, wie viel diese viel beschäftigten Menschen verdienen und welches die Bedingungen sind, die sie dazu treiben, so viel Arbeit anzunehmen.)

Die Verschiebung zur zweiten Welle bedeutet eine Verwässerung von Talent, die Zerstreuung von Kohorten von Designern, die zuvor nebeneinander arbeiteten und Räumlichkeiten wie die von Hyper Units teilten (die inzwischen auch verschwunden sind) – ich habe in meiner Studie davon berichtet –, und so die Disaggregierung und Desozialisierung von etwas, das wir eine Kollektivität oder eine Bewegung nennen könnten, zu einer wurzellosen Ansammlung von Individuen, die unrepräsentiert, unorganisiert und hoch mobil sind. Die erste Welle bestand so aus einem Innovations-Milieu, einer Art Radnabe – kleine Läden, Geschäfte, Marktstände, Zeitschriften und ihre Mitarbeiter als Kulturvermittler, Kunstschulen und -colleges als Bezugspunkte für Rat, Unterstützung und Studentenpraktika, Clubs, Kneipen und die Straße als Treffpunkt fürs Networking. Die zweite Welle ist weniger ortsspezifisch, mobiler, stärker an Nicht-Orten lokalisiert (Augé 1995) und mit einem schnelleren Turnover an »Jobs«, dementsprechend auch weniger zugänglich für politische Entscheidungsträger und Forscher. Als Modedesign-Zentrum existiert London praktisch nicht mehr; der Moment von Hunderten von kleinen Unternehmen ist vorbei. Stattdessen gibt es die Mode-Großunternehmen und einzelne Individuen, die sich von einem Projekt zum nächsten bewegen und mit nur kurzer Vorankündigung wieder fallen gelassen werden, wenn der Einkauf junger Designer nicht die Profite wieder herstellt, wie bei Marks & Spencer.

Die zweite Welle von Kulturpraktizierenden gelangt in Großbritannien ebenfalls durch die »jungen Britischen Künstler« zur Reife. Hier können wir die Ergebnisse davon sehen, dass Investitionen des Kapitals von Großunternehmen in Sponsoring und Promotion, in Kunst und Geschäft unverhohlen nebeneinander arbeiten, sodass beispielsweise Immobilienhändler bereitwillig zwei heruntergekommene Schulen, die reif für die Renovierung zu Lofts und Penthäusern sind, über 130 Künstlern vom Goldsmith College und dem RCA als freien Raum für eine große Ausstellung von Studentenarbeiten anbieten (Assembly November 2000). Sie tun dies wegen der öffentlichen Publicity, welche diese Show ihren Locations einbringen wird, und wegen des kulturellen Kapitals, eine Firma mit einer vorzeigbaren Liste an Leistungen im Kunstbereich zu sein, plus natürlich für die himmelhohen Preise, die sie dann für die Immobilien verlangen können. Die Menschen der zweiten Welle, die nicht mehr so billig leben und arbeiten können, wie Künstler das früher konnten, müssen jetzt Risikokapitalgeber finden, die ihnen aushelfen; sie müssen sich als »Inkubatoren« neu erfinden oder andernfalls Künstler und Kuratoren und DJs und Veranstalter und Unternehmer sein. Das Kunstgeschäft hebt mithilfe der neuen Medien ab, wie zum Beispiel bei Firmen wie Art to go und Eyestorm. Es gibt eine Ausbreitung von Kategorien künstlerischer Arbeit, die sich der Sprache der Geschäftswelt bedienen, wie zum Beispiel der »Visual Support Consultant« (Berater für visuelle Unterstützung), und eine Fülle von Visitenkarten werden in »Members Only«-Clubs ausgetauscht, die eine Geschäftsatmosphäre anbieten für alle, die auf der Gästeliste sind. Die Kommerzialisierung der Kunst findet ihre Entsprechung in der Kulturpolitik: Das neue Film Council unterstützt nur Projekte, die auf den populären Markt zielen, und die Künstler selbst werden für ihre anstrengenden Bemühungen um Self Promotion (Bewerbung ihrer selbst) gefeiert. Tracey Emin wird beispielsweise beschrieben als »nicht wirklich eine Künstlerin, aber wichtig als ein Phänomen« (BBC Late Review, Freitag, 27. April 2001).

Indem das Geschäftsethos die kulturelle Welt durchdringt, zwingt es ihr seine eigene Art von »schnellem Kapitalismus« auf. Kunst und Kultur waren traditionellerweise Orte für Nachdenken und Reflexion. Aber wenn, wie Aggers argumentiert, die Zeit und der Raum der New Economy »die Kraft des Buches unterminieren« (zitiert in Lash / Urry 1994), dann wird die Zeit des Lesens, Argumentierens und der intellektuellen Aktivität komprimiert. (Tracey Emin sagt in einem Interview, dass sie durch eine Periode hindurchgegangen sei, in der sie viel gelesen habe, dann aber überhaupt nichts, und dass sie jetzt lieber Soap Operas guckt). Die Kultur, die produziert wird, ist zunehmend populistisch, leicht, dünn oder »verflacht« (Lash). Wenn, wie Baumann sagt, der Kapitalismus jetzt »mit leichtem Gepäck reist«, dann ist das, was produziert wird – wie ich und andere gesagt haben –, »Kunst light« (McRobbie 1999). Künstler erschaffen zunehmend Werke, die lediglich Erweiterungen dessen sind, was sie überall in der Popkultur, in der Regenbogenpresse und in den Talkshows umgibt. In den kulturellen Welten finden wir einen endlosen Fluss dessen, was Beck als »biographische Lösungen für systemische Widersprüche« nennt (Beck 1992). Emin ist ein herausragendes Beispiel dafür, da sie ihre eigene Biografie zum Gegenstand ihrer Kunst gemacht hat. Es ist gewiss nicht das erste Mal, dass dies in der Kunst geschieht, aber in diesem Fall ist die Arbeit komplexitätsredu-

ziert; sie lehnt es ab, jenseits der engen Grenzen eines Klischeevokabu-
lars der persönlichen Erfahrung, der Popsong-Texte und des weiblichen
Schmerzes zu denken oder zu reflektieren. Auf diese Weise wird in genau
dem Moment, in dem die Regierung es für passend hält, die Kreativität
in uns allen, insbesondere in jungen Menschen, freizusetzen, die kulturelle Ökonomie Großbritanniens sehr schnell zu einer Arena der guten
(und auch der schlechten) Ideen, der billigen Tricks, der essayistischen
Formulierungen und der formelhaften, buchstäblichen Kunst transformiert (zum Beispiel Tracey Emins neueres Stück *Helter Skelter*).
   Es gibt Probleme, wenn man Wertfragen in eine Diskussion wie diese
einführt. Die bloße Größenordnung kultureller Produktion, die enorme
Anzahl von Kunstwerken, die zu einer gegebenen Zeit erschaffen und
ausgestellt werden, die Ausbreitung visueller Bilder, die Romane, Filme,
Fernsehprogramme, die Art, wie der Fluss des Fernsehens zunehmend
als Norm für den Fluss der Kultur einsteht, und die Art ihres Konsums
erzeugen eine Krise des Urteils. Allzu oft verlangt der Blick auf ein
Kunstwerk wenig mehr als den zerstreuten Blick des Fernsehzuschauers.
Es besteht auch die Gefahr, ein Urteil über Kunst und Kultur allzu leicht
aus einer Analyse seiner politischen Ökonomie abzulesen. Um dies zu
vermeiden, könnten wir Spivaks Vorschlag bedenken, dass Kultur »ver-
gleichbar ist mit Foucaults Gebrauch von ›Macht‹. Es ist ein Name, der
sich für eine komplexe strategische Situation in einer bestimmten Gesellschaft anbietet« (Spivak 1999, S. 353). Bisher habe ich also versucht,
die Anordnung von Kräften zu skizzieren, die eine Strategie verkörpern,
das Terrain kultureller Praxis umzudefinieren. Die Erweiterung der
Ausbildung und der Fähigkeiten auf benachteiligte Gruppen ist lediglich
ein Teil eines Versuches, eine neue Art von kulturellem und künstlerischem Subjekt zu erschaffen, das hoch individualisiert ist, bei dem aber
auch eine größere Wahrscheinlichkeit besteht, dass es sich eines Busi-
ness-Vokabulars bedient, um eine erfolgreiche Karriere zu planen und
durchzuführen. Dies passt schlecht zu dem konventionellen Bild des
Künstlers, der sich zugunsten alternativer Werte von Geld und Materia-
lismus abgewandt hat. In der Vergangenheit wäre die Vorstellung eines
Künstlers mit einem Geschäftsplan lächerlich gewesen; heute ist sie
nicht weiter bemerkenswert. Aber der Punkt, um den es mir hier auch
geht, ist der, dass wiederum eine Gefahr besteht, dass Soziologen und
kulturwissenschaftliche Akademiker diesen Übergang lediglich bemerken und ihn einstimmig mit dem »gänzlichen Erreichen« einer neoliberalen Ordnung im Bereich der Kunst gleichsetzen. Was wir wirklich

wissen müssen, ist, wie dieses Geschäftsmodell in der Praxis funktioniert. Zu welchem Grad ist es ein voll effektives (oder lediglich halb-
herziges) Unternehmertum? Wie genau werden künstlerische Karrieren
als kleine Unternehmen geführt?

Die Ungleichheiten des Informellen – die Grausamkeiten des Coolen

Massen-Jugendkultur erschafft ebenfalls das Modell für neue Karrieren
in der Kultur. Der Club ist die Nabe, mit Castells' Begriff: das »Inno-
vationsmilieu« (Castells 1996) – oder, im Fall Deutschlands, die »Love
Parade als Arbeitsamt«. Die Investition an Zeit und Energie in diese kulturellen Formen der Arbeitsbeschaffung markiert einen Bruch mit älteren Begriffen von »Arbeit«, »Job« oder »Karriere«. In den frühen 90er
Jahren hat mich das dazu veranlasst, zu argumentieren, dass die Jugend-
kulturen von einer großen Investition ins Soziale geprägt, stark engagiert
und Orte der Kritik seien. Aber weniger als zehn Jahre später sind sie
jetzt so stark kapitalisiert und sind die unter 30-Jährigen von der politischen Debatte so abgekoppelt, dass diese soziale Investition im Herzen
der Jugendkultur im Koma liegt – zu uncool. Inzwischen gibt es eine
Art von selbstverständlichem Anti-Rassismus und die Annahme, dass
»schwul auch cool« ist. Kombiniert man das mit einer Liebe zu Geld und
Konsumkultur, hat man einen weiteren Verflachungsprozess, und ein
Jugendkulturkapitalismus entsteht. Man kann es schaffen, wenn man
wirklich will. Nach denjenigen, die aus dem Ganzen rausfallen, fragt
niemand. Altersmäßig jenseits von Gut und Böse? Zu wenig selbst-
bewusst, um die Präsentation des Selbst hinzukriegen? Es gibt nur privatisierte und therapeutische Lösungen, wie Giddens aufgezeigt hat
(Giddens 1991). Zu arm fürs Partyleben? Nur dann o. k., wenn man erst
einmal etabliert ist und sich dann schlecht benehmen kann. In London
ist dies der »Shoreditch«-Effekt, wonach Künstler einen Lebensstil der
Arbeiterklasse pflegen, während sie weiterhin die Dienste von Agenten
in Anspruch nehmen, die auf Privatschulen erzogen wurden, aus der tief
konservativen Mittelklasse kommen und großartige Beziehungen für
Publicity und Verkauf haben (der »Notting Hill«-Effekt). Es handelt
sich also um einen klassenlosen Traum der New Labour: eine hochener-
getische Gruppe von jungen Leuten, welche die kulturelle Ökonomie
vorantreiben, aber in eine völlig privatisierte und nicht subventions-

orientierte Richtung, die ihre Kenntnisse der Kultur benutzen, um in benachbarte Gebiete zu expandieren, die ihre Freunde und andere für informelle Tätigkeiten anstellen und die sich in den späten 90er Jahren in die dot.com-Welt bewegen und sich als bereitwillige Risikonehmer präsentieren, die lange Arbeitsstunden einlegen und alle Arten von Risikokapitalgebern unterhalten, um diesen neuen Sektor voranzutreiben. In London markiert der Cultural Entrepreneur Club (Club der Kulturunternehmer) die Konvergenz von Kunst, Geschäftswelt, neuen Medien, neuen Jobs und der Präsenz von Risikokapitalgebern. Exklusiv, nur per Einladung, aber in einer Clubatmosphäre organisiert mit DJs, Gratiswodka dank Smirnoff und veranstaltet von C4, Cap Gemini, ICA Goldsmith und dem Arts Council, mit Leadbeater persönlich als Vorstand (McRobbie 2001).

Dieses Aktivitätsfeld bereitet der soziologischen Forschung wirkliche Schwierigkeiten. Die Geschwindigkeit und der Fluss schrecken diejenigen Forscher ab, die mit traditionellen Methodologien arbeiten. Ohne feste Arbeitsorte scheint es aus frei flottierenden Individuen zu bestehen, die nur gemäß den Erfordernissen dieses oder jenes kurzfristigen Projektes zusammengebracht wurden. Die Soziologie der Individualisierung sieht sich herausgefordert durch die Realität von Nicht-Gruppen, Nicht-Arbeitsmärkten, Nicht-Institutionen und Nicht-Orten. Ich möchte darum zunächst die These aufstellen, dass innerhalb dieser informellen Jugendkulturökonomie neue soziale Ungleichheiten entstehen. Wie eine Reihe von Studien, die in Glasgow durchgeführt wurden, gezeigt hat, sind diese Arbeitsfelder und andere angegliederte Bereiche inklusive des neuen Bar- und Restaurantgeschäfts auch Felder der »ästhetischen Arbeit«, in denen bei der Einstellung auf das richtige Aussehen, die richtige Körperfigur, ja sogar den richtigen Akzent geachtet wird (Warhurst 2001); es gelten Altersbeschränkungen. Versteckte Variablen wie Klasse und kulturelles Kapital haben ebenfalls eine Auswirkung. Dass eine junge allein erziehende Mutter in ihre eigene Erscheinung investiert, ist beispielsweise weniger wahrscheinlich als bei ihrem gut ausgebildeten und kinderlosen Gegenüber, die wiederum drei oder vier Jobs auf einmal am Laufen haben wird. (Eine neue Trennung öffnet sich zwischen jungen Frauen: zwischen den Kinderlosen und den jungen Müttern?) Bei Projektarbeit, die man durch die Buschtrommeln bekommen hat, scheint man eben »Glück gehabt« zu haben.[5] Oder die

---

5 Jobs, bei denen man Glück gehabt hat: Ein gut aussehender Typ sitzt in einer Bar in

verschwindenden Strukturen werden durch eine »Szene« ersetzt, in der das Vibrieren des »Talents« und das Verwischen der Kontaktzone zwischen Arbeit und Freizeit die materiellen Hindernisse verbergen, welche die Mobilität und Selbstentdeckung des »Talents« behindert aufgrund von schlechten Örtlichkeiten, schlechter Ausbildung, schlechtem Zugang zum Sozialkapital des Netzwerks und Mangel an Zugang zu Geldmitteln, auf die man sich zwischen Jobs verlassen kann oder während man umsonst arbeitet in der Hoffnung, dass ein bezahlter Job daraus wird. Überflüssig zu sagen, dass dies Risiken sind, auf die ältere Menschen sich nicht einlassen können. Es ist undenkbar und unwürdig, dass ältere Menschen »umsonst arbeiten« in der Hoffnung, dass daraus ein echter Job wird. Meine gegenwärtige Forschung in diesem Sektor zeigt a) gänzlich deregulierte, oft sich überschneidende Sphären von Aktivitäten und Dienstleistungen, die kulturell sind, aber keine Zuständigkeitsstrukturen haben, in denen Probleme bei der Arbeit nicht systemisch sind, sondern einfach zeigen, dass es an der Zeit ist weiterzugehen, in denen unglaublich viel Zeit in Sozialkontakte und Networking investiert werden muss, weil sich aus diesem Kreislauf herauszunehmen heißen könnte, keinen Job mehr zu haben; b) das wahrgenommene Bedürfnis nach neuen Unterstützungspunkten, wobei Zeit und Ort des öffentlichen Sektors oft zwei Tage in der Woche einen Hafen bieten, in dem Arbeitsgesetze auch für vorübergehende oder Teilzeit-Arbeit in Kraft sind; c) unglaubliche Investitionen in Selbst und Image, endlose Selbstüberwachung, wobei das Ethos des Erfolgs eine Mentalität erzeugt, dass man, wie Baumann sich ausdrückt, »sich immer noch mehr anstrengen« muss; d) Selbstständigkeit, aber ein sich auf die Unterstützung durch die Eltern Verlassen, ohne die viele nicht in der Lage wären, diese experimentellen Karrieren durchzuziehen; e) eine Motivation durch das »Chaos der Belohnung« (Young 1999), durch die Hoffnung auf den Durchbruch als die nächste Stella McCartney, der nächste Alexander McQueen, das heißt durch das Star- und Prominentensystem. Diese Träume verschmelzen mit der Leistungsgesellschaft der Blair-Regierung, die mithilfe der visuellen Medien das sozialdemokratische Vokabular des

---

Soho, hat das Studium am Goldsmith College abgebrochen, arbeitet als DJ, aber bekommt nicht mehr als einen Hungerlohn. Ein Mädchen spricht ihn an, fragt ihn, ob er an Tonproduktion für den Film interessiert wäre. Am nächsten Tag schaut er im Studio vorbei, kriegt den Job, sechs Monate später ist er voll ausgebildet und arbeitet in der Filmindustrie mit einer Basis in London, reist aber regelmäßig nach L.A. Viele andere Beispiele finden sich in McRobbie 2002.

Arbeitsplatzschutzes, der Arbeitssicherheit, des Krankengeldes usw. weiterhin begräbt.

Man kann diese ungleiche Situation auf zwei Arten sehen. Einerseits könnten wir argumentieren, dass junge Leute hier zu Agenten der neoliberalen Ordnung gemacht werden: Man erwartet von ihnen, diese Ordnung voll zur Reife zu bringen, indem sie sich auf ihre eigenen Talente verlassen, als einsame, mobile, überarbeitete Individuen, für die gesellschaftliche Anlässe und Freizeit nur weitere Gelegenheiten zum Geschäftemachen sind. Das »Green Paper« produziert die Kategorien von Talent und Kreativität als disziplinäre Regime, deren Subjekten man beibringt und erzählt (anscheinend von Geburt an über die Schule bis hin zur nachschulischen Ausbildung), dass sie sich selbst beobachten und tief in ihrem Inneren nach Fähigkeiten schauen sollen, die ihnen dann in der Zukunft von Nutzen sein werden. Wenn man Kultur als eine »komplexe strategische Situation« denkt, dann ist der brillante zusätzliche Schachzug in dieser neuen diskursiven Formation der, dass er zugleich anscheinend ältere Formen des Sichverlassens auf Arbeitsmärkte, auf den öden Zwang zur Arbeit, auf Routine, auf geistlose Aktivitäten abschafft. Es gibt nun Platz für »Spass an der Arbeit«, und wie Donzelot unter Berufung auf das authentische Selbst argumentierte, hat dies den unglaublichen Vorteil, dass es das Individuum zu einem willigen Arbeitstier macht, das sich selbst bestraft, wenn die Inspiration nicht auf das Papier fließt. Das »Green Paper« feiert die Wichtigkeit der Kreativität und ihrer Ermutigung in den Schulen, in den Kindergärten, zu Hause und in anderen kulturellen Institutionen. Kinder und junge Menschen müssen mehr tun, als nur Routineaufgaben zu erledigen; man erwartet nun von ihnen, kreativ zu sein. Selbst wenn sie später einmal ihren Unterhalt nicht im Kultursektor verdienen, ist kreatives Denken der Kern der neuen Wissensökonomie. Aber am wichtigsten ist das Merkmal des Lösens von Verbindungen. Das Ziel ist es, individuell erfolgreich zu sein. Aber Erfolg heisst hier, unabhängig von Staat, Wohlfahrt und Subvention selbstständig, autonom und erfolgreich zu sein. Dies ist eine Art, die zukünftige Welt der Arbeit zu transformieren. In dem Maße, wie ältere Kategorien der sozialen Trennung sich anscheinend verflüchtigen (Klasse und Geschlecht), werden Generationengrenzen stärker markiert und führen ihrerseits zu ihrem eigenen Wellenkräuseln interner Differenzierungsprozesse. Es gibt also einen sozialen Riss, während die politische Ordnung mit den globalen ökonomischen Rationalitäten konform geht und den Jungen die Last auferlegt, deren neue Subjekte zu sein.

Ihnen wird aufgetragen, die Hauptlast dieser unvorhergesehenen Umstände zu tragen. Sie werden also ungleich behandelt. Wir könnten dies
das »Herrschafts«modell nennen.

Das Alternativszenario besteht darin, die utopische Dynamik in den
neuen Arten von Arbeit zu erkennen, die es, wie ich beschrieben habe,
zunächst bei den »Indies« und dann im Untergrund der Tanz- und Club-
kultur gab und die später dann von der Regierung aufgegriffen wurden,
deren angestrengte Versuche dank Leadbeaters Enthusiasmus für die
»Kulturunternehmer« zu einer Politikstrategie führten. Mit »utopisch«
beziehe ich mich auf sozial transformative Handlung, die in sich auf einer
scheinbar individualistischen Basis ein Begehren nach einer besseren
Lebensweise, einer besseren Arbeitsweise trägt. Dies war beispielsweise
bei den jungen Modedesignerinnen definitiv der Fall, und Geschlecht
mag in der Tat bei der Entschlossenheit, Arbeit zur »Arbeit für einen
selbst« zu machen, eine Rolle spielen. Da Arbeit schließlich Arbeit fürs
Leben ist, kann es kaum überraschen, dass Versuche unternommen werden, sie angenehm und genussvoll zu gestalten. (Sowohl meine eigene
wie auch Ursells Studie von TV-Produzenten beschreibt die »Leidenschaft für die Arbeit«; Ursell 2000.) Solche Arbeitsleben ohne festes
Muster oder Organisation können zu sehr verschiedenen Ergebnissen
führen. Neue Ungleichheiten des Alters könnten sehr wohl altersbezo-
gene Identitätspolitik hervorbringen, wenn Lobbygruppen sich aus den
Modi der Selbstreflexivität herausbilden, die wiederum soziale Bindun-
gen hervorbringen in dem, was Beck und Giddens Subpolitik oder Lebenspolitik nennen, aber was ich lieber als Lobbygruppen-Politik be-
zeichne, und die sich auf raffinierten, kenntnisreichen (oder reflexiven)
Gebrauch von Medien stützen, um Gesetzgebung, Zuständigkeiten und
Veränderungen herbeizuführen. Angesichts der Ausbreitung von Le-
bens-, Protest- und Umweltpolitik ist es vielleicht überraschend, dass
eine »Neue Arbeit«-Politik nur so langsam entsteht. Es gibt weitaus
mehr Aktionen und Mobilisierung auf der Konsumentenseite (beispielsweise die Anti-Gap-Kampagne) als auf der Produzentenseite, und zwar
aus dem Grund, dass die Künstler und Kulturarbeiter gegenwärtig ihre
eigenen Arbeitsbedingungen nicht hinreichend analysieren. Dies könnte
sich ändern und die Basis für neue und bisher noch unvorstellbare Kampagnen und Aktionsgruppen bilden.

Post-individualistische kulturelle und künstlerische Praxis

Die Soziologen (Marxisten und Nicht-Marxisten gleichermaßen) haben gut etablierte Argumente für den Umgang mit diesem Sektor. Sie sind eine Großstadtelite, hoch qualifiziert und mit ausreichendem kulturellem Kapital versehen, um Risiken einzugehen und den Boden der neuen kulturellen Ökonomie mit genug materiellen und symbolischen Ressourcen versuchsweise zu betreten, um sich auf etwas zurückziehen zu können, wenn die Dinge schief gehen. Sie sind auch aufgrund ihrer Vermögen in der Lage, individualistisch zu sein, und sind so »im Wartezustand«, dass Belohnungen auf sie zukommen, und in der Zwischenzeit überwachen sie und sind effektiv Komplizen einer Ökonomie, die durch zunehmende Trennungen zwischen Reichtum und Armut gekennzeichnet ist. Sie sind als Agenten der neuen anti-egalitären Verdienstherrschaft gut gestellt. Oder sonst sind sie Teil einer neuen Mittelklasseschicht, die gegenwärtig proletarisiert wird. Zugestanden, dass sie vielfältiger sind als früher; gewiss gibt es mehr Frauen und Menschen aus ethnischen Minderheiten, aber der Grad von erzwungenem Unternehmertum, kombiniert mit dem traditionellen Streben der Mittelklasse nach Status in der Arbeit, erlaubt einen außerordentlich hohen Grad an Selbstausbeutung in diesem deregulierten, ungeschützten Sektor. Zugestanden, dass diese Schicht junger Leute aufgrund ihrer guten Ausbildung progressive Elemente in Bezug auf Identitätspolitik in ihrer kulturellen Praxis zum Tragen bringen wird. Aber die Hyper-Individualisierung, der Niedergang der Arbeitsplatzpolitik (wo es keinen Arbeitsplatz mehr gibt) und der Zugang zu »privaten Lösungen« bedeuten, dass nur die »Sich immer noch mehr anstrengen«-Mentalität überwiegen wird.

Dagegen möchte ich vorschlagen, dass wir einige der Einsichten aus neueren Arbeiten über die Rekonzeptionalisierung des Politischen auf die neue kulturelle Arbeit anwenden müssen. Dies brauchen wir aus genau dem Grund, dass ohne fortschrittlicheres Denken über diese Themen die kühnen und fantasievollen Ideen Leadbeaters in Großbritannien direkt in die Regierungspolitik eingehen, ohne sich irgendwelchen ernst zu nehmenden Argumenten gegenüberzusehen. Jenseits der Aussage, dass der Neoliberalismus jede Schlacht gewinnt, scheinen die Linke und die Feministinnen nicht in der Lage zu sein, ein neues Vokabular zu entwickeln, um sich mit der Individualisierung auseinander zu setzen. Wir müssen wachsam nach Möglichkeiten für Kritik und Veränderung aus fremdartigen und in Zwischenräumen angesiedelten

Orten ausschauen, als Teil einer Kette von Verbindungen von einem
Knotenpunkt zum nächsten, von einem Stadtort zum nächsten, von den
Bewegungsflüssen der Arbeit aus. Es reicht jedoch nicht aus, eine Geste
beispielsweise in Richtung der Existenz einer Verflachung von Hierarchien in der Ökonomie der neuen Medien zu machen (Lash 2000) oder
in Richtung der Existenz von Netzwerksozialität (ebd.) oder mit will-
kürlichem Optimismus zu behaupten, dass Leistungsgesellschaft und
Talent im Kontext nicht-bürokratischer Arbeitsplätze diese zu »Orten
offener Gesinnung« machen. Zugleich kann das Selbstbestrafungs-
Modell Baumans (»sich immer noch mehr anstrengen«) das lustvolle
Eintauchen in »das Projekt« letztlich nur als Selbsttäuschung interpretieren.

Übrig bleibt »Reflexivität« als Werkzeug fortschrittlichen Denkens,
aber diejenigen Soziologen, die dieses Konzept am weitesten entwickelt
haben, haben dies ohne eine umfassende Theorie von Medien, Kunst,
Kultur oder Kommunikation getan. Kürzlich erst hat Scott Lash Becks
Erklärungen zur reflexiven Individualisierung erweitert und argumentiert, dass die Wahlmöglichkeit von der Erfordernis abhängt, dass das
entblößte Individuum ohne die für selbstverständlich gehaltene Unterstützung durch sichtbare Strukturen (wie Arbeitslosenhilfe oder Arbeitsamt) die Regeln der neuen sozialen (Un-)Ordnung selbst untersuchen und herausfinden muss. »Dieses Chaos wird gänzlich normal«
(Lash 2002). Wenn die Institutionen (oder Nicht-Institutionen) der
neuen Kultur »fast unerkennbar« sind, dann folgt, dass jede mögliche
politische Stabilität, eine andere Gestalt annehmen wird. Ja, wenn sogar
das Konzept der neuen sozialen Bewegung heute unfähig erscheint, die
Flüsse der »Arbeitskraft« (siehe Hardt / Negri 2000) zu verfolgen und
ihr Potenzial zu etwas Stabilerem und Konkreterem zu nutzen, dann
sind wir vielleicht dabei, über post-individuelle politische Formierungen
nachzudenken. Wenn es wieder über das gesamte politische Terrain hinweg viele Beispiele »transnationaler Lebenspolitik« gibt – oder dessen,
was Beck »Subpolitik« nennt und was ich lieber als globale Lobbypolitik
oder einfach als Kampagnen etikettieren würde –, dann könnte es doch
vielleicht möglich sein, Allianzen entgegenzusehen, die aus der »neuen
Arbeit« (welche Ironie! [dass nämlich »neue Arbeit« auf Englisch »New
Labour« heißt – Anm. d. Ü.]) auf einer fließenden, internationalen Basis
hervorgehen und die auf irgendeine Weise die Selbstausbeuterin, die zu
Hause schweißtreibende Arbeit an ihrer Nähmaschine verrichtet in der
Hoffnung, die nächste Stella McCartney zu werden, mit der Gap-Nähe-

rin in Südostasien verbindet, die jetzt Gegenstand der Aufmerksamkeit vonseiten der anti-kapitalistischen Protestbewegung ist.

Ein Schlüsselelement in der Kette von Äquivalenzen, mittels deren Allianzen und Partnerschaften in diesem Feld jugendlicher kulturökonomischer Aktivität gebildet werden könnten, ist die interventionistische Rolle von Intellektuellen, die vielleicht einer »älteren Generation« angehören. Wir müssen uns mit der Einbettung von Wirtschaftsstudien und Unternehmenskultur in einer Bevölkerung, die nicht als Subjekte eines »Wohlfahrtsregimes« mit »Öffentlichkeitsorientierung« und Beschäftigung durch den öffentlichen Sektor aufgewachsen ist, konfrontieren. Wenn diese Kategorien nicht mehr bestehen, dann auch nicht ihre Subjekte (so die Logik Foucaults). Wie Hardt und Negri vorschlagen, sehen wir also mit dem Aufstieg der Informationsökonomie und ihren angegliederten Kategorien eine »neue Art, Mensch zu werden«. Beck argumentiert, dass die reflexive Modernisierung sowohl zu Selbstkritik wie auch zu Sozialkritik führt. Die sich selbst überwachenden Subjekte der zweiten Modernität / späten Modernität / des Spätkapitalismus müssen Zugang zu Information und Analyse haben, um reflexiv zu sein. Wo findet man solche Ressourcen? Verlassen sie sich gänzlich auf die Befunde neoliberaler Think Tanks? Oder sind ihre Wege zu den Informations- und Kommunikationstechnologien nicht übersät mit »Kulturwissenschaften«, Soziologie, mit den Kommentaren und der Kritik von Naomi Klein, der Arbeit von Richard Sennett, den Internetseiten von Tony Giddens usw.? Zugang zu einer früheren kritischen Tradition liegt also innerhalb der Reichweite der Hyperindividualisten. Aber es ist natürlich kontingent und schwierig, Muster oder die Erscheinung regelmäßiger Variablen wahrzunehmen. Wir brauchen mehr Ethnografien solcher kritischen Reflexivitäten. Wir müssen in der Lage sein, die Diversität der Praxis von Kulturunternehmern zu beschreiben, um die soziale Mischung derer, die in dieser Position arbeiten, einschätzen zu können. Wenn Leadbeater Talent und Kreativität zum Zweck bloßen Wachstums und der Erschaffung von Reichtum einspannt, können dann die Soziologen nicht umso stärker die verschiedenen Kritiken dieser Kategorien einüben, die für diese Disziplin so zentral gewesen sind, von Bourdieu und der Soziologie der Kunst bis hin zu den meisten von denen, die in der Erziehungssoziologie und Pädagogik arbeiten? Es sollte der kritischen Pädagogik auch möglich sein, Kreativität in der Erziehung wieder zu beleben, und man sollte auch nicht vergessen, dass die einflussreichsten unter den marxistischen Denkern, von Adorno selbst bis hin zu kürzlich Jameson, für die erlösende, utopische und pädagogische Funktion der Kunst argumentiert haben. Das Individuum mag allein oder »einzig« sein oder sich so wahrnehmen, aber Reflexivität erfordert ein Engagement mit Texten, Bildern, Musik, kommunikativen Netzwerken und Büchern und Schrift. Zugegeben, für einen »Kreativen« in einer großen Werbefirma heißt das, Film Noir für den richtigen Look zu plündern, aber muss er notwendigerweise dabei stehen bleiben? Kann man das freiberufliche Subjekt dieser Medienwelt nur in dieser Funktion verstehen, oder gibt es andere Identifikationspunkte innerhalb seiner eigenen differenzierten Subjektivität, das heisst, ist es ebenso schwarz oder asiatisch und auch durch irgendein biografisches Merkmal wie zum Beispiel Gesundheit, Familie, Kinder, Wohngegend usw. mit einer Linie der »Lebenspolitik« verbunden? Baumann beschreibt solche Phänomene als »nicht additiv«, das heisst sie addieren sich nicht zu etwas wirklich Politischem. Ich stimme dem nicht zu. Man kann sie als »produktive Singularitäten« (Hardt / Negri 2000) sehen, die trotz der Versuche seitens der Macht, »Gemeinschaft und Kooperation zu blockieren«, entstehen.

Dies soll nicht heißen, dass ich Kunst und Kultur als ihrem Wesen nach kritisch oder Menschen als ihrem Wesen nach kooperativ hinstellen möchte. Vielmehr dass, wie Hardt und Negri es ausdrückten, »erschöpfende Machtlosigkeit« uns dazu zwingt, die »Produktivität des Seins« zu übersehen. Unter Berufung auf Deleuze und Guattari argumentieren sie, dass die gegenwärtige Vermischung von Politik, Wirtschaft und Sozialem (und ich würde hinzufügen: Kulturellem) nie da gewesene Energie und Begehren produziert, die beide (wie menschliche Arbeit überhaupt) generativ sind, und dass sie, mit den neuen Informations- und Wissensstrukturen, -pfaden und -autobahnen »angereichert«, in der Lage sind, die Kräfte der »Korruption« zu konfrontieren. Dies ist tatsächlich ein Argument dafür, wie Individualisierung zugunsten von »neuen produktiven Singularitäten« zurücktreten kann. Dies wiederum würde den Neoliberalismus herausfordern, indem es zeigt, dass er nur verstümmelte, flache oder entleerte Erzählungen vom Sein produziert. Unter Berufung auf Foucaults Konzept von Bio-Macht, durch die Regulierung und Disziplin durch individuelle Körper eingeflößt wird, sodass das Individuum sich selbst beobachten, überwachen und regulieren muss, und indem sie dies mit Deleuzes und Guattaris Begehrensmaschinen als Flüsse von Macht kombinieren, wird der arbeitende Körper ein Schnittpunkt mit anderen arbeitenden Körpern, und wenn Begehren Anhaftungen und Identifikationen erzeugt, warum nicht auch Begehren oder

»Energie« in der Arbeit? Arbeit (und hier: kreative Arbeit) wird so zu einem Ort der Re-Sozialisierung, da sie besser mit und für »andere« getan wird.

(Aus dem Englischen von Benjamin Marius Schmidt)

Literatur

Augé 1995 – Marc Augé, *Non-places: Introduction to an Anthropology of Supermodernity*, London 1995.
Baumann 2000 – Zygmunt Baumann, *Liquid Modernity*, Cambridge 2000.
Beck 1992 – Ulrich Beck, *Risk Society: Towards a New Modernity*, London 1992.
Beck 2000 – Ulrich Beck, Vortrag an der LSE (London School of Economics and Political Science), London 2000.
Becker 1982 – Howard S. Becker, *Art Worlds*, Berkeley CA / London 1982.
Bourdieu 1993 – Pierre Bourdieu, *The Field of Cultural Production: Essays on Art and Literature*, Cambridge 1993.
Castells 1996 – Manuel Castells, *The Rise of the Network Society*, Cambridge MA / Oxford 1996.
DCMS 2001a – DCMS (Departement for Culture, Media, and Sports, Great Britain), *Culture and Creativity: The Next 10 Years*, London 2001.
DCMS 2001b – DCMS, *Creative Industries Mapping Document 2001*, London 2001.
Giddens 1991 – Anthony Giddens, *Modernity and Self-identity*, Cambridge 1991.
Hardt / Negri 2000 – Michael Hardt / Antonio Negri, *Empire*, Cambridge 2000.
Lash 2000 – Unveröffentlichtes Manuskript, Goldsmiths College, London 2000.
Lash 2002 – Scott Lash, »Introduction«, in: Ulrich Beck / Elisabeth Beck-Gernsheim, *Individualization*, London 2002.
Lash / Urry 1994 – Scott Lash / John Urry, *Economies of Signs and Space*, London 1994.
Leadbeater 1999 – Charles Leadbeater, *Living on Thin Air: The New Economy*, London 1999.
Leadbeater / Oakley 1999 – Charles Leadbeater / Kate Oakley, *The Independents: Britains New Cultural Entrepreneurs*, London 1999.
McRobbie 1998 – Angela McRobbie, *British Fashion Disign: Rag Trade or Image Industry*, London 1998.
McRobbie 1999 – Angela McRobbie, *In the Culture Society: Art, Fashion, Popular Music*, London 1999.
McRobbie 2001 – Angela McRobbie, »Club to Company«, in: *Cultural Studies* (in Vorbereitung).
McRobbie 2002 – Angela McRobbie, *Economies of Artists and Cultural Entrepreneurs*, Reaktion Books (in Vorbereitung).
Negus 1992 – Keith Negus, *Producing Pop: Culture and Conflict in the Popular Music Industry*, London 1992.
Rushton 2001 – R. Rushton, »Me, Myself, and I«, in: *i-D* 205 (The Bathroom Issue, London 2001).
Spivak 1999 – Gayatri Chakravorty Spivak, *A Critique of Postcolonial Reason: Toward a History of the Vanishing Present*, Cambridge MA / London 1999.
Ursell 2000 – Gillian Ursell, »Television Production: Issues of Exploitation, Commodification, and Subjectivity in UK Television Labour Markets«, in: *Media, Culture and Society* 22.6 (2000), S. 805–827.
Warhurst 2001 – Chris Warhurst, *Looking Good, Sounding Right*, London 2001.
Wolff 1981 – Janet Wolff, *The Social Production of Art*, London 1981.

Michael Hardt

Gemeinschaftseigentum

Eröffnung, die den allgemeinen Rahmen
aus Empire präsentiert

A Imperium ist eine unbeschränkte Form der Herrschaft, ein Netzwerk supra-
nationaler, nationaler und lokaler Institutionen (kein Außen, kein Zentrum).

B Vielheit ist das produktive Subjekt innerhalb des und gegen das Imperium,
das Subjekt einer potenziellen globalen Demokratie (kein Außen, kein Zentrum).

Wir haben das Gefühl, dass in dem Buch *Empire*[1] das Konzept des Imperiums zwar relativ gut artikuliert, das Konzept der Vielheit aber auf
einer poetischen Ebene belassen wurde. Toni Negri und ich arbeiten
daran, die Vielheit in empirischen und konzeptionellen Begriffen besser
zu artikulieren. Wir müssen fragen, wer oder was ist die Vielheit? Und
darüber hinaus: Was würde eine globale Demokratie konstituieren?
   Eines der mächtigsten Hindernisse für eine globale Demokratie ist
das System des Privateigentums, weil Privateigentum nämlich soziale
Hierarchien erhält und die gleiche und kollektive Herausbildung der
Vielheit verhindert. Keine Demokratie kann unter der Herrschaft des
Privateigentums absolut sein. Ein Element der Politik der Vielheit ist
daher die Abschaffung des Privateigentums. Es mag heute naiv oder rührend oder anachronistisch erscheinen, für die Abschaffung des Privateigentums zu argumentieren, aber wie wir gleich sehen werden, ist zumindest in Bezug auf gewisse Arten von Eigentum die Legitimität der
Privateigentümerschaft heute vielfach und stärker umstritten als je zuvor. Ich erkunde in diesem Essay nicht so sehr die politische Praxis als

---

[1] Michael Hardt / Antonio Negri, *Empire*, Cambridge 2000.

vielmehr die Argumentationsstrategie, welche die Legitimität des Privateigentums am besten herausfordert. Ich versuche zu zeigen, wie die Vielheit innerhalb des Imperiums des globalen Kapitals arbeiten kann, um die Logik des Kapitals selbst dazu auszunutzen, es zu stürzen und eine alternative Gesellschaft zu konstruieren.

Ich werde auf einige immaterielle Formen der Eigentümerschaft wie geistiges Eigentum und Bio-Eigentum fokussieren, die ein neues Licht auf Eigentum insgesamt werfen. Aber bevor ich das tue, muss ich die Formen von Arbeit berücksichtigen, die mit diesen Formen des Eigentums verbunden sind. Dies ist deshalb notwendig, weil auch heute noch das alte kapitalistische Wort gilt, dass, wie Adam Smith sagt, Arbeit die Quelle allen Reichtums ist und dass, wie John Locke sagt, Eigentum die gerechte Frucht der Arbeit ist. Da die Legitimation kapitalistischer Eigentumsrechte immer noch auf der Arbeit des Produzenten beruht, ist Arbeit der beste Weg, um die kapitalistische Struktur der Eigentumsverhältnisse herauszufordern. Diese Arbeitslogik ist, wie wir sehen werden, in den neuen Bereichen immateriellen Eigentums noch klarer und mächtiger.

Einer unserer Slogans in *Empire* behauptete, dass es kein Außen mehr gibt und dass es daher auch keine Natur mehr gibt. Für diese Diskussion wollen wir dieselbe Behauptung umformulieren und sagen, dass Leben und Natur produziert werden und produzierbar sind. Diese Produzierbarkeit des Lebens wird der Schlüssel meines Arguments hier sein, und ich möchte dies zunächst kurz im Werk Judith Butlers untersuchen und dann detaillierter in der Logik des Patentrechtes. Die Produzierbarkeit des Lebens bringt, wie wir sehen werden, neue Möglichkeiten der Befreiung, aber auch neue Formen der Herrschaft und der Kontrolle mit sich.

1 *Immaterielle Arbeit und biopolitische Produktion*

Neben mehreren anderen Autoren haben Toni Negri und ich den Ausdruck »immaterielle Arbeit« benutzt, um viele der Veränderungen zusammenzufassen, die im Bereich der Arbeit stattfinden.[2] Unter immaterieller Arbeit verstehen wir Arbeit, die ein immaterielles Gut produziert wie zum Beispiel eine Dienstleistung, ein kulturelles Produkt oder eine

---

2 Siehe ebd., S. 289–294.

Beziehung. Unsere Behauptung ist, dass solche immaterielle Arbeit in letzter Zeit eine zentrale Stellung in der kapitalistischen Wirtschaft gewonnen hat und gegenüber industrieller, landwirtschaftlicher und anderen Formen der Arbeit dominant geworden ist. Sie ist dominant nicht nur in quantitativer, sondern auch in qualitativer Hinsicht, in Bezug auf ihren Wert – und diese Dominanz färbt auf alle wirtschaftlichen Aktivitäten ab.

Immaterielle Arbeit selbst kann man sich als aus zwei Idealtypen bestehend denken. Der erste Idealtyp bezieht sich auf Arbeit, die primär linguistisch oder intellektuell ist, wie zum Beispiel Problemlösung oder symbolische und analytische Aufgaben. Die verschiedenen Arten von Arbeit, die mit Computern und ihren Sprachen zu tun haben, kann man sich als paradigmatisch für diesen Typ denken. Diese Art immaterieller Arbeit produziert Ideen, mentale Prozesse, Bilder und andere vergleichbare Produkte. Wir nennen den anderen Idealtyp immaterieller Arbeit affektive Arbeit, das heißt, Arbeit, die Affekte produziert oder manipuliert, wie zum Beispiel Gefühle der Gemütlichkeit, des Wohlbefindens, der Befriedigung, der Aufregung oder der Leidenschaftlichkeit. Man erkennt solche affektive Arbeit beispielsweise in der Arbeit von Flugbegleitern, Fast-Food-Arbeitern (»… und ein Lächeln dazu«) oder Beschäftigten im Gesundheitswesen.

Die meisten tatsächlichen Jobs, die immaterielle Arbeit beinhalten, sind eine Kombination dieser beiden Idealtypen. Das Kreieren von Kommunikation ist beispielsweise gewiss eine linguistische und intellektuelle Operation, die aber unvermeidlich auch eine affektive Komponente hat. Verschiedene Formen sozialer Interaktionen und sozialer Beziehungen involvieren ganz klar beide Aspekte immaterieller Arbeit. Immaterielle Arbeit ist auch fast immer mit materiellen Formen der Arbeit vermischt: Flugbegleiter, Beschäftigte im Gesundheitswesen und Dateneingeber am Computer erledigen immaterielle Aufgaben neben materiellen. Schließlich wird immaterielle Arbeit mit traditionellen materiellen Formen der Arbeit gemischt und transformiert diese. Industrieproduktion wird zum Beispiel zunehmend informationalisiert, das heißt von einem Netzwerk der Kommunikation und Information durchzogen, sowohl im Produktionsprozess selbst wie auch in ihrer Beziehung zum Markt. Selbst die Landwirtschaft wird, wie wir später sehen werden, durch Praktiken wie genetische Manipulation von Samen- und Pflanzenarten informationalisiert. Dies ist die Rolle des dominanten Sektors in jeder Phase der Wirtschaftsgeschichte: alle anderen Sektoren in Übereinstimmung mit den eigenen zentralen Charakteristika zu transformieren. Lassen Sie mich wiederholen: Das Argument ist nicht, dass es immaterielle Arbeit früher nicht gegeben hätte, sondern vielmehr dass ihr in letzter Zeit eine dominante Stellung in der Wirtschaft zugekommen ist und dass eine solche Dominanz eine Reihe wichtiger Auswirkungen hat.

Bevor ich im Weiteren betrachte, wie diese neue Stellung der immateriellen Arbeit sich auf Formen des Eigentums bezieht, möchte ich kurz vier wichtige Charakteristika dieser Konzeption immaterieller Arbeit in den Blick nehmen. Erstens macht diese Konzeption auf der elementarsten Ebene klar, dass zu der Produktion von Ideen, Wissen, Informationen, Affekten und dergleichen Arbeit gehört. Dies mag einfach und offensichtlich erscheinen, aber es ist nicht ungewöhnlich, dass Analytiker der neuen Wirtschaftsphänomene behaupten, dass Wissen oder Information heute Arbeit als Grundlage des Reichtums ersetzt habe, ohne zu erkennen, dass Wissen und Information selbst von spezifischen Arten von Arbeit produziert werden.[3] Diese Unterscheidung ist vom Standpunkt des Kapitals aus wichtig, weil, wie ich später ausführen werde, die kapitalistischen Eigentumsrechte notwendigerweise auf der Grundlage von Arbeit beruhen. Wenn Wissen, Information und andere immaterielle Güter nicht die Produkte von Arbeit wären, dann würde niemand sie als Privateigentum beanspruchen.

Zweitens bricht der Begriff immaterieller Arbeit mit der alten konzeptionellen Unterscheidung zwischen körperlicher und geistiger Arbeit und damit auf einer allgemeineren philosophischen Ebene mit der Unterscheidung zwischen Körper und Geist. Während der erste Idealtyp immaterieller Arbeit, der mit Sprachkompetenz, Information und Kommunikation zu tun hat, als eine Art unkörperlicher und geistiger Arbeit erscheinen könnte, ist der zweite Idealtyp, die affektive Arbeit, eindeutig sowohl körperlich wie auch geistig. Gehören Affekte dem Geist oder dem Körper an? Dies ist eine Frage für Spinoza und die frühmoderne europäische Philosophie. Affekte sind gleichermaßen körperlich und geistig und zeigen in der Tat gerade die Unangemessenheit der Teilung zwischen Geist und Körper auf. Hier kann man auch anfänglich einige der Gender-orientieren Aspekte immaterieller Arbeit und insbesondere affektiver Arbeit sehen. Wir entwickelten unsere Konzeption affektiver Arbeit aus einer Reihe von Studien von sozialistischen Feministinnen,

3   Siehe beispielsweise Peter Drucker, *Post-capitalist Society*, New York 1993.

geschrieben meist in den 8oer Jahren, die mit Konzepten wie Arbeit im körperlichen Modus, Pflegearbeit, Verwandtschaftsarbeit und mütterliche Arbeit etwas zu verstehen suchten, das traditionellerweise als »Frauenarbeit« bezeichnet wurde.[4] Ein Aspekt, der den verschiedenen Studien gemeinsam war, war der Versuch, die konventionelle Körper/Geist-Teilung auszuschalten – und insbesondere ihre Korrelation im Bereich der Arbeit, also körperliche versus geistige Arbeit –, weil dies für die Darstellung, woraus solche Frauenarbeit tatsächlich besteht, ein Hindernis war. Das Konzept affektiver Arbeit und immaterieller Arbeit hat drittens mit einer weiteren verschwommenen Unterscheidung zu tun. Zusätzlich zu der Herausforderung der Körper/Geist-Trennung beabsichtigten diese und andere sozialistisch-feministische Studien von Frauenarbeit auch, die wirtschaftliche Trennung zwischen Produktion und Reproduktion herauszufordern. Dieses Projekt ist dem Konzept immaterieller Arbeit ebenfalls inhärent. Im Kontext der Kommunikation und umso mehr im Kontext der Produktion von Affekten bricht die Unterscheidung zwischen Produktion und Reproduktion gänzlich zusammen, weil es hier um die Produktion sozialer Beziehungen und auf der allgemeinsten Ebene um die Produktion des sozialen Lebens selbst geht. Diese Produkte sind nicht Objekte, die ein für alle Mal erschaffen werden, sondern sie werden vielmehr in einem beständigen Strom der Aktivität produziert und reproduziert. Die Produktion und Reproduktion des sozialen Lebens – biopolitische Produktion, die kontinuierliche Produktion des Lebens der Polis – ist aus dieser Perspektive die allgemeinste Aktivität und umfasst die größte Bandbreite von Arbeit.

Das vierte und letzte wichtige Charakteristikum unserer Konzeption immaterieller Arbeit besteht darin, dass sie nicht nur die neuen Arbeitspraktiken, die in letzter Zeit kreiert worden sind (zum Beispiel mit Computern und Informationstechnologien umzugehen), benennt, sondern auch schon zuvor bestehende Praktiken, die erst kürzlich als Arbeit konzipiert worden sind. Dies ist ein ziemlich umstrittener Aspekt unseres Konzeptes, und er war für die sozialistisch-feministischen Konzepte von Arbeit wie etwa Pflegearbeit und mütterliche Arbeit, die ich früher erwähnt habe, ebenso umstritten. Einige Gelehrte sträuben sich, diese Aktivitäten Arbeit zu nennen, weil das die Aktivität heruntersetzt.

---

4 Siehe Dorothy Smith, *The Everyday World as Problematic: A Feminist Sociology*, Boston 1987; Michaela DiLeonardo, *Exotics at Home*, Chicago 1998; Sara Ruddick, *Maternal Thinking: Toward a Politics of Peace*, New York 1989.

»Warum sollten wir«, wenden einige beispielsweise ein, »die Pflege und
Sorge, die ich anderen gebe, Arbeit nennen? Es geschieht aus Liebe und
ist daher keine Arbeit.« Oder in einem etwas anderen Kontext könnte
man etwas dagegen einwenden, die Produktion traditioneller Ressourcen in indigenen Gemeinschaften Arbeit zu nennen – etwa, um ein Beispiel zu benutzen, über das ich bald mehr sagen werde, das Wissen, wie
man gewisse Samen als Pestizide nutzt, um die Ernte zu schützen; oder
man denke an die traditionelle Praxis des Geschichtenerzählens, die natürlich soziale Beziehungen in der Gemeinschaft kreiert, als eine Art Arbeit. Verzerren wir nicht traditionelle Gemeinschaftsaktivitäten, wenn
wir sie in die Kategorie Arbeit zwängen? Meine Antwort auf solche Einwände ist, dass in der Tat keine dieser Aktivitäten inhärent Arbeit ist –
und tatsächlich ist keine Aktivität inhärent Arbeit. Die Definition von
Arbeit ist Gegenstand von Kämpfen, und was heute als Arbeit zählt, ist
das Ergebnis früherer Kämpfe. Das Kapital versucht Arbeit als jegliche
Aktivität zu definieren, die direkt wirtschaftlichen Wert produziert. Aus
dieser Perspektive muss Arbeit im Produktionsprozess rückwärts gelesen werden: Arbeit ist, was Kapital produziert, und all die Aktivitäten,
die kein Kapital produzieren, sind keine Arbeit. Es ist, wie ich vorher
schon sagte, vom Standpunkt des Kapitals aus wichtig, dass gewisse Aktivitäten als Arbeit codiert sind, weil Arbeit notwendig ist, um das Eigentumsrecht zu begründen – aber ich will diese Diskussion noch etwas
hinausschieben. Ich sollte noch erwähnen, dass wir hier einer weiteren
Bedeutung des Begriffs biopolitischer Produktion begegnen: Jede Le-
bensaktivität ist heute potenziell als Arbeit codiert, und so ist das ganze
Leben potenziell unter der Kontrolle des Kapitals. In der Tat geht der
Fortschritt, dass alle Lebensaktivitäten Arbeit werden, Hand in Hand
mit dem Fortschritt, dass alle Elemente des Lebens Privateigentum werden. Auch dies könnte man die reale Unterordnung des Lebens unter das
Kapital nennen.

2   Von einer Kritik des Körpers zum Fleisch

Ich möchte einige der Herausforderungen und Probleme, denen eine
Theorie immaterieller Arbeit und biopolitischer Produktion sich stellen
muss, untersuchen, indem ich sie im Kontext der Theorien des Körpers
situiere, die in den 90er Jahren von anglophonen feministischen Theore-
tikerInnen erkundet worden sind. Ich werde nur zwei der Themen aus

der großen Bandbreite von Arbeiten verfolgen, die unter dieser Über-
schrift stehen: die Kritik der Körper/Geist-Unterscheidung und die Kri-
tik der Sex/Gender-Unterscheidung (also der Unterscheidung zwischen
biophysiologischem und soziokulturellem Geschlecht – Anm. d. Ü.).
Die feministische philosophische Herausforderung der Körper/
Geist-Unterscheidung kann in drei miteinander zusammenhängende
Kritiken zusammengefasst werden. Die erste ist eine Kritik des einfachen
Dualismus der Beziehung zwischen Körper und Geist, das heißt eine
Kritik an der Tatsache, dass die Phänomene der Welt oder der Subjektivität als zwischen diesen Kategorien geteilt aufgefasst werden. Worum es
in dieser ersten Kritik geht, wird mit einer zweiten Kritik klarer: Das
Problem ist nicht nur die Teilung in zwei separate Kategorien oder Attribute oder Qualitäten, sondern vielmehr die ungleiche Beziehung zwischen ihnen. Tatsächlich führt dichotomes oder dualistisches Denken, so
das Argument, vielleicht unvermeidlich zu Hierarchien, indem die beiden polarisierten Begriffe in eine Rangordnung gebracht werden, sodass
der eine privilegiert wird und der andere zu dessen unterdrücktem,
untergeordnetem, negativem Gegenstück wird.[5] Hierin liegt der klarste
Grund, warum die Frage des Körpers das eigentliche Gebiet feministischer Theorie sein sollte, weil der Geist/Körper-Dualismus traditionellerweise auf den Männlich/weiblich-Dualismus projiziert worden ist,
sowohl in der Geschichte der europäischen Philosophie wie auch in allgemeineren Diskursen.[6] Mit anderen Worten, in dem Ausmaß, in dem
das Männliche mit dem Geist und das Weibliche mit dem Körper assoziiert wird, in dem Ausmaß ist die Hierarchie von Geist über Körper
eine Repräsentation oder ein Feld für die Macht des Männlichen über
das Weibliche. Die Kritik der Herrschaft des Geistes über den Körper
wird daher als Parallele zur Kritik patriarchaler Herrschaft aufgefasst.
Schließlich fordert eine dritte Kritik, die vielleicht schon in der Frage des
Dualismus impliziert war, die Abgetrenntheit und Isolation zwischen
Körper und Geist heraus. Es geht hier nicht so sehr um die konzeptionelle Unterscheidung zwischen Körper und Geist, die weiterhin funktioniert, sondern um ihre interaktive Natur. Statt sie als autonome Wesen-
heiten aufzufassen, müssen wir erkennen, dass es einen unablässigen

---

5 Siehe beispielsweise Elizabeth Grosz, *Volatile Bodies: Toward a Corporeal Feminism*,
Bloomington 1994, S. 3.
6 Siehe Genevieve Lloyd, *The Man of Reason*, Minneapolis ²1993; Christine Di Stefano,
Configurations of Masculinity: A Feminist Perspective on Modern Political Theory, Ithaca
1991.

Austausch zwischen Körper und Geist gibt, bei dem sie ineinander über-
führt werden und ineinander übergehen.

Ein zweiter Strom anglophoner feministischer Theorien des Körpers
in den 90er Jahren, der am engsten mit der Arbeit Judith Butlers verbunden ist, spricht die Sex/Gender-Unterscheidung an. Diese Unterscheidung war für die feministische Theorie in den Vereinigten Staaten
mindestens schon seit den 70er Jahren wichtig, als sie explizit formuliert
wurde, um lang bestehende einflussreiche Theorien zu bekämpfen, in
denen es darum ging, wie die sozialen Rollen von Frauen durch ihre biologischen Funktionen determiniert waren. Die Unterscheidung trennt
von dieser relativ festen Konzeption von biologischem Geschlecht
(»sex«) und Weiblichkeit einen Bereich des kulturell und sozial determi-
nierten Geschlechts (»gender«) ab, der so direkt politisch angegangen
werden kann.[7] Die Unterscheidung zwischen »sex« und »gender« ist
insofern ein Echo der Unterscheidung zwischen Körper und Geist und
auf ähnliche Weise auch der Unterscheidung zwischen Natur und Sozia-
lisation. In den 90er Jahren kritisierte Judith Butler die traditionelle
Sex/Gender-Unterscheidung und argumentierte, dass der Unterschied
zwischen beiden nicht darin bestehe, dass jenes natürlich und notwendig,
dieses hingegen kulturell und kontingent sei.[8] Sie sagt, dass das traditionelle Beharren auf der sozialen Konstruktion von »gender« dazu dient,
die Idee zu verstärken, dass »sex« unkonstruiert oder natürlich sei. Butler besteht im Weiteren darauf, dass die Natürlichkeit des biologischen
Geschlechterunterschieds eine normative Heterosexualität unterstützt
und maskiert: Die natürliche Teilung des Menschen in zwei Geschlech-
ter impliziert selbst notwendigerweise, insbesondere im psychoanaly-
tischen Rahmen, eine sexuelle Komplementarität und normale Paar-
bildung. In diesem Sinn folgt sie Foucaults Behauptung, dass Sex ein
regulatives Ideal sei. Butlers Strategie in der Bestreitung dieser Heteronormativität besteht darin, zu zeigen, wie auch »sex« durch unsere täg-
liche Praxis und unser performatives Verhalten produziert und reproduziert wird. Wir haben natürlich nicht die Freiheit, im Hinblick auf solche
Normen unser performatives Verhalten zu wählen, wie wir wollen; wir
sind auf viele Weisen sozial dazu angehalten, solches performatives Ver-

---

7   Toril Moi präsentiert eine hervorragende Zusammenfassung der Sex/Gender-Unter-
scheidung in der feministischen Theorie, insbesondere wie sie im Werk Gayle Rubins ausgedrückt wird, in »What Is a Woman? Sex, Gender, and the Body in Feminist Theory«, in:
dies., *What Is a Woman? And Other Essays*, Oxford 1999, S. 3–120.
8   Siehe Judith Butler, *Bodies That Matter*, New York 1993.

halten zu wiederholen und dadurch die Normen zu reproduzieren. Die Tatsache dieses Produktionsprozesses öffnet jedoch potenziell einen Raum, um in diesen Prozess einzugreifen und die etablierten Normen zu unterbrechen oder zu subvertieren. Wenn wir von den spezifischen Behauptungen der Argumente einen Schritt zurücktreten, können wir sehen, dass diese feministische Kritik des Körpers in den 90er Jahren zu einem Verständnis der zeitgenössischen Situation kommt, das in wichtigen Hinsichten unserer Idee von immaterieller Arbeit und biopolitischer Produktion ähnelt. Meine Behauptung ist nicht, dass das eine irgendwie dem anderen unterzuordnen sei, sondern vielmehr, dass hier parallele Wege eingeschlagen wurden, um mit einer gemeinsamen sozialen Lage zurechtzukommen. Zunächst fordert immaterielle Arbeit und insbesondere ihre affektive Komponente die traditionelle Unterscheidung zwischen Körper und Geist heraus und postuliert stattdessen einen beständigen Austausch zwischen dem Geistigen und dem Körperlichen. An diesem Punkt sollte man eine Theorie des produktiven Fleisches entwickeln, da Fleisch der Name für Materie ist, die zugleich und ununterscheidbar sowohl geistig wie auch körperlich, subjektiv und objektiv ist. Es ist ein Fleisch, das produziert und kreiert. Zweitens konstituiert im Bereich biopolitischer Produktion unsere Praxis, unser performatives Verhalten und unsere Arbeit beständig alle Aspekte des sozialen Lebens: Normen, Beziehungen, Institutionen usw.[9] Nicht nur »sex«, sondern das ganze Leben ist produziert und produzierbar – und an diesem Punkt sollte man einen Begriff der Monstrosität entwickeln, weil die unendliche Produzierbarkeit, Transformierbarkeit und Veränderlichkeit des Lebens der Stoff ist, aus dem die Monster sind, schöne wie schreckliche. Es stimmt, dass wir durch die Erkenntnis der konstruierten und performativen Natur von »sex« und Leben im Allgemeinen beginnen können, die Pfeiler der Heteronormativität und anderer regulativer sozialer Bereiche anzugreifen, aber wir öffnen dadurch eine neue, fluide Welt voller Versprechen und Gefahren. Die Tatsache, dass alles produziert und produzierbar ist, bietet, mit anderen Worten, in der Tat ein großes neues Befreiungspotenzial, macht aber auch neue Formen der Herrschaft und Kontrolle möglich. Die Szene biopolitischer Produktion ist in einem Zustand, in dem der Kampf um Befreiung ausgetragen werden muss.

9 Kathi Weeks zeigt, was Judith Butlers Begriff der Performativität mit einer Theorie der Arbeit zu tun hat und welche Beiträge er dafür leisten kann, in *Constituting Feminist Subjects*, Ithaca 1998, S. 125–134.

3 *Immaterielles Eigentum*

Reproduzierbarkeit und der Schutz des Privateigentums

Dieser neue Bereich der Produktion und diese neue Produzierbarkeit des Lebens spiegeln sich in den neuen Formen von Eigentum, die heute entstehen. Entsprechend zu der neuen zentralen Rolle der immateriellen Arbeit gibt es eine ähnlich zentrale Rolle immaterieller Formen des Eigentums. Diese Entsprechung ist kein Zufall, so werde ich argumentieren, weil die kapitalistische Legitimation des Privateigentums schon immer auf Arbeit beruhte, sodass eine Verschiebung in den Formen von Arbeit neue Formen von Eigentum möglich und notwendig macht. Insbesondere biopolitische Produktion macht es möglich, dass das Leben selbst Privateigentum werden kann.

Gehen wir kurz noch einmal zurück, und betrachten wir immaterielles Eigentum im Allgemeinen. Immaterielles Eigentum stellt für ein kapitalistisches Sozialwesen besondere Probleme dar. Der Schutz von Privateigentum war immer schon ein Problem. Im Allgemeinen kann ein kapitalistisches Sozialwesen nützlicherweise sogar durch die Reihe von Regeln definiert werden, die als Antwort auf die verschiedenen Bedrohungen des Privateigentums entwickelt worden sind. Seit es Eigentum gibt, gibt es Diebstahl, Fälschung, Korruption, Sabotage und andere vergleichbare Verletzungen. Es ist offensichtlich, dass alle mobilen Formen von materiellem Eigentum beständig Gefahr laufen, gestohlen zu werden. Immobile Formen von materiellem Eigentum laufen Gefahr, durch Sabotage oder einfach Zerstörung beschädigt zu werden. Sogar das Eigentum von Grund und Boden, die sicherste Form von Eigentum, leidet unter dieser Unsicherheit. Mit anderen Worten: Alles Privateigentum ist unsicher, aber im Zeitalter immaterieller Produktion wird Privateigentum immer flüchtiger und unkontrollierbarer. Die unbeständige Natur von immateriellem Eigentum macht es immer anfälliger für unregulierte Reproduktion und Korruption und macht viele der traditionellen Mechanismen zum Schutz von Privateigentum weniger effektiv. Wenn Eigentum ätherisch wird, entschlüpft es tendenziell dem Zugriff aller bestehenden Schutzmechanismen.

Computerviren, Würmer und dergleichen sind einfache und offensichtliche Beispiele, wie immaterielle Formen von Eigentum wie etwa Computerprogramme und Datenbanken relativ leicht zerstört werden können. Computerviren funktionieren als eine Form der Sabotage, weil sie wie der Holzklotz, der in eine Maschine geworfen wird, um ihr mechanisches Getriebe zu zerbrechen, ebenfalls das Funktionieren der Maschine selbst zu ihrer Zerstörung nutzen. Sie bieten für die Sicherheit auch bedeutend größere Schwierigkeiten als andere Formen der Sabotage, weil sie keine physische Nähe erfordern. Computersabotage erfordert nur virtuellen Zugang.

Die Anfälligkeit von immateriellem Eigentum gegenüber Verfall oder einfacher Zerstörung ist hier jedoch nicht der einzige Aspekt. Interessanter ist tatsächlich, zu sehen, wie der private Charakter immateriellen Eigentums zunehmend schwieriger aufrechtzuerhalten ist. Viele Formen der verbotenen Reproduktion immaterieller Produkte sind offensichtlich und einfach – die Reproduktion geschriebener Texte beispielsweise oder von Audio- und Video-Eigentum. Diese Beispiele sind offensichtlich, weil die soziale und wirtschaftliche Macht vieler immaterieller Formen von Eigentum genau davon abhängt, dass sie leicht und kostengünstig reproduzierbar sind, nämlich durch Techniken, die von der Druckerpresse bis hin zur Digitalaufnahme reichen. Die Reproduzierbarkeit, die sie wertvoll macht, ist genau das, was ihren privaten Charakter bedroht. (Um diesen Widerspruch anders auszudrücken: Privateigentum basiert auf einer Logik der Knappheit, aber die unendliche Reproduzierbarkeit, die für diese immateriellen Formen des Eigentums zentral ist, unterminiert direkt jede Konstruktion von Knappheit.[10]) Computerhacken ist emblematisch für die Art von Diebstahl oder Piraterie, die im Bereich immateriellen Eigentums nahezu unkontrollierbar wird. Hacker gewinnen Zugang zu Informationseigentum und setzen die Schutzvorkehrungen gegen die Reproduktion von Softwareprogrammen und Datenbanken außer Kraft. Wie das Erschaffen von Viren ist Hacken äußerst schwierig zu verhindern, weil die Konnektivität selbst – eine wichtige Komponente des Gebrauchs von Informations- und Recheneigentum – die primäre Gefahrenquelle ist. Dies ist noch einmal der Widerspruch: Die Entwicklung der zentralen Gebrauchsfähigkeit des Eigentums unterminiert seinen privaten Charakter.

Das Napster-Experiment war ein interessantes Beispiel, weil es die Frage der Reproduktion in einer sozialen Form aufwarf. Die Napster-Website bot die Plattform, von der aus zahlreiche Benutzer Musikaufnahmen in der Form von MP3-Dateien miteinander teilen und umsonst

---

10 Siehe Christopher May, *A Global Political Economy of Intellectual Property Rights: The New Enclosures?*, London 2000, S. 45.

kopieren konnten. Im Austausch zwischen den Benutzern funktionierten die Musikaufnahmen nicht mehr als Privateigentum. Dies ging über die traditionellen Konzeptionen von Piraterie weit hinaus, in dem Sinn, dass es nicht nur der Transfer von Eigentum von einem Eigentümer zum nächsten ist, sondern eine Verletzung des privaten Charakters von Eigentum selbst – vielleicht eine Art sozialer Piraterie. Die Napster-Site wurde schließlich mit der Begründung geschlossen, dass sie Verletzungen des Copyrights ermögliche, aber es gibt im Netz viele andere Beispiele von Texten, Informationen, Bildern und anderen immateriellen Formen von Privateigentum, die illegalerweise umsonst zugänglich und reproduzierbar gemacht werden. Solche Beispiele zeigen zumindest die Möglichkeit eines generellen Trends im immateriellen Bereich vom Privaten zum Gemeinsamen an.

Vier Herausforderungen
an die Legitimierung von Privateigentum

All dies könnte man lediglich als eine Polizeiaufgabe ansehen: Immaterielles Eigentum stellt neue Sicherheitsgefahren dar und erfordert die Erfindung neuer Schemata und Techniken des Schutzes und der Kontrolle.[11] Die Schwierigkeit des Schutzes von Privateigentum verweist jedoch auf das wichtigere und interessantere Thema der Legitimierung von Privateigentum. Meine Frage ist also mit anderen Worten nicht wirklich die, ob die *Sicherheit* von immateriellem Privateigentum gegen illegale Bedrohungen verteidigt werden kann – und ich vermute in der Tat, dass dies trotz bedeutender Schwierigkeiten möglich ist –, sondern vielmehr die, ob die *Legitimität* des Privateigentums an immateriellen Produkten bewahrt werden kann. Gewalt ist in der Etablierung und im Aufrechterhalten kapitalistischer Eigentumsverhältnisse zweitrangig; die Logik der Legitimierung ist ihre Hauptunterstützung. Nach welcher Logik sollen wir die Verletzung von immateriellem Privateigentum beurteilen? Befreien beispielsweise diejenigen, die solches Eigentum reproduzieren und teilen, etwas, das gemeinsam sein sollte, oder stehlen sie es lediglich von seinen rechtmäßigen Besitzern? Oder ist der Privat-

11   Zu der Computervirus-Panik der späten 8oer Jahre und den in Reaktion darauf erhöhten Sicherheitsstandards siehe Andrew Ross, *Strange Weather*, New York 1991, S. 75–83; Bruce Sterling, *The Hacker Crackdown*, New York 1992.

besitz an immateriellem Eigentum selbst eine Form von Diebstahl? Um diese Fragen anzugehen, werde ich eine Reihe von Fällen präsentieren – einige von ihnen sind sehr bekannt –, in denen der Besitz von immateriellem Eigentum infrage gestellt wurde. Ich organisiere diese Fälle in vier Gruppen, die vier Strategien bezeichnen, mit denen die Legitimität immaterieller Eigentumsrechte herausgefordert wird.

Bevor ich mich diesen Fällen zuwende, sollte ich vielleicht wiederholen, dass in meiner Sichtweise die fundamentale Basis für die Legitimität von Privateigentum in einer kapitalistischen Gesellschaft sowohl im immateriellen wie im materiellen Bereich auf Arbeit beruht.[12] Die Arbeitslogik der Legitimation ist, meine ich, besonders klar im Bereich von immaterieller Produktion und von Eigentumsrechten. Copyrights, Patente und andere legale Rahmen für den Schutz immaterieller Eigentumsrechte sollen der Arbeit von Schriftstellern, Künstlern und Wissenschaftlern entsprechen, deren Produkte andernfalls problemlos ohne Entschädigung reproduziert werden könnten. Aus einer historischen Perspektive könnte man sagen, dass solche legalen Rahmen in Europa entstanden, um nach dem Niedergang des Patronatssystems, das zuvor Künstler und Wissenschaftler unterstützt hatte, die Lücke zu füllen. Sie kamen auch etwa zur Zeit der Erfindung neuer Techniken der Massenreproduktion auf, angefangen mit der Druckerpresse. Reproduzierbarkeit ist in der Tat ein Kriterium für immaterielle Eigentumsrechte – eine nicht aufgezeichnete Musik- oder Tanzaufführung wäre beispielsweise nicht Copyright-fähig. Das wichtigste Kriterium für immaterielle Eigentumsrechte ist jedoch die Identifikation der Arbeit des Schöpfers – des Autors, Wissenschaftlers, Komponisten und so weiter. Der Anspruch auf Eigentum ist unauflöslich mit der Arbeit dessen verbunden, der es produziert hat. Das Copyright eines Textes kann offensichtlich nur dem Autor des Textes oder seinem Delegierten gewährt werden. Copyright wird hingegen nicht gewährt für traditionelle Volksmärchen, Volkslieder oder andere solche Elemente unseres gemeinsamen kulturellen Erbes, es sei denn, ein Autor oder Komponist fügt seine Arbeit hinzu und modifiziert sie substanziell. Patente funktionieren weitgehend ähnlich. Gemäß US-amerikanischem Patentrecht gilt: »Wer immer einen neuen und

---

12 Mir ist natürlich vollkommen bewusst, dass die sozialistischen, anarchistischen und kommunistischen Traditionen schon seit langem kapitalistische Eigentums- und Lohnsysteme kritisieren, weil sie das Recht der Arbeit auf ihre Produkte *verletzen*, aber diese kritische Tradition war genau deshalb so effektiv, weil sie auf der Logik des Kapitals selbst beruht.

nützlichen Prozess, eine solche Maschine, Herstellungsweise oder Zusammensetzung von Materie oder eine neue und nützliche Verbesserung
davon erfindet oder entdeckt, kann dafür ein Patent erhalten«.[13] Das
Kriterium der Neuheit bedeutet, dass das Objekt oder der Prozess durch
menschliche Erfindungsgabe substanziell modifiziert worden ist. Man
kann beispielsweise keinen Prozess patentieren, der Allgemeinwissen ist,
weil keine Arbeit hineingesteckt wurde. Ähnlich können auch Natur-
gesetze, physikalische Phänomene und abstrakte Ideen nicht patentiert
werden, weil auch sie Manifestationen von Natur sind. Die Entdeckung
von Einsteins Formel $E = mc^2$ beispielsweise oder auch die Entdeckung
eines zuvor existierenden, aber neu gefundenen Minerals, einer Pflanze
oder eines Tieres kann nicht patentiert werden. Nur die Hinzufügung
immaterieller Arbeit legitimiert den Patentanspruch.[14] Natur, die hier
als das aufgefasst wird, was bar menschlicher Arbeit ist, ist nicht patent-
fähig, genauso wenig wie Artefakte unseres gemeinsamen kulturellen
Erbes. Gemeinsames kulturelles Erbe funktioniert hier in der Tat als eine
Form von Natur. Die Unterscheidung zwischen Natur und Arbeit ist die
Grundlage jedes immateriellen Eigentumsgesetzes.

Die erste Herausforderung für das immaterielle Privateigentum hat
in erster Linie mit einer Art von immateriellem Eigentum zu tun, das
ich Bio-Eigentum nenne, das heißt Lebensformen, die Privateigentum
geworden sind. Die Herausforderung beruht in diesen Fällen auf der
Teilung zwischen Arbeit und Natur; Bio-Eigentum lädt zu dem moralischen Einwand ein, dass Lebensformen keiner privaten Eigentümerschaft fähig sein sollten, weil sie zur Natur gehören. Individuelle Lebe-
wesen waren natürlich schon lange privater Eigentümerschaft fähig,
aber es geht hier um eine allgemeinere Form von Bio-Eigentum. Traditionellerweise kann man eine oder zehn oder hundert Holsteinkühe
oder Macintosh-Apfelbäume sein Eigen nennen, aber die Holsteinkuh
oder der Macintosh-Apfelbaum kann einem nicht als eine Lebensform
gehören. Die generelle Form ist traditionellerweise als Teil der Natur
aufgefasst worden und war daher nicht eigentumsfähig.

Das vielleicht gefeiertste und umstrittenste neue Beispiel von Bio-
Eigentum ist Oncomouse, die einzige Tierart, die bisher patentiert wor-

13 *United States Code Annotated*, St. Paul MN, title 35, § 101, »Inventions patentable«,
S. 54.
14 Um es deutlich zu machen, sollte ich darauf hinweisen, dass Arbeit kein hinreichen-
des Kriterium ist. Nur nützliche Ergebnisse von Arbeit sind patentierbar. Dies ist jedoch
im Fall von Copyright anders, da schlechte Romane ebenso Copyright-fähig sind wie gute.

den ist. Oncomouse wurde von den DuPont-Laboren zusammen mit der Harvard University erschaffen, indem man ein menschliches, Krebs produzierendes Gen in eine Maus transplantierte. Die Maus ist so dazu prädisponiert, Krebstumore zu entwickeln, und ist daher nützlich für die onkologische Forschung.[15] DuPont verkauft einzelne Mäuse als Forschungsobjekte, aber der neue Aspekt ist hier, dass DuPont nicht lediglich einzelne Mäuse gehören, sondern dieser Typus Maus als Ganzes.

Der legale Weg zum Privateigentum an Typen von lebenden Organismen wurde in den Vereinigten Staaten durch die Entscheidung des Obersten Gerichtshofes im Jahr 1980 unter dem Titel »Diamond v. Chakrabarty« bereitet, die es zuließ, ein Patent nicht nur für den Prozess der Herstellung eines neuen Organismus zu erteilen, sondern für den Organismus selbst.[16] 1972 hatte der Mikrobiologe Chakrabarty im Namen der General Electric Company einen Patentantrag für von ihm entwickelte Bakterien eingereicht, die Rohöl zerlegten und daher für die Behandlung von Ölverschmutzungen nützlich waren. Das Patent and Trademark Office (Büro für Patente und Warenzeichen) gewährte ihm Patente sowohl für den Prozess der Herstellung der Bakterien wie auch für die Methode, die Bakterien in auf dem Wasser schwimmendem Stroh zu transportieren, aber verweigerte ihm das Patent auf die Bakterien selbst. Das Büro argumentierte, dass Mikroorganismen Produkte der Natur und daher nicht patentierbar seien. Der Oberste Gerichtshof entschied jedoch, dass Chakrabartys Bakterien nicht unter diese Kategorie fallen, weil »er nicht auf ein bisher unbekanntes Naturphänomen Anspruch erhebt, sondern auf eine nicht natürlich vorkommende Herstellung oder Zusammensetzung von Natur – ein Produkt menschlicher Erfindungsgabe«.[17] Der Oberste Gerichtshof argumentierte in diesem Fall, dass die Bakterien nicht zur Natur gehörten, weil sie das Ergebnis menschlicher Arbeit seien, und genau dieselbe Logik etabliert später die Basis für das Patent auf die Oncomouse. In beiden Fällen sehen wir, dass die Produzierbarkeit des Lebens dem Privatbesitz an Bio-Eigentum die Tür öffnet und alle Einwände auf der Basis gemeinsamer Natur unterminiert. Herausforderungen des Privatbesitzes an Bio-Eigentum mit dem Argument, dass Lebensformen Teil der Natur seien, sind im Rahmen kapitalisti-

15 Siehe Donna Haraway, *Modest Witness @ Second Millennium*, New York 1997, S. 79–85.
16 »Diamond v. Chakrabarty«, in: *United States Reports*, Bd. 447, Washington 1982, S. 303–322. Der Fall wurde am 17. März 1980 verhandelt und am 16. Juni 1980 entschieden.
17 Ebd., S. 309. Oberster Richter Burger schrieb die Ansicht des Gerichts.

scher Gesetze nutzlos, wenn man demonstrieren kann, dass die Lebensformen selbst tatsächlich durch menschliche Arbeit produziert worden
sind.

Eine zweite Gruppe von Beispielen demonstriert, wie immaterielle
Eigentumsrechte auf der Basis von Erstlingsrechten herausgefordert
werden. Während es in der ersten Gruppe von Beispielen um die Frage
der Patentwürdigkeit ging, geht es hier in erster Linie darum, wer das
Recht hat, das Patent zu beanspruchen. Betrachten wir als Erstes den
Fall einer T-Zellen-Reihe, die aus dem Blut einer Frau entwickelt wurde,
die zum Volk der Guaymi-Indianer in Panama gehört.[18] Forscher der
US National Institutes of Health (Nationale Gesundheitsinstitute der
Vereinigten Staaten) und des Center for Disease Control (Zentrum für
Krankheitsbekämpfung) erkannten, dass das Guaymi-Volk einen einzig-
artigen Virus trägt und dass dessen Antikörper für die Leukämie-For-
schung nützlich sein könnten. 1990 experimentierten die Forscher mit
dem Blut dieser einen Frau, isolierten darin die relevante Reihe von
T-Zellen und beantragten im selben Jahr im Namen des Nationalen Ge-
sundheitsinstitutes ohne Entschädigung für die Frau oder ihren Stamm
ein Patent auf diese T-Zellen-Reihe. 1993 erfuhr der Generalkongress
der Guaymi von dem Patent, protestierte, und das Patent wurde entzogen.

Über ein Jahrzehnt zuvor hatte es in den Vereinigten Staaten einen
sehr ähnlichen Fall gegeben. 1976 begann ein Patient am medizinischen
Zentrum der University of California eine Behandlung wegen Haarzell-
Leukämie.[19] Die Ärzte erkannten, dass die speziellen Eigenschaften
seines Blutes von Bedeutung für die Behandlung von Leukämie sein
könnten, und ohne ihm zu sagen warum, nahmen sie Proben von verschiedenen Körperflüssigkeiten und entfernten schließlich sogar seine
Milz (wofür es anscheinend vertretbare medizinische Gründe gab). 1981
wurde den Ärzten im Namen der University of California ein Patent auf
eine Zellreihe zuerkannt, die aus dem Blut des Patienten entwickelt worden war, der potenzielle Wert der daraus abgeleiteten Produkte wurde
auf drei Milliarden Dollar geschätzt. Der Patient klagte gegen die Universität, und der Oberste Gerichtshof Kaliforniens entschied zu seinen
Gunsten, dass die Ärzte sein Vertrauen missbraucht hätten, indem sie ihn

18   Siehe Darrell Posey / Graham Dutfield, *Beyond Intellectual Property: Toward Tradi-
tional Resource Rights for Indigenous Peoples and Local Communities*, Ottawa 1996, S. 26.
19   James Boyle, *Shamans, Software, and Spleens: Law and the Construction of the Information Society*, Cambridge 1996, S. 22 und 106.

nicht darüber informiert hatten, was sie taten, aber er entschied gegen seinen Anspruch auf Eigentum an den T-Zellen und der genetischen Information. Der Gerichtshof argumentierte, dass die University of California der rechtmäßige Eigentümer der Zellreihe war, weil ein natürlich vorkommender Organismus nicht patentierbar sei, wohingegen die Information, die aus ihm gewonnen wird, das Ergebnis menschlicher Erfindungsgabe sei.[20]

In beiden Fällen war das Hauptargument gegen das Verleihen der immateriellen Eigentumsrechte an die Wissenschaftler oder ihre Institutionen, dass der Spender das Recht hat, sein eigenes genetisches Material zu kontrollieren und in gewisser Weise als Eigentum zu haben. Ich halte dies für ein Argument mit Erstlingsrechten, parallel zu älteren Ansprüchen auf Landrechte, die auf Erstlingschaft beruhen. Diese Art von Anspruch kann jedoch innerhalb des kapitalistischen legalen Rahmens durch die Arbeitslogik des Eigentums übertrumpft werden. Der Spender arbeitet nicht auf irgendeine von uns konventionell anerkannte Weise dafür, sein oder ihr genetisches Material zu produzieren. Vielmehr sind es die Wissenschaftler, die arbeiten, um die genetische Information zu produzieren, und die daher deren rechtmäßige Eigentümer sind.[21] Angesichts der Ansprüche auf Arbeitsrechte sind die Erstbesitzargumente im kapitalistischen Rechtssystem nutzlos.

Unsere dritte Gruppe von Beispielen fordert immaterielles Privateigentum auf der Basis von sozialer Nutzbarkeit heraus. Ein Beispiel dieser Logik wurde in den so genannten »Saatkriegen« deutlich, in denen das Privateigentum an Saatgut und Pflanzenarten entlang der globalen Nord-Süd-Trennung umstritten war.[22] Der globale Norden ist genetisch arm an Pflanzenarten, und doch gehört die große Mehrheit an patentierten Pflanzenarten dem Norden; der globale Süden ist im Gegensatz dazu reich an Pflanzenarten, aber arm an Patenten. Zudem beruhen viele der

20 Es gibt potenziell zahlreiche sehr ähnliche Fälle. Insbesondere könnten sich aus dem Human Genome Diversity Project ähnliche Fälle ergeben, das Proben von Haar, Blut und Wangenhaut von einer möglichst großen Bandbreite von ethnischen Gruppen sammelt, um ein Archiv genetischer Information zu erhalten. Diese Proben können irgendwann ebenfalls zu Forschungsgegenständen werden, die zu Patenten führen.
21 Es ist interessant, wie diese Art von Logik die traditionellen Konzepte des souveränen Individuums und des Besitzes am eigenen Körper erodiert.
22 Siehe Jack Kloppenburg jr. / Daniel Kleinman, »Seeds of Controversy: National Property Versus Common Heritage«, in: Jack Kloppenburg jr. (Hg.), *Seeds and Sovereignty: The Use and Control of Plant Genetic Resources,* Durham 1988, S. 174–302; Jack Kloppenburg jr., *First the Seed: The Political Economy of Plant Biotechnology 1492–2000,* Cambridge 1988, S. 170–190.

Patente, die im Norden gehalten werden, auf Informationen, die aus dem genetischen Rohmaterial von Pflanzen stammen, die im Süden gefunden wurden. Der Reichtum des Nordens erzeugt als Privateigentum Profit, während der Reichtum des Südens keinen Profit erzeugt, weil er als gemeinsames Erbe der Menschheit angesehen wird.

Die legale Basis für das Privateigentum an Pflanzenarten ist grundsätzlich dieselbe, die auch im Fall anderer lebender Organismen wie der Ölpestbakterien und der Oncomouse gilt. Im US-amerikanischen Gesetz wurde dies etabliert durch den Plant Patent Act (Pflanzenpatentgesetz) von 1930, in dem es um asexuell reproduzierende Pflanzen wie Hybridrosen geht, und durch den Plant Variety Protection Act (Gesetz zum Schutz der Pflanzenvielfalt), in dem es um sexuell reproduzierende Pflanzenarten und daher um Saatgut geht.[23] Die Logik bezieht sich hier wie in allen Patentfragen auf Arbeit. Die Pflanzen, Pflanzenarten und das Keimplasma (das heißt die genetische Information, die im Samen codiert ist) sind privateigentumsfähig, wenn sie Produkte menschlicher Arbeit und daher nicht Teil der Natur sind.

Eine mögliche Strategie, um die offensichtliche Ungerechtigkeit des Nord-Süd-Konflikts um Saatgut und Eigentum anzugehen, ist das Beharren auf den Erstlingsrechten an Eigentum, die ich in der vorigen Gruppe von Beispielen angeführt habe. Einige argumentieren, dass genau wie den Firmen des globalen Nordens die Pflanzenarten gehören, die sie produziert haben, die Nationen oder Gemeinschaften oder Völker des globalen Südens das Eigentumsrecht an allem genetischen Material und allen Pflanzenarten haben sollten, die in ihrem Territorium enthalten oder beheimatet sind und die heute stattdessen als gemeinsames Erbe der Menschheit betrachtet werden.[24] Natur kann Eigentum sein, so legen diese Argumente nahe, einfach deshalb, weil Menschen sie besetzen. In jedem Fall sind solche Argumente aus dem Grund schwach, den ich vorhin angeführt habe, weil innerhalb des kapitalistischen legalen Rahmens Arbeitsrechte an Eigentum leicht diejenigen übertrumpfen, die auf Erstlingschaft beruhen. Naturprodukte mit Produkten menschlicher Arbeit gleichzusetzen läuft gegen das bestehende legale Rahmenwerk und hat daher wenig Aussicht auf praktische Auswirkungen.

---

23 Siehe Office of Technology Assessment, *Patenting Life,* New York 1990, S. 71–75. Siehe auch *United States Code Annotated,* title 35, § 161 (»Patents for plants«), title 7, § 2402 (»Right to plant variety protection«).
24 Dies ist die von Kloppenburg und Kleinman (wie Anm. 22) vorgeschlagene Strategie.

Die Food and Agriculture Organization (Organisation für Ernährung und Landwirtschaft, FAO) der Vereinten Nationen hat tatsächlich keine solchen Erstlingsrechtargumente benutzt, als sie 1983 in ihrem »International Undertaking on Plant Genetic Ressources« (Internationale Unternehmung zu den genetischen Ressourcen von Pflanzen) den Konflikt über Keimplasma und genetische Ressourcen von Pflanzen anging.[25] Die FAO argumentierte nicht, dass die Länder oder Gemeinschaften oder Völker im Süden das Eigentumsrecht an ihren pflanzlichen genetischen Ressourcen haben, sondern behauptete vielmehr, dass alle pflanzlichen genetischen Informationen, ob sie nun Ergebnis menschlicher Arbeit sind oder nicht, das gemeinsame Erbe der Menschheit und daher nicht patentierbar sind. Die Saatgutfirmen der Vereinigten Staaten, repräsentiert von der American Seed Trade Association (Amerikanische Vereinigung für Saatguthandel), antwortete laut, dass man zwischen »rohem« Keimplasma, das nützlich sein mag, aber keinen wirtschaftlichen Wert hat, und erschaffenem Keimplasma unterscheiden muss, das sowohl nutzbar ist wie auch wirtschaftlichen Wert hat. Wieder einmal ist Arbeit die Grundlage des Legitimationsarguments. Die Argumentation der FAO jedoch ignoriert Arbeit und fokussiert stattdessen auf soziale Nutzbarkeit. Sie argumentiert, dass das gegenwärtige System des Eigentums an Keimplasma und Saatgut nicht nur den Armen brauchbares Saatgut vorenthält, sondern auch dazu tendiert, einen Verlust an pflanzlicher Biodiversität zu befördern.[26] Es wäre für die Gesellschaft als Ganze vorteilhaft, wenn wir alle freien Zugang zu allem Saatgut und Keimplasma hätten.

Dies ist grundsätzlich dasselbe Argument, das auch Computerhacker und die Open-Source-Bewegung anführen. Ein Element der impliziten Ethik, die Computerhacker leitet, ist das Verlangen, dass alle Information frei und der Zugang zu Computern unbegrenzt und total sein solle.[27] Die Hacker argumentieren, dass Zugang zu Information und Ausrüstung für sie notwendig sei, um die Cyberwelt und die Welt im Allgemeinen zu verbessern. Ähnlich argumentiert die Open-Source-Bewegung, dass der Quellcode jeder Software offen für alle sein sollte, sodass sie

25 Zur FAO-»Undertaking« und den Reaktionen der Saatgutfirmen siehe Kloppenburg, *First the Seed* (wie Anm. 22), S. 170–190.
26 Einer der Hauptgründe für den Verlust von Pflanzenarten und die Erosion der Biodiversität ist das Ersetzen lokaler durch fremde Arten. Siehe FAO, *Report on the State of the World's Plant Genetic Resources for Food and Agriculture*, Rom 1998, S. 35.
27 Steven Levy, *Hackers: Heroes of the Computer Revolution*, New York 1984, S. 27.

effektiver benutzt und beständig verbessert werden kann. Wenn mehr
Menschen sehen können, wie ein Programm geschrieben ist, so ihre Behauptung, dann gebe es mehr Gelegenheiten, Irrtümer zu beheben und
die Nutzbarkeit zu erweitern.

Solche Argumente zur sozialen Nutzbarkeit sind sehr überzeugend
und haben großen politischen Wert, aber auch sie haben innerhalb des
kapitalistischen legalen Rahmens wenig Macht. Das Patentgesetz der
Vereinigten Staaten sagt zwar in der Tat, dass »die Förderung und der
Fortschritt der Wissenschaft und der nützlichen Künste das Hauptanlie-
gen des Patentsystems und die Belohnung der Erfinder sekundär und
lediglich ein Mittel zu diesem Zweck« ist,[28] aber das heißt nicht, dass auf
dieser Basis über Patente entschieden wird. Weder Patente noch Copyrights werden auf der Basis von Argumenten über die Förderung des
Fortschritts der Wissenschaft oder der sozialen Nutzbarkeit verliehen
oder verweigert. Nützliche Arbeit ist in allen Fällen der entscheidende
Faktor.

Das bringt mich zur vierten und letzten Gruppe von Beispielen, die
bestehende immaterielle Eigentumsrechte auf der Basis von Arbeit selbst
herausfordern. Betrachten wir zuerst den oft angeführten Fall des Neem-
Baumes in Indien.[29] Seit Jahrhunderten mahlen Bauern in Indien die
Samen des Neem-Baumes und verstreuen ihn auf ihren Feldern, um die
Ernte vor Insekten zu schützen. Neem ist ein natürliches, nicht-toxi-
sches Pestizid, das für Pflanzen nicht schädlich ist. 1985 hat sich W. R.
Grace and Company, ein multinationaler Chemiekonzern, erfolgreich
um ein Patent für ein Neem-basiertes Pestizid beworben, das als orga-
nisch, nicht toxisch und so weiter vermarktet wird. Das Patent wurde an
Gerichtshöfen der Vereinigten Staaten angefochten, aber ohne Erfolg.
Zwischen 1985 und 1998 wurden sogar vierzig Patente für Produkte, die
auf dem Neem-Baum beruhten, verliehen, einige davon an indische Organisationen.[30]

Ein Fall, in dem es um Kurkuma geht, ist sehr ähnlich.[31] 1995 wurde
dem medizinischen Zentrum der University of Mississippi ein Patent
über den »Gebrauch von Kurkuma in der Wundheilung« gewährt. In
Indien ist Kurkuma-Pulver ein traditionelles Heilmittel, das seit Gene-

28 *United States Code Annotated*, title 35, § 101, note 5, S. 65.
39 Siehe Posey / Dutfield (wie Anm. 18), S. 80.
30 Graham Dutfield, *Intellectual Property Rights, Trade and Biodiversity*, London 2000,
    Appendix 1, S. 132–134.
31 Ebd., S. 65.

rationen zur Heilung von Schürf- und Schnittwunden benutzt wird. 1996 bestritt das Council of Scientific and Industrial Research of India (Rat für wissenschaftliche und industrielle Forschung, Indien) das Patent, und es wurde zurückgenommen. Das Patent wurde jedoch nicht aus dem einfachen Grund seines allgemeinen Gebrauchs zurückgezogen. »Es ist für Pflanzenforscher in den Vereinigten Staaten nicht erforderlich, Beweise traditionellen Wissens, das außerhalb der Vereinigten Staaten als bestehende Kunst (das heißt als bereits bekannt) innegehabt wird, anzuerkennen, es sei denn, es ist bereits von Wissenschaftlern berichtet (und dadurch als gültig bestätigt) und in gelehrten Zeitschriften publiziert worden.«[32] Das Kurkuma-Patent wurde also zurückgenommen, weil sein traditioneller Gebrauch bereits in Publikationen dokumentiert worden war. Ein interessanter Aspekt des Falls ist natürlich der, dass er verschiedene Standards für traditionelles Wissen innerhalb und außerhalb der Vereinigten Staaten bloßlegt.

Beide Fälle, Neem und Kurkuma, zeigen einen Widerspruch in der Arbeitslogik, die dem System immateriellen Eigentums zugrunde liegt. Man könnte sagen, dass das System nur formale wissenschaftliche Aktivität als Arbeit anerkennt und daher nur deren Produkte eigentumsfähig sind; traditionelle Formen der Produktion von Wissen werden nicht als Arbeit anerkannt, und daher werden ihre Produkte als das gemeinsame Erbe der Menschheit angesehen.[33] Dies ist die Art von Herausforderung, die, wie ich meine, ernsthafte Probleme für die Patentgesetzgebung darstellt. Die Logik, die sie legitimiert, muss alle Arbeit gleich berücksichtigen. »Wer immer erfindet oder entdeckt«, sagt das Gesetz, muss die Eigentumsrechte erhalten. Die formale Gleichheit des Ausdrucks »wer immer« kann nicht aufgegeben werden, ohne damit auch die Legitimität von Privateigentum aufzugeben, wodurch Privateigentum einfach eine legal sanktionierte Form von Diebstahl würde. Wessen Arbeit hat also das Wissen von den nützlichen Eigenschaften von Neem und Kurkuma erschaffen? Die Arbeit der Wissenschaftler spielte eine Rolle, aber die Arbeit zahlreicher anderer ebenso. Das Wissen, dass Neem-Saat als ein sicheres Pestizid und Kurkuma als Heilmittel wirkt, wurde durch eine große Zahl von Handelnden produziert, die eine Kette über einen langen

32 Ebd.
33 Siehe Naomi Roht-Arriaza, »Of Seeds and Shamans: The Appropriation of the Scientific and Technical Knowledge of Indigenous and Local Communities«, in: Bruce Ziff / Pratima Rao (Hgg.), *Borrowed Power: Essays on Cultural Appropriation*, New Brunswick NJ 1997, S. 255–287, S. 259.

historischen Zeitraum bilden. Das letzte Individuum in dieser Kette als Erfinder zu beglaubigen wäre eine starke Verzerrung des Prozesses, der dieses Wissen produziert hat. Die Alternative, nämlich den genauen relativen Beitrag jedes Individuums zuzumessen, würde eine unmögliche Kalkulation erfordern. Mit anderen Worten, legitime Eigentumsrechte müssen eine angemessene Repräsentation des Produktionsprozesses beinhalten, aber diese Repräsentation befindet sich hier in einer Krise.

Ich meine nicht, dass diese Berechnungsschwierigkeit und Repräsentationskrise der Arbeitslogik des Eigentums auf die Wissensproduktion traditioneller Gemeinschaften beschränkt ist. Ich meine vielmehr, dass es sich um eine allgemeine Bedingung handelt, die jegliche immaterielle Arbeit betrifft. Erstens basiert diese individuelle Arbeitslogik im Bereich der Wissenschaft auf einer falschen Repräsentation wissenschaftlicher Praxis. Wissenschaftliche Ideen werden kollaborativ produziert, nicht nur innerhalb jedes Labors, sondern auch in der wissenschaftlichen Gemeinschaft insgesamt. Man kann sich die Herangehensweise an wissenschaftliche Probleme denken wie das Hinzufügen von Gewichten, die sich auf einer Seite einer Waage in einem Haufen ansammeln. Die Arbeit jedes einzelnen Wissenschaftlers fügt ein kleines Gewicht hinzu, und schließlich wird das Gleichgewicht umschlagen. Die Lösung dem Einzelnen zuzuschreiben, der das letzte Stückchen hinzugefügt hat, ist eine sehr unangemessene Repräsentation des ganzen Prozesses. Die einzige genaue Repräsentation wäre die, dass alle beteiligten Wissenschaftler die Lösung kollektiv produziert haben.

Dasselbe gilt für die Produktion von Ideen, Wissen und Information im Allgemeinen. Keiner denkt alleine; wir nehmen vielmehr alle an einer allgemeinen sozialen Intelligenz teil. Betrachten wir zum Beispiel den hypothetischen Fall einer Idee für eine Werbung mit einem musikalischen Hip-Hop-Thema. Nehmen wir an, dass der Angestellte der Werbeagentur die musikalische Idee von einer Band hat, die er die Nacht zuvor gehört hat, und dass die Band wiederum ihre Musik aus einem Straßenslang entwickelte. Wer hat die Idee hervorgebracht? Die individuelle Zuschreibung von Ideen schmeckt nach einem falschen Begriff von Genie. Originalität ist weit überbewertet. Denken wird in Wirklichkeit sozial und kollektiv produziert. Schließlich würde ich argumentieren, dass alle Formen immaterieller Arbeit notwendigerweise kollektiv und sozial sind. Kommunikation ist ein unmittelbar kooperativer, relationaler Aktivitätsmodus. Auch die Produktion von Affekt arbeitet mit dem Gemeinsamen.

Die Legitimation von kapitalistischem Eigentum beruht auf messbaren oder repräsentierbaren Beziehungen zwischen Arbeit, Wert und Eigentum. In Bezug auf ein Individuum oder gar auf eine beschränkte Gruppe von Individuen werden Arbeit und Wert jedoch unmessbar und unrepräsentierbar. Die eingesetzte Arbeit und ihr Wert gehen immer über das hinaus, was das Individuum tatsächlich getan hat, und daher ist der Besitz des entsprechenden Eigentums illegitim. Wissen, Information, Kommunikation und Affekt werden allesamt sozial und kollektiv auf eine solche Weise produziert, dass ihr Wert nicht mit Bezug auf die Arbeit eines Individuums gemessen oder repräsentiert werden kann. Die einzige Skala, auf der die Berechnung oder Repräsentation Sinn ergibt und auf der daher die Zuschreibung von Eigentum legitim ist, ist die der Gesamtgesellschaft. Mit anderen Worten, wenn Arbeit kollektiv und sozial ist, dann muss Eigentum ebenfalls kollektiv und sozial sein.

Dies scheint mir die mächtigste Herausforderung an immaterielles Privateigentum zu sein. Die anderen drei Herausforderungen haben jede einen gewissen Wert. Am wenigsten die erste Herausforderung, dass nämlich Lebensformen kein Eigentum sein sollten, weil Lebensformen Teil der Natur seien, das heißt außerhalb menschlicher Produktion. Sobald wir die Produzierbarkeit des Lebens erkennen, bröckelt das Fundament solcher Argumente. (Hier scheint mir Judith Butlers Argument sehr nützlich, das nicht nur die Produzierbarkeit von Natur zeigt, sondern auch die unterdrückenden Konsequenzen der Behauptung einer Unveränderbarkeit und Natürlichkeit der Natur.) Die zweite Herausforderung, dass immaterielle Eigentumsrechte gemäß Erstlingsrecht und nicht auf der Basis von Arbeit verliehen werden sollten, finde ich nur wenig nützlicher. Erfolgreicher sind, meine ich, die Argumente mit sozialer Nutzbarkeit, dass nämlich immaterielles Eigentum öffentlich sein sollte, um soziale Verbesserungen zu ermöglichen und zu erleichtern. Alle drei Herausforderungen rennen jedoch gegen die kapitalistische legale Struktur an und werden von ihr zunichte gemacht. Selbst wenn diese Argumente überzeugend sind, ist doch das legale System ihnen gegenüber taub und verleiht Eigentumsrechte stattdessen auf der Basis von Produktion.

Die vierte Art von Herausforderung ist qualitativ anders, weil sie sich durch die Arbeitslogik hindurcharbeitet, um auf der anderen Seite wieder herauszukommen. Diese Herausforderung akzeptiert, dass die Eigentümerschaft an immateriellem Eigentum gemäß der immateriellen Arbeit, die an seiner Produktion beteiligt ist, zugeschrieben wird. Immaterielle

Arbeit ist jedoch ein kollektiver und sozialer Prozess, kein individueller. Es wäre daher eine Verletzung der kapitalistischen Eigentumslogik selbst, wenn man die Eigentümerschaft an ein Individuum oder eine Gruppe von Individuen verleihen wollte. Der einzige logische Eigentümer immateriellen Eigentums ist die Gemeinschaft oder Gesamtgesellschaft, aus der heraus es produziert worden ist. Vielleicht ist es das, was Hacker meinen, wenn sie sagen, dass Information frei sein *will*: Wenn Information ihre eigene soziale Produktion ausdrückt, argumentiert sie gegen ihre private Eigentümerschaft und ruft stattdessen zu offenem, allgemeinem sozialem Zugang auf.

Viele Leser von *Empire* waren unzufrieden mit unserer Behauptung, dass es kein Außen mehr gebe, weil sie dachten, dass dies die Möglichkeit von Politik unterminiert; einige meinten, ein externer Standpunkt sei nötig für den Widerstand. Was ich hier vorschlage, ist eine alternative Argumentationsstrategie. Spezifisch schlage ich vor, immaterielles Privateigentum auf der Basis der Formen und der Natur immaterieller Arbeit zu bestreiten. In einem allgemeineren Rahmen gehört diese Strategie zu einer Herangehensweise, welche die Herrschaft des Kapitals nicht durch Widerstand und Verteidigung von Alternativen auf der Außenseite bekämpft, sondern vielmehr durch das Entwickeln einer inneren Alternative, indem einige seiner Tendenzen weitergetrieben werden, bis sie als etwas qualitativ anderes herauskommen – in gewisser Weise wie die Kampfkunsttechnik, welche die Kraft des Gegenübers nutzt und sich mit ihr bewegt, um das Gleichgewicht zu verschieben und einen Vorteil zu gewinnen. Dies ist ein Beispiel der Politik der Vielheit, die innerhalb des Imperiums des globalen Kapitals arbeitet und seine eigene Logik ausnutzt, um es zu stürzen und eine neue, alternative Gesellschaft im Gehäuse der alten zu konstruieren.

(Aus dem Englischen von Benjamin Marius Schmidt)

Ram Adhar Mall

Interkulturelle Ästhetik
Ihre Theorie und Praxis

»Nicht nur in Dichtung und Musik müssen wir unserem
Geschmack und Gefühl folgen, sondern ebenso auch in
der Philosophie.«
– David Hume

I Einige einleitende Bemerkungen

Alle Kulturen sehen sich heute einer interkulturellen Herausforderung
gegenüber, die die Warnung mit sich trägt, nicht allzu provinziell und
chauvinistisch zu sein. Diese Herausforderung erlegt uns allen auf, unter
Anerkennung der Unterschiede und unter Verzicht auf absolutistische
Behauptungen eine Art von bindendem interkulturellem Imperativ
herauszuarbeiten. Die Postmoderne führte tatsächlich und in scharfem
Gegensatz zu den modernistischen Ideen des Universalismus und der
Hierarchie der Kulturen zu einem nie zuvor da gewesenen Interesse an
anderen Kulturen. Die Tage der großen Meistererzählungen sind vorüber. Sie hatten nie eine empirische Basis, und sie haben sich mehr oder
weniger selbst ad absurdum geführt. In Verbindung mit einer interkulturellen philosophischen Orientierung bereitet das Konzept einer interkulturellen Ästhetik, wie sie hier entwickelt werden soll, einem neuen
Dialog und wohl gegründeten Vergleichen zwischen verschiedenen
ästhetischen Traditionen den Weg. Dadurch wird der Mythos von der
Reinheit einer Kultur demaskiert. Das Thema ist auch insofern neu, als
sich nicht-europäische Denker erst seit kurzem an einem reziproken
hermeneutischen Spiel mit ihren europäischen Gegenspielern beteiligen,
die zuvor jahrhundertelang eine Art monologischer Hermeneutik betrieben haben. Selbst wo Vergleiche angestellt wurden, war der paradigmatische Ausgangspunkt immer primär europäisch. Hegel verglich philo-

sophische, religiöse und andere kulturelle Traditionen der Welt, aber er tat dies in einem europäischen Geist par excellence. Heute jedoch kann man die Tatsache nicht verleugnen, dass solch ein Ausgangspunkt schon immer historisch kontingent war. Vergleichen heißt immer, von einer spezifischen kulturellen Perspektive ausgehen, aber dies sollte getan werden, ohne eine spezifische Perspektive absolut zu setzen.

Der vorliegende Aufsatz bemüht sich um Folgendes: 1) Er versucht, das Konzept der Interkulturalität so klar wie möglich zu umreißen. 2) Er versucht, das Konzept einer »analogen Hermeneutik« interkulturellen Denkens und Verstehens auszuarbeiten und dadurch eine Hermeneutik totaler Identität und radikaler Differenz zu umgehen. 3) Die Anwendung einer interkulturellen philosophischen Orientierung führt zum Konzept einer »interkulturellen Ästhetik« und zum damit verbundenen Begriff einer »ortlosen Orthaftigkeit«. 4) Diese interkulturelle Orientierung erlaubt uns, mit der Disziplin der Ästhetik im Vergleich der Kulturen und ihrer ästhetischen Traditionen umzugehen, was uns wiederum ermöglicht, elementare Ähnlichkeiten und erhellende Unterschiede verschiedener ästhetischer Traditionen und Theorien zu finden. Dies versetzt uns in die Lage, den Begriff der Ästhetik in seiner Allgemeinheit wie auch in seiner kulturellen Besonderheit zu benutzen. 5) Das Konzept einer interkulturellen Ästhetik, das hier eingeführt und diskutiert wird, betont die Tatsache, dass es offene anthropologische Konstanten universeller ästhetischer Reaktionen gibt, die von Kultur zu Kultur und zu verschiedenen Zeiten oder sogar gleichzeitig in derselben Kultur verschieden sein mögen. 6) Interkulturelle Ästhetik ist somit die Vorbedingung für die Möglichkeit einer komparativen Ästhetik.

II *Philosophie und globaler Kontext*

Der heute global präsente interkulturelle Kontext hat eines zur Genüge klar gemacht: Die de facto interkulturelle hermeneutische Situation ist über die griechisch-europäische und jüdisch-christliche Interpretation von Kultur, Philosophie und Religion hinausgewachsen. Sie verlangt nach einer Dekonstruktion der exklusiven Beziehung zwischen Wahrheit und Tradition. Wahrheit der Tradition und Wahrheit in der Tradition sind verschiedene Dinge und dürfen nicht verwechselt werden.

Die Feststellung, dass vieles von dem, was wir im Namen interkultureller Studien tun, von der Sichtweise westlichen Denkens aus stattfindet und Zeichen der Asymmetrie und der Hegemonie des Westens aufweist, ist wahr, aber einseitig. Ich verstehe das Argument dieser Bemerkung, aber ich sehe auch, dass diese Einseitigkeit an einer historischen Kontingenz liegt, welche das europäische Denken zum Hauptparadigma der Referenz gemacht hat. Hinzu kommt das Vorurteil der Orientalisten früherer Zeiten, dass Philosophie, Kultur und Religion westliche Leistungen seien. Ich versuche, diese Kontingenz und Asymmetrie zu überwinden, und hoffe, damit zu einem gemeinsamen globalen Diskurs jenseits der engen Grenzen der Ost-West-Dichotomie beizutragen.

Chauvinismus, ob religiöser, kultureller, philosophischer, nationaler oder geografischer, sollte aufgegeben werden zugunsten von interkulturellem Verstehen. Mircea Eliade zufolge ist es westlicher Philosophie nicht möglich, sich innerhalb ihrer eigenen Tradition zu bewegen, ohne provinziell zu werden. Dies gilt mutatis mutandis für alle philosophischen, kulturellen und religiösen Traditionen, heute mehr denn je. In meinem Versuch, die Frage nach den Bedingungen, Möglichkeiten und Grenzen interkulturellen Verstehens zu beantworten, finde ich mich in einer paradoxen Situation gefangen, die ich weder wirklich vermeiden noch gänzlich auflösen kann, denn ich bin »Insider« und »Outsider« zur gleichen Zeit. Meine Darlegungen sind also ein impressionistischer Bericht von meinem beständigen Bemühen, Kulturen ineinander zu übersetzen. Ich werde dabei von der Überzeugung geleitet, dass die beiden Fiktionen totaler Übersetzbarkeit und Kommensurabilität und radikaler Nicht-Übersetzbarkeit und Inkommensurabilität von Kulturen aufgegeben werden müssen zugunsten einer metonymischen These von dynamischen überlappenden Strukturen. Da keine Kultur eine fensterlose Monade ist, besitzen alle Kulturen interkulturelle Überlappungen.

Die metonymische Redewendung betont in ihrem intuitiven Gehalt die Tatsache unseres unbezweifelbaren Bewusstseins von der Differenz zwischen dem Namen und dem Benannten. Da keine philosophische Reflexion das, worauf reflektiert wird, gänzlich überholen kann, gibt es immer die Möglichkeit vielfältiger Ausdrücke. Dies ist das Fundament unserer Praxis, eine Kultur in eine andere zu übersetzen. Ein näherer Blick auf die Geschichte der Ideen in einer interkulturellen Perspektive zeigt, dass die Praxis der Übersetzung der Frage ihrer Möglichkeit nicht folgt, sondern vorausgeht. In Bezug auf das Problem der Übersetzung von Kulturen sagt Paul Ricœur, dass es keine absolute Entfremdung gibt und dass es immer eine echte Möglichkeit der Übersetzung gibt. Man kann verstehen ohne zu wiederholen, sich vorstellen ohne zu erfahren, sich in den anderen transformieren und doch man selbst bleiben.[1] Was auch immer die Verdienste und Nachteile der Globalisierung sein mögen, die universalistische Anlage des europäischen Geistes scheint desillusioniert zu sein. Die Tage sind vorüber, in denen Europa allein Weltgeschichte zu machen schien. Europa ist heute eines von vielen Zentren. Derrida zufolge spricht Europa von Krise, wenn dessen Universalität gefährdet ist. Die Entdeckung nicht-europäischer Kulturen ist eine europäische Leistung, die mit unbeabsichtigter Ironie dazu führte, dass die europäische Kultur selbst relativiert wurde. Missionare brachen auf, um andere zu bekehren, aber einige von ihnen wurden selbst bekehrt.

III *Interkulturalität und kulturenübergreifende Philosophie*

Der Begriff der Interkulturalität, wie er hier gebraucht wird, ist nicht trendiger Ausdruck und auch keine romantische Idee in einer Zeit der globalen technologischen Formationen und des Welttourismus. Er darf nicht als Kompensation verstanden werden, geboren aus einem Minderwertigkeitskomplex seitens der nicht-europäischen Kulturen. Er ist auch nicht bloß ein Notbehelf angesichts der De-facto-Begegnungen der Weltkulturen.

Weit davon entfernt, nur ein Konstrukt, eine Abstraktion oder eine synkretistische Idee zu sein, steht das Konzept der Interkulturalität hier für die Überzeugung und die Einsicht, dass keine Kultur die eine Kultur für die gesamte Menschheit ist. Die Furcht, dass wir damit die allgemeine Anwendbarkeit von Begriffen wie Philosophie, Wahrheit, Kultur, Religion usw. dekonstruieren könnten, ist unbegründet. Was das Konzept der Interkulturalität jedoch dekonstruiert, ist der monolithische, absolutistische und exklusive Gebrauch dieser Begriffe. Interkulturelles Denken steht für einen emanzipatorischen Prozess von allen möglichen Zentrismen, sei dies der Euro-, der Sino- oder der Afrozentrismus. Der Geist der Interkulturalität befürwortet Pluralismus, Diversität und Differenz als Werte und sieht diese nicht als Verneinung von Einheit und Uniformität. Die Akzeptanz von Diversität folgt aus dem Geist der

---

[1] Paul Ricœur, *Geschichte und Wahrheit*, München 1974, S. 290 f.

Interkulturalität. Es ist falsch, Diversität als Aristotelische Akzidenzien zu betrachten. Ein interkultureller Horizont kann sehr wohl die »Kompossibilität« (um einen Leibnizschen Ausdruck zu gebrauchen) verschiedener kultureller Muster anvisieren und so zwischen totaler Alterität und Universalität eine neue Note anstimmen. Das Konzept von Ordnung, das interkulturelles Denken impliziert, ist eine Ordnung in, durch und mit Differenzen, die der Polyphonie verschiedener Stimmen Raum schafft.

Um das Konzept einer kulturenübergreifenden Philosophie so klar wie möglich zu umreißen, lassen Sie mich zuerst anführen, was sie nicht ist: 1) Philosophie in interkultureller Orientierung ist nicht die Universalisierung einer spezifischen philosophischen Tradition, sei sie europäisch, chinesisch, indisch, afrikanisch oder lateinamerikanisch. 2) Kulturenübergreifende Philosophie ist nicht Synkretismus verschiedener philosophischer Traditionen. 3) Es ist falsch, kulturenübergreifende Philosophie als bloße Konstruktion zu begreifen und den Reichtum konkreter philosophischer Konventionen zu vernachlässigen. 4) Kulturenübergreifende Philosophie ist nicht bloßer Notbehelf angesichts und unter dem Druck der De-facto-Präsenz vielfältiger philosophischer Kulturen. 5) Es ist falsch, kulturenübergreifende Philosophie mit einer romantischen und ästhetischen Rezeption dessen, was einer spezifischen Kultur fremd ist, zu identifizieren. Dies war oft in der Begegnung europäischer Philosophie mit nicht-europäischen philosophischen Traditionen der Fall. 6) Kulturenübergreifende Philosophie ist nicht eine kompensatorische Bewegung, denn sie lässt keiner spezifischen philosophischen Tradition eine Vorzugsbehandlung zukommen. Die Vorzugsbehandlung der Tradition europäischer Philosophie hat zu dem Vorurteil geführt, dass die eigentliche Philosophie ausschließlich europäisch sei. Philosophen wie Hegel, Husserl und Heidegger haben zu diesem Vorurteil beigetragen.

Davon ausgehend, können wir uns einer positiven Umschreibung zuwenden: 1) Kulturenübergreifende Philosophie ist viel mehr inter- denn transkulturell und verortet den Sitz philosophischer Aktivität in mehr als einer Kultur, wodurch sie die Beiträge verschiedener philosophischer Traditionen zur eigentlichen Philosophie erkennbar macht; das Präfix »trans-« ist mit spekulativen, metaphysischen und theologischen Konnotationen überladen und behauptet einen Standpunkt oberhalb aller Kulturen, Philosophien und Religionen. 2) Kulturenübergreifende Philosophie ist davon überzeugt, dass die Idee einer *philosophie perennis* in

keiner einzigen spezifischen philosophischen Tradition erschöpft wird.
Verschiedene philosophische Herangehensweisen – intra- und interkulturell – sind verschiedene Weisen, mit dieser Idee umzugehen, die
richtig verstanden einen regulativen Charakter hat. 3) Kulturenübergreifende Philosophie akzeptiert die Pluralität verschiedener Rahmen.
4) Kulturenübergreifende Philosophie ist eine emanzipatorische Bewegung, also auch eine Emanzipation der nicht-europäischen Philosophien
von jenen Missverständnissen, unter denen sie aufgrund der selbst zu-
geschriebenen und unbegründeten Behauptung der Singularität und
Universalität europäischer Philosophie gelitten hat. 5) Kulturenübergreifende Philosophie impliziert die Notwendigkeit einer beständigen
Dekonstruktion, durch die nicht die Ideen von Wahrheit, Realität,
Rationalität, Philosophie usw. dekonstruiert werden, sondern die pro-
vinziellen Ansprüche, diese Ideen exklusiv mit Großbuchstaben zu
schreiben. 6) Kulturenübergreifende Philosophie bedingt einen neuen
Typus der Philosophiegeschichtsschreibung. Die universelle philosophische Idee der Rationalität ist ohne Zweifel kulturbedingt, transzendiert
aber auch kulturelle Begrenzungen. Sie besitzt eine »orthafte Ortlosigkeit« oder »ortlose Orthaftigkeit«. 7) Kulturenübergreifende Philosophie plädiert für die regulative Idee der Einheit ohne Uniformität, sie
definiert Philosophie mehr in Bezug auf philosophische Fragen als Antworten. Es gibt eine Asymmetrie zwischen Fragen und Antworten, und
philosophische Fragen überwiegen philosophische Antworten. 8) Kulturenübergreifende Philosophie betrachtet alle monistischen Bewegungen als zu eng, reduktionistisch, geschlossen, exklusiv und intolerant.
9) Kulturenübergreifende Philosophie ist davon überzeugt, dass die Idee
einer totalen Reinheit einer Kultur und Philosophie eine Fiktion, ein
Mythos ist. Sie ist der Idee verpflichtet, dass es fundamentale Ähnlichkeiten und erhellende Differenzen zwischen verschiedenen Kulturen
und philosophischen Traditionen gibt. Aus verschiedenen Gründen finden wir immer Überlappungen, die das sine qua non für jeglichen Diskurs sind.
    Aus dem oben Gesagten können wir folgern, dass die Idee einer kul-
turenübergreifenden Philosophie eine Tautologie ist, denn Philosophie
war immer schon mehr oder weniger interkulturell.

IV Das Konzept einer analogen
interkulturellen Hermeneutik

Das Wort Hermeneutik ist griechisch und westlich, aber die Idee und ihre Praxis ist eine anthropologische Konstante. Indisches Denken besitzt beispielsweise eine sehr reiche hermeneutische Tradition. Die Wissenschaft der Hermeneutik als eine Kunst der Interpretation und des Verstehens erlebt im globalen Kontext der Interkulturalität heute einen fundamentalen Wandel, eine noch nie da gewesene Horizonterweiterung, die nicht notwendigerweise mit einer Horizontverschmelzung einhergeht (Gadamer). Dies bedeutet, dass jede Hermeneutik ihre eigenen, kulturell sedimentierten Wurzeln hat und nicht bedingungslose universelle Akzeptanz fordern kann. Jeder Dialog, und insbesondere der interkulturelle Dialog, muss diese Einsicht zum Ausgangspunkt nehmen. Die Art, wie Kontinente zueinander sprechen, hat heute eine andere Qualität, denn es findet im Geist der Reziprozität statt. Die hermeneutische De-facto-Situation ist von einer vierfachen Beziehung charakterisiert: 1) die Selbsthermeneutik des europäischen Geistes; 2) das europäische Verständnis des nicht-europäischen Geistes seit der Invasion Indiens durch Alexander den Großen und der Entdeckung Amerikas durch Kolumbus; 3) die Selbsthermeneutik der Nicht-Europäer; 4) das nicht-europäische Verständnis Europas; dies ist für den europäischen Geist etwas Neues. Hermeneutik ist somit keine Einbahnstraße mehr, und es stellt sich die Frage, wer wen wann wie und warum besser versteht. Europa ist heute überrascht, dass es von Nicht-Europäern kritisch interpretiert wird.

An den Begriff der Analogie wird in der Geschichte der griechisch-christlich-europäischen Philosophie appelliert, um ein verwirrendes Problem zu lösen, das aus der heiligen Schrift und der hellenistischen Philosophie entsteht aufgrund der paradoxen Botschaften von der Inkommensurabilität Gottes mit seiner Schöpfung und der Möglichkeit eines Vergleichs zwischen dem Schöpfer und dem Erschaffenen. Da Gott und seine Schöpfung nicht zur selben Art gehören, hat die Analogie in der Theologie und der spekulativen Metaphysik immer unter einer Spannung zwischen Eindeutigkeit und Ausflucht gelitten. Unser Gebrauch des Begriffs bezieht sich hier auf Dinge und Wesen, die zur selben Art gehören, und wir können das Mittel der Analogie als gültigen Grund des Erkennens von Ähnlichkeit nutzen. Auf dem Feld des interkulturellen Verstehens steht Analogie erstens für ein Bewusstsein von Nicht-Identität, zweitens für ein Bewusstsein von Differenz, drittens für ein Bewusstsein von nicht totaler Differenz und viertens für ein Bewusstsein von nicht totaler Identität. Analogie wird hier definiert als eine Gleichheit der Beziehung zwischen ungleichen Dingen. Das Konzept einer »analogen Hermeneutik«, das einer solchen de facto hermeneutischen Situation gerecht wird, ist weder eine Hermeneutik totaler Identität, die den anderen auf ein Echo seiner selbst reduziert und ihr Selbstverständnis im Namen des Verstehens des Anderen wiederholt, noch eine Hermeneutik radikaler Differenz, welche das Verstehen des Anderen unmöglich macht. Es setzt keine Kultur in eine absolute Position und reduziert die anderen nicht zu einer Variante davon. Es gibt kein universelles hermeneutisches Subjekt oberhalb des sedimentierten kulturellen historischen Subjektes. Es handelt sich vielmehr um eine reflexiv-meditative Einstellung, die verschiedene Subjekte mit der Warnung begleitet, nicht zu reduzieren. Diese Einstellung hilft uns, das Gefühl zu überwinden, uns hilflos in einem hermeneutischen Kreis zu drehen. Sie befreit uns von unserer Tendenz, Wahrheit in den Begriffen einer spezifischen Tradition und Tradition in Begriffen von Wahrheit zu definieren. Eine exzessive Verpflichtung auf Tradition und Vorurteile (Gadamer) gefährdet interkulturelles Verstehen. Habermas ist hier zu Recht kritisch gegenüber Gadamers Hermeneutik mit ihrem universalistischen Anspruch. Gadamer ist sehr klar in Bezug auf seine Absicht, die überragende Wichtigkeit des Vorurteils im Prozess des Verstehens wieder zu etablieren. Wir sind alle Schöpfungen unserer Traditionen, und wir bleiben ein Teil von ihnen, selbst in der Ablehnung unserer Traditionen.[2] Es ist Gadamers Hermeneutik anzurechnen, dass sie die zentrale Wichtigkeit der Tradition in jedem Prozess des Verstehens unterstrichen hat.

Unser hermeneutisches Dilemma besteht in der scheinbar paradoxen Situation, dass kein Verstehen möglich ist, ohne zu Beginn gewisse vorgefasste Meinungen zu haben, und wir verstehen den Anderen nicht, wenn wir nicht bereit sind, die universelle Gültigkeit unserer eigenen Vorurteile und Traditionen aufzugeben. Gadamer scheint sich zu stark auf die Beziehung zwischen Vorurteil und der Autorität der Tradition zu stützen, was ihn gelegentlich dazu führt, philosophische Wahrheit im Sinne einer spezifischen (hier: westlichen) Tradition und diese spezifische Tradition im Sinne von Wahrheit zu definieren. Natürlich schafft seine

---

2 Hans-Georg Gadamer, *Truth and Method*, übers. von Joel Weinsheimer und Donald G. Marshall, New York 1990, S. 265–307.

Theorie der Horizontverschmelzung Raum für zwei Dinge zugleich: Projektion und Entfernung des historischen Horizontes, was uns dann in die Lage versetzt, eine Art von Überlappung zu erreichen. Aber der wirkliche Sitz der Überlappungen (des *tertium comparationis*) ist interkulturell verortet und kann nicht einfach die Ausweitung des eigenen kulturellen Musters sein.

In seiner kritischen Diskussion der Position Gadamers betont Ricœur zu Recht, dass der hemeneutische Prozess sowohl Teilnahme an der eigenen Tradition wie auch die Praxis einer kritischen Distanz braucht.[3] Gadamers Tendenz, ein spezifisches Modell von Hermeneutik zu universalisieren, scheint die Tatsache zu ignorieren, dass alle Interpretationen kulturell sedimentiert sind. Alternative hermeneutische Modelle sollten nicht auf reduktive Weise behandelt werden, sondern vielmehr als Alternativen ernst genommen und kritisch betrachtet werden.

Gadamers Hermeneutik des Vorurteils unterscheidet zwei Arten von Vorurteil: das wahre und das falsche. Die wahren Vorurteile ermöglichen das Verstehen, die falschen führen zu Missverständnissen.[4] Diese Unterscheidung hilft uns, aber sie bringt uns nicht weiter, wenn wir nicht die nötige Distanz zu unserer eigenen Tradition wahren. Dies ist nicht nur eine methodologische Notwendigkeit, sondern auch moralische Verpflichtung.

In Konvergenz mit Heidegger ist für Gadamer Verstehen mehr als einfach eine Art des Wissens oder bloß eine Methode der Sozialwissenschaft. Verstehen ist für ihn ein ontologischer Modus des In-der-Welt-Seins. Dies führt ihn zu seiner Theorie des so genannten hermeneutischen Zirkels, der die ontologische Struktur eines jeden Verstehens sei. Gadamer weist die Idee zurück, der hermeneutische Zirkel sei bloß eine formale Vorrichtung. Der Vorwurf eines Teufelskreises ist, Gadamer zufolge, falsch. Die Antizipation von Bedeutung, die zum Verstehen führt, ist so sehr in meiner Tradition verwurzelt, dass ich höchstens versuchen kann, meine eigene Tradition zu verstehen, zu interpretieren und zu reinterpretieren, aber ich kann niemals ein wirklicher Kritiker von ihr sein. Gadamer scheint hier zu unterschätzen, dass die Präsenz alternativer Traditionen den Prozess des Verstehens dergestalt beeinflusst, dass ich ein Kritiker meiner eigenen Tradition sein kann, selbst von innerhalb

---

3 Paul Ricœur, *Hermeneutics and the Human Sciences: Essays on Language, Action and Interpretation*, Cambridge 1981, S. 93.
4 Hans-Georg Gadamer, *Wahrheit und Methode*, Tübingen 1960, S. 82.

dieser Tradition. Die hermeneutische Philosophie des späten Gadamer
scheint im Gespräch mit den philosophischen Welttraditionen interkulturelles Verständnis zu begünstigen, indem die primordiale Verbindung
zwischen Wahrheit und Tradition gelockert wird, und es war hauptsächlich diese Verbindung, die den europäischen Geist im Namen des Verstehens des Anderen dazu geführt hat, eine Aneignung des Anderen zu
praktizieren. Die hermeneutische De-facto-Situation heute lehrt uns, in
unseren Behauptungen von Gewissheit und Zweifel schüchtern zu sein.
Die eine philosophische Wahrheit, in Großbuchstaben geschrieben, ist
nicht der exklusive Besitz irgendeiner Kultur und Tradition. Jede interkulturelle Hermeneutik muss dies erkennen.

Angesichts alternativer Traditionen, Kulturen und ethischen Pluralismus ist es falsch zu behaupten, dass wir zu unserer eigenen Tradition
verdammt sind und höchstens versuchen können, sie zu interpretieren
und zu verstehen. Meine moralische Intuition sagt mir, dass ich zu meiner Kultur gehören und doch zu einem gewissen Grad ihr Kritiker sein
kann.

Auf dem Gebiet des interkulturellen Verstehens ist es falsch, eine
Theorie der Bedeutung auf eine Theorie der Wahrheit und diese auf
Übersetzbarkeit zu reduzieren. Davidson tendiert zu der These einer
wechselseitigen Unübersetzbarkeit und spricht von radikal unterschiedlichen Rahmen.[5] Aber Kulturen können bedeutungsvoll sein und sind
es, wenn wir uns der Behauptung enthalten, dass wir allein die beste
Intuition der Wahrheit hätten. Kulturen zu verstehen ist ein komplexes
Thema, und ich teile das Alltagsverständnis, dass es Grade des Verstehens
und Grade des Missverstehens gibt, sowohl im Fall des Selbst-Verste-
hens wie auch des Verstehens des Anderen. Es scheint eine konstitutive
Grenze für jedes Verstehen zu geben, weil kein faktisches Verstehen das
reiche Reservoir dessen gänzlich erschöpft, was es zu verstehen und zu
interpretieren gibt.

Mit dem Ziel interkulturellen Denkens können wir nicht einfach
darauf bestehen, Probleme des wechselseitigen Verstehens bezüglich
der Wahrheit oder Falschheit einer bestimmten Kultur, Religion oder
Philosophie auf metaphysische Weise zu entscheiden, bevor wir Schritte
in Richtung eines konkreten wechselseitigen Verstehens unternehmen.
Trotz der Schwierigkeiten, denen wir in unserem Versuch, andere Kul-

5 Donald A. Davidson, »On the Very Idea of Conceptual Scheme«, in: *Proceedings of the
American Philosophical Association* 17 (1973–1974), S. 5–20.

turen zu verstehen, gegenüberstehen, ist interkulturelles Verstehen möglich, sowohl theoretisch wie auch praktisch. Wir dürfen interkulturelles Verstehen nicht per definitionem ausschließen, indem wir beispielsweise sagen, nur ein Buddhist könne den Buddhismus verstehen, nur ein Muslim den Islam, nur ein Christ das Christentum, nur ein Hegelianer Hegel, nur ein Taoist den Taoismus usw. Dies wäre Verstehen durch Identifikation. Heute müssen wir bedenken, dass ein Philosoph, Theologe und Ethnologe eine Doppelperspektive einnehmen kann, was bedeutet, dass er sich selbst zuwenden und seine eigene Kultur zum Objekt seiner Studien machen kann. Es ist besser, in seinem Wahrheitsanspruch zurückhaltend zu sein. Philosophen mögen die Frage wahren Wissens auf die epistemologisch beste Weise diskutieren, aber letztlich geht es um unsere Präferenz für ein bestimmtes Set von Argumenten. Alle Diskurse haben es mit Argumenten für oder gegen diese Präferenzen zu tun. Darauf zielt eine epistemologisch orientierte Hermeneutik ab. Diejenigen, die über das radikal Andere sprechen, beanspruchen die Wahrheit für sich und unterschätzen die Wichtigkeit und Tugend eines gemäßigten Relativismus und Pluralismus.[6] Die Fremdheit des Anderen ist ein Phänomen, mit dem wir selbst in unserer Heimatkultur konfrontiert sind. Die Frage der Bedeutungsstiftung einer fremden Kultur besitzt eine konstitutive Reziprozität.

Konzeptuelle Rahmen tragen teilweise die Zeichen ihres Eingebettetseins in philosophische, kulturelle und religiöse Traditionen. Interkulturelle Philosophie begünstigt eine »analoge Hermeneutik« überlappender Strukturen jenseits der beiden Fiktionen totaler Identität (Kommensurabilität) und radikaler Differenz (Inkommensurabilität). Solch eine Hermeneutik führt zu einem gesunden Konzept komparativer Philosophie,[7] die keine spezifische philosophische Konvention verabsolutiert. Sie weist nicht nur die Idee eines absoluten Textes, sondern auch einer absoluten Interpretation zurück. Komparative Philosophie setzt eine interkulturelle Orientierung in der Philosophie voraus.

Die überlappenden Strukturen, die von unserer analogen Hermeneutik betont werden, mögen ihre Quellen in der biologischen, anthropologischen, kulturellen und sozialen Anlage der menschlichen Natur

6 John Kekes, *The Morality of Pluralism*, Princeton 1993.
7 Ram Adhar Mall, »Metonymic Reflections on S'am'kara's Concept of Brahman and Plato's Seventh Lettre«, in: *Journal of Indian Councel of Philosophical Research* 4.3 (1993), S. 89–102; ders., *Intercultural Philosophy*, New York / Oxford 2000.

haben. Es gibt natürlich eine Grenze für jedes Verstehen, wenn Verstehen nur bedeutet, die eigene Verstehensweise zu duplizieren. Eine analogische Apprehension des Anderen bleibt auch zwischen Formen des Verstehens gültig, die einander entgegengesetzt sein könnten. Dies ist der Grund, warum wir zugeben, dass die Antithese auch eine These ist. Das Konzept des Verstehens, das für unsere analoge Hermeneutik charakteristisch ist, ist mehr als einfach eine Art des Wissens. Sie impliziert eine moralische Verpflichtung.

V *In Richtung eines Ethos der Interkulturalität*

Der wahre Geist der Interkulturalität proklamiert, dass das Begehren zu verstehen und das Begehren, verstanden zu werden, Hand in Hand gehen und zwei Seiten einer Medaille sind. Das bloße Begehren zu verstehen mag sich als leer erweisen, und das totale Begehren, nur verstanden zu werden, mag blind machen. Ob in Kultur, Religion oder Politik, während der langen Periode der Kolonisierung war das Begehren, verstanden zu werden, vonseiten der Kolonisierer am mächtigsten. Und es ist nicht immer falsch zu behaupten, dass Orientalisten, Missionare und Ethnologen lange Zeit eine verschwörerische Rolle gespielt haben. Sie nahmen große Mühen auf sich, fremde Sprachen wie Sanskrit, Chinesisch usw. zu lernen, nicht so sehr um andere zu verstehen, sondern um von ihnen verstanden zu werden.

Mircea Eliade benutzt den Ausdruck »zweite Renaissance« und meint damit die Entdeckung des Buddhismus, der Upanishaden und des Sanskrit im Europa des 18. und 19. Jahrhunderts. Obwohl die Hoffnungen und Versprechen dieser europäischen Entdeckung Asiens groß waren, war sie ein Fehlschlag.[8] Der Grund für diesen Bankrott – verglichen mit dem großartigen Erfolg der ersten Renaissance – liegt in der Tatsache, dass sie hauptsächlich ein philologisch orientiertes Arbeits- und Forschungsgebiet für Indologen blieb und von Philosophen, Theologen und Historikern wenig ernst genommen wurde. Für den Fall, dass wir heute im Anbruch einer dritten Renaissance stehen (und es sieht danach aus), so sind wir alle verpflichtet, sie zum Erfolg zu führen. Dies ist nur dann möglich, wenn wir alle Zentrismen und absolutistischen Wahrheitsbehauptungen aufgeben. Keine Kultur, keine Religion ist nur ein

8 Mircea Eliade, *Die Sehnsucht nach dem Ursprung*, Wien 1973, S. 75 f.

Exporteur oder Importeur. Ein Ethos des Gebens und Nehmens operiert in jedem reziproken Verstehen.

Ein interkulturell orientierter Philosoph gelangt manchmal an ein Dilemma: Er kann keine interkulturelle Philosophie mit einem Zentrismus und überhaupt keine Philosophie ohne ein Zentrum betreiben. Ich habe über dieses Paradox nachgedacht und folgende Lösung anzubieten: Ein Zentrum zu haben, heißt nicht notwendig, zentristisch zu sein. Wir müssen zwischen zwei Arten von Zentrismen unterscheiden: Zentrismus in einem starken und in einem schwachen Sinn. Was wir vermeiden müssen, ist der starke Sinn, denn er ist exklusiv und diskriminierend. Aber ein schwacher Sinn von Zentrismus erlaubt uns, zentristisch zu sein, ohne das eigene Zentrum in eine absolute Position zu rücken. Dies fordert uns dazu auf, dem Problem der Toleranz gegenüber sehr sensibel zu sein, und rät uns, die Toleranten zu tolerieren und gegen die verschiedenen Formen der Intoleranz anzukämpfen, die zu fundamentalistischen Praktiken führen, wenn man sie gewähren lässt.

Das Studium von Kulturen und Religionen aus einer interkulturellen Perspektive zeigt grundlegende Ähnlichkeiten und erhellende Unterschiede auf. Dieses komplexe Muster von Ähnlichkeiten und Unähnlichkeiten bildet eine wichtige Basis für interkulturellen Dialog. Interreligiosität ist der Name eines Ethos, das alle Religionen als ihr überlappendes Zentrum verbindet. In Abwesenheit eines solchen Ethos sind alle interreligiösen Dialoge Versuche ohne wirklichen Wert. Methodologisch und auch vom Gesichtspunkt der Überzeugung gehört es zum Wesen eines solchen interreligiösen Ethos, dass es verschiedene Wege zu ein und derselben religiösen Wahrheit gibt. Die Behauptung einer absoluten Wahrheit ist nicht notwendig schlecht, sofern sie nur für die eine Person oder Gruppe beansprucht wird. Aber sobald sie universelle Gefolgschaft verlangt, wird sie absolutistisch im fundamentalistischen Sinn.[9] Wenn das hermeneutische Dilemma in der scheinbar paradoxen Situation besteht, dass wir nicht verstehen können, ohne gewisse Vorurteile zu haben, und dass wir nicht verstehen können, wenn wir nur Vorurteile haben, dann haben wir die Aufgabe, einen Ausweg zu finden. Der Ausweg schient in der interkulturellen Überzeugung der einen Wahrheit unter verschiedenen Namen zu liegen. Unser Konzept einer analogen Hermeneutik ist von dieser Überzeugung geleitet und weist Ähnlichkeit mit Wittgen-

9 Ram Adhar Mall, »Zur interkulturellen Theorie der Vernunft: Ein Paradigmenwechsel«, in: Hans Friedrich Fulda / Rolf-Peter Horstmann (Hgg.), *Vernunftbegriffe in der Moderne: Stuttgarter Hegel-Kongreß 1993*, Stuttgart 1994, S. 750–774.

steins Einsicht in Familienähnlichkeit auf, die nicht für Identität gehalten
werden darf. Wenn wir die Identitätsthese ablehnen, weil sie für Diversität keinen Raum schafft, dann lehnen wir auch radikalen Relativismus
ab, weil er stark von einer radikalen Differenz abhängt und keinen Raum
für überlappende Charakterzüge unter den Kulturen lässt.

VI *In Richtung eines Konzepts*
einer interkulturellen Ästhetik

Baumgarten, der den Begriff »Ästhetik« erstmals 1750 benutzte, meinte
damit die Wissenschaft sinnlichen Wissens, welches in der Philosophie
Kants und Hegels eine transzendentale und spekulative Disziplin wurde.
Traditionell ist Ästhetik eine Disziplin, die sich mit dem wahrnehmenden Teil unserer Natur, insbesondere in Drama, Kunst, Literatur, Musik
usw. befasst, im Gegensatz zur Disziplin der Logik, die sich mit dem
Wissen der Wahrheit befasst. Aber es gibt eine Überlappung zwischen
der eigentlichen Philosophie und der Ästhetik, die in einer Art unmittelbarem Eindruck besteht, einer Empfindung, die uns der Wahrheit und
Überlegenheit eines bestimmten Sets von Argumenten und von künstlerischen Leistungen vergewissert. Es gibt zwischen den beiden auch
einen erhellenden Unterschied. Während Philosophie als eine hauptsächlich diskursive und reflexive Aktivität darauf abzielt, andere durch den
Gebrauch von Argumenten zu überzeugen, die zu wohl begründeten
Präferenzen führen, beginnen ästhetische Erfahrungen mit Präferenzen
und suchen mit der Hilfe von Kunstwerken nach Argumenten. Oft wird
gefragt, ob Argumente qua Argumente letztlich überzeugend sind. Wenn
es wahr ist, dass es etwas über den Argumenten gibt, das am Werk ist,
wenn wir überzeugt werden, dann ist es nicht falsch, die Frage zu stellen,
ob Ästhetik ein Zweig der Philosophie oder Philosophie ein Zweig der
Ästhetik ist. Ohne auf dieses Entweder-oder-Muster hereinzufallen,
müssen wir zugeben, dass es keinen rein deduktiven logischen Schritt
gibt, der universelle Akzeptanz beanspruchen kann, ohne rein formal,
analytisch und abstrakt bar jeglichen Inhalts zu werden.

Als systematischerer Zweig der Philosophie befasst sich Ästhetik
mehr mit suggerierter, emotionaler Bedeutung künstlerischer Kompositionen als mit der lexikalischen, indikativen und metaphorischen. In
jeder ästhetischen Erfahrung sind zwei Hauptfaktoren am Werk: der
Akt künstlerischer Produktion und der Akt ästhetischer Reaktion.

Das Problem der Übersetzung betrifft fast alle Gebiete menschlicher Aktivität. Die Frage der Inter-Übersetzbarkeit weist auf die weitere Frage interkulturellen Verstehens hin, sie weist nicht nur die Idee eines absoluten Texts, sondern auch absoluter Interpretation, absoluten Verstehens und absoluter Bewertung zurück, denn der Weg zu jedem Text geht über die Interpretation, und es gibt immer eine Pluralität von Interpretationen. Das Konzept einer interkulturellen Welt steht für ein System von Rahmungen aus verschiedenen Positionen der Lebenswelt. Eine interkulturelle ästhetische Orientierung lässt nicht zu, dass eine spezifische Lebenswelt sich in eine absolute Position setzt. Die Universalität einer interkulturellen Perspektive ist nicht die Universalisierung einer spezifischen kulturellen Perspektive. Sie ist eine Einstellung, die verlangt, von jeglicher universeller Behauptung eines Systems von Kategorien, das in eine spezifische Kultur eingebettet ist, abzusehen. Nur so sind wir in der Lage, die primordiale Vielfalt der Kulturen zu sehen. Jede Ästhetik einer interkulturellen Welt hat die Aufgabe, zwischen der Tendenz zur Homogenisierung und der zum Negieren jeglichen kulturellen Musters hindurchzusteuern. Es ist die ästhetische Erfahrung als anthropologische Konstante, die uns als primordiale Reaktion mit dem ästhetischen Wert der Schönheit verbindet. Was überlappt, ist die ästhetische Reaktion und nicht die Vielfalt kultureller Muster, die diese Reaktion begleiten. Nur die Vielfalt unserer Reaktionen weist auf die verschiedenen kulturellen Einbettungen der ästhetischen Erfahrung hin. Die Methode, der wir damit folgen, ist eine treue phänomenologische Beschreibung dessen, was wir intendieren, wenn wir von ästhetischem Wert, Erfahrung und Genuss sprechen. Solch eine Methode muss der Versuchung jeglicher Ontologisierung widerstehen. Den notwendigen Zirkel kultureller Einbettung zu erkennen, hilft uns zu erkennen, dass Orthaftigkeit eben Orthaftigkeit ist. Es gibt dazu keine Ausnahme außer unserer interkulturellen ästhetischen Orientierung.

In einer interkulturellen Perspektive erlaubt Ästhetik uns zu sehen, dass es überlappende universelle Reaktionen gibt, die natürlich Zeichen kultureller Spezifitäten tragen. Solche eine Sichtweise überwindet die Tendenz, eine spezifische ästhetische Tradition in eine absolute Position zu setzen. Die Wissenschaft der Ästhetik befasst sich mit dem Subjekt und dem Objekt des ästhetischen Entzückens, die Hauptfrage dabei kreist um die Spannung und Beziehung zwischen diesen beiden. Ein Gemälde ist beispielsweise ohne Zweifel eine Repräsentation, aber es ist niemals bloß ein Echo des Subjekts. Das Subjekt findet im Gemälde keine volle Verwirklichung. Das Gemälde ist weder total verschieden von den noetischen Intentionen noch gänzlich mit ihnen identisch. Wie kann die so genannte ontologische Beziehung zwischen Maler und Gemälde überwunden werden? Indem man sich weigert, den Zirkel der Identität zwischen der intendierten (noetischen) Bedeutung des konstituierenden Subjekts und der intendierten (noematischen) Bedeutung als das konstituierte Objekt zu akzeptieren. Der zentrale Faktor der Sedimentierung ist auch hier am Werk. Dies hilft uns, uns von einem rigiden Strukturalismus in der Ästhetik zu verabschieden und das Subjekt und das Objekt der ästhetischen Erfahrung von der Absolutierung irgendeiner spezifischen lebensweltlichen Orthaftigkeit zu emanzipieren. Was bedeutet diese Emanzipation, das heißt, worin besteht sie? Sie bedeutet nicht, dass wir das Subjekt abschaffen, denn ein Bild ohne Künstler ist kein Bild. Ein Gemälde braucht nicht nur einen Maler, sondern es weist auch auf etwas hin, das transzendent ist. Es gibt eine essenzielle Beziehung zwischen der Kunst und dem Künstler, aber in unseren Akten des Verstehens, Interpretierens und Bewertens wiederholen wir nicht die Beziehung zwischen Kunst und Künstler, vielmehr konstituieren wir eine neue Beziehung. Dies gilt insbesondere für eine interkulturell orientierte Ästhetik.

Die westliche ästhetische Tradition von Plato über Nietzsche bis Adorno zeigt den Bankrott eines absoluten ästhetischen Wertes. Europa kennt beides – eine mächtige essenzialistische und auch eine relativistische Herangehensweise an die Frage der Grundlegung der Wissenschaft der Ästhetik.

Unser Konzept interkultureller Ästhetik verneint jegliche essenzialistische Interpretation, die von der Vorannahme einer universell gültigen Norm ausgeht, ob man sie nun Gott, Natur, Weltgeist oder wie auch immer nennt. In einer Debatte zur Ästhetik von oben (deduktiv, a priori, spekulativ) oder von unten (induktiv, empirisch, offen, tolerant) bezieht unsere interkulturelle Ästhetik Stellung und plädiert für eine Ästhetik von unten. Interkulturelle Ästhetik weist die Tendenz der Moderne, die Wichtigkeit der Einheit überzubewerten, ebenso zurück wie die der Postmoderne, die Wichtigkeit der Pluralität überzubewerten. Die orthafte Ortlosigkeit einer interkulturellen Ästhetik schafft Raum für kulturelle Einbettung, aber transzendiert diese auch. Interkulturelle Ästhetik appelliert an eine überlappende Struktur der Gefühle, die vielfältiger Manifestationen in einer Kultur und unter Kulturen fähig sind.

Zur Verdeutlichung unserer interkulturellen Orientierung in der Ästhetik möchte ich auf eines der zentralen Konzepte der indischen Ästhetik Bezug nehmen, nämlich auf das Konzept von *Rasa,* das für Kunstwerk ebenso wie für ästhetische Erfahrung steht *(rasotapatti* und *rasasvadana).* Die indische ästhetische Tradition spricht von acht primordialen ästhetischen Gefühlszuständen *(rasas)*: erotisch *(shringara),* komisch *(hasya),* mitfühlend *(karuna),* wild *(raudra),* heroisch *(vira),* angsteinflößend *(bhayanaka),* ekelerregend *(bibharsa)* und erhaben / wunderbar *(adbhuta).* Ein neuntes *Rasa (shanta)* ist eine spätere Hinzufügung und steht für *summum bonum,* einen Zustand des Gleichmuts, eine einzigartige Erfahrung von Glückseligkeit *(ananda).* Es ist Anfang und Ende aller *Rasas.* Dieses neunfaltige System versucht, auch die komplexesten ästhetischen Erfahrungen und Emotionen als eine Vielfalt von Manifestationen und der Organisation verschiedener *Rasas* zu erklären. Irgendeine Form der Koexistenz ist immer am Werk, wenn ein Kunstwerk geschaffen oder betrachtet wird.[10] Indische Theorien ästhetischer Erfahrung steuern zwischen den beiden Extremen des Subjektes (des Lesers) und des Objektes (des Kunstwerks) hindurch. Sie erklären ästhetische Gefühle weder zu lediglich flüchtigen und wandelbaren Qualitäten, noch machen sie aus ihnen etwas gänzlich von Konventionen Abhängiges. Indische Ästhetik plädiert für überlappende Inhalte im Geist einer interkulturell orientierten analogen Hermeneutik und lässt dabei fundamentale Ähnlichkeiten und erhellende Differenzen unter intra- und interkulturellen ästhetischen Theorien und Traditionen zu.

Viele westliche Kritiker haben behauptet, die indische Ästhetik sei zu religiös und mystisch, da sie auf die Verwirklichung eines ästhetischen *summum bonum* zielt, das mit Glückseligkeit, ewigem Frieden, Befreiung gleichzusetzen ist. Es ist wahr, indische Ästhetik spricht von einem ästhetischen Entzücken, »Shanta Rasa« genannt, das für einen Zustand der Ruhe und Muße steht. Da indisches philosophisches Denken eine Denkweise mit einer Lebensweise zu verbinden sucht, schließt sie absichtlich die religiös-spirituelle emanzipatorische Dimension einer befreienden ästhetischen Erfahrung nicht aus. Unter dem Einfluss des Christentums erlangte philosophische Weisheit in Europa nicht den Status einer befreienden Weisheit. In diesem Sinn behauptet Patnaik zu Recht, dass »Shanta Rasa [...] vielleicht der einzigartigste Beitrag Indiens

10 Bharata, *Natya Shastra, with* »*Abhinavabharati*« *by Abhinavagupta,* hg. mit dem Sanskrit-Kommentar »Madhusudani« und Hindi-Übersetzung von M. Shastri, 3 Bde., Varanasi 1971–1981.

zur Ästhetik ist«.[11] Auch andere Kulturen, in denen die letztlich befreiende Weisheit nicht ausschließlich und allein dem Bereich der Religion angehört, wie die chinesische oder die japanische, verfolgen ein Ziel, das dem *Shanta Rasa* der indischen Ästhetik ziemlich nahe steht.

Interkulturelle Ästhetik definiert ästhetischen Wert als Temperamentsqualität des Kunstobjekts, welches Anlass einer ästhetischen Erfahrung ist, insofern es unter den angemessenen Bedingungen eine gewisse Reaktion in den Beobachtern hervorruft, nämlich die ästhetische Reaktion. Jede Erfahrung ist naturgemäß kontextuell, und diese generelle Kontextualität der menschlichen Erfahrung gilt ebenso für die ästhetische Erfahrung. Aber das heißt nicht, dass ästhetische Erfahrung notwendig rein subjektiv sein muss. Was der menschlichen Natur gemeinsam ist, ist die ästhetische Reaktion, die unter dem Einfluss kultureller Traditionen verschiedene, aber nicht radikal verschiedene Gestalten annimmt. Ästhetische Reaktionen können entgegengesetzt und widersprüchlich sein, aber sie überlappen darin, dass es immer noch ästhetische Reaktionen sind.

VII   *Interkulturelle und komparative Ästhetik*

Im Geist einer interkulturellen Ästhetik treffen sich verschiedene ästhetische Traditionen und Theorien, um sich zu unterscheiden, und sie unterscheiden sich, um sich zu treffen. Und das ist einer der zentralen Beiträge einer interkulturellen Ästhetik im Bereich der Ästhetik in Ost und West. Interkulturelle Ästhetik dekonstruiert engstirnige Fixierungen und binäre Teilungen zwischen Ost und West und traut allen ästhetischen Traditionen zu, Mittel und Wege zu finden, mit der Wahrnehmung des Wirklichen jenseits aller bloß ideologischen Konstruktionen, die einen a priori universellen Geschmack behaupten, zurechtzukommen. Das ästhetische Subjekt kann durch eine Art orthafter Ortlosigkeit charakterisiert werden.

Eine Art imaginative Rekontextualisierung wird immer benötigt, wenn Vergleiche angestellt werden, und das gilt für inter- wie für intrakulturelle Diskurse. Ästhetische Wahrnehmung, Erfahrung und Genuss liegen jenseits der dichotomischen Bewertungen von hoch und niedrig, edel und primitiv. Der konzeptuelle Rahmen der Modernität selbst

---

11   Priyadarshi Patnaik, *Rasa in Aesthetics*, Neu-Delhi 1997, S. 252.

begünstigte westliche Theorien der Ästhetik und Kunst. Adorno und Deleuze sind Ausnahmen, da sie uns eine theoretische und praktische Perspektive an die Hand geben, um das Schöne, das Erhabene in allen Kulturen zu sehen. Einer angewandten interkulturellen Ästhetik liegen zwei Formen der Relativität zugrunde: Erstens ist jedes Kunstwerk ein spezifisches kulturelles Produkt, und zweitens hängen die verschiedenen Arten, es zu sehen und zu interpretieren, von dem Kontext ab, in dem der Betrachter verortet ist. Verschiedene künstlerische Darstellungsformen wie Malerei, Drama, Tanz, Musik, Film usw. artikulieren künstlerische Bedeutungen, das heißt authentische Ausdrucksweisen von in nicht-diskursiven Bewusstseinsaktivitäten hervorgebrachten Produkten unseres Denkens, Fühlens und Wollens.

Nahezu alle Theoretiker von Platon bis Hegel konzipierten den Schein als etwas Zweitrangiges, das auf metaphysische und spekulative Ideen verweist. Unsere postmetaphysische und postmoderne Sichtweise sieht den Schein als das ursprünglich gegebene Phänomen an. Das Gegebene meint hier auch die ästhetische Erfahrung, die das Ergebnis unserer Reflexion und Kontemplation der Kunstwerke ist. Die wohl bekannte Triade des Wahren *(Satyam)*, Guten *(Shivam)* und Schönen *(Sundaram)*, die man in vielen Kulturen findet, wird manchmal als Ziel einer holistischen ästhetischen Erfahrung angesehen. Während europäisches ästhetisches Denken über diese Triade mehr oder weniger metaphysisch und spekulativ blieb, haben indische Theorien der Ästhetik in ihrer meditativen Literatur Mittel und Wege vorgeschlagen, sie zu verwirklichen. Das letztliche Ziel war die Verwirklichung eines Zustands der Ruhe oder des Gleichmuts *(Shanta Rasa)*. Indische Ästhetik mag spiritualistisch sein im Sinne dieses ästhetischen *summum bonum,* aber sie spielt nicht die Wichtigkeit des menschlichen Körpers und die verschiedenen Schattierungen von Empfindung herunter.

Interkulturelle Ästhetik glaubt an eine anthropologische Verankerung unseres ästhetischen Gefühls, Urteils und Vergnügens. So wie wir die Empfindungen gewisser Farben, Klänge, Geschmäcker usw. empfangen, und zwar aus der Konstitution unserer Natur heraus, so erfahren wir ästhetische Zustimmung und Ablehnung gewisser Handlungen und Objekte. Dies heißt, dass ästhetische Urteile primär auf Empfindungen und Gefühlen beruhen und nicht auf abstrakten und spekulativen Definitionen von Schönheit. Deleuze stellt keine Opposition zwischen Kunst und Technologie auf; er argumentiert vielmehr für die These, dass die Wissenschaft der Ästhetik uns ein direktes Wissen dessen zur Verfügung stellt, was jenseits der Reichweite bloß diskursiven Denkens ist. Er macht einen Unterschied zwischen einer Logik des Denkens und einer Logik der Empfindung.[12] Dies bedeutet, dass es eine epistemologische Dimension der ästhetischen Erfahrung gibt, die von der Vielfalt von Medien wie Photographie, Malerei, Film usw. zur Genüge verifiziert wird. Natürlich legt eine ästhetische Epistemologie eine stärkere Betonung auf eine Art visueller Anthropologie gegenüber metaphysischen und rein rationalistischen Theorien des Wissens. Hinzu kommt, dass ästhetische Epistemologie nicht mit der Vorannahme beginnt, dass ästhetischer Konsens die Vorbedingung für ästhetische Kommunikation ist. In ihrer universalistischen Geistestendenz plädieren Kant und Hegel für die Universalität des ästhetischen Urteils und universalisieren tatsächlich die eurozentrische ästhetische Rahmung.

VIII *Schlussbemerkungen*

Interkulturelle Ästhetik ist heute empirischer, erfahrungsorientierter und experimenteller und besitzt im Vergleich von Beispielen von Kunst aus verschiedenen Traditionen und Kulturen einen philosophischen Atem. Interkulturelle Ästhetik ist daher zu Recht misstrauisch gegenüber der Behauptung einer theoretischen Überlegenheit irgendeiner spezifischen ästhetischen Tradition. Im Zeitalter des postmodernen Pluralismus gibt es ohne Zweifel eine De-facto-Akzeptanz nicht-europäischer Kunstwerke, aber wenn es darum geht, die konzeptionelle Rahmung zu beurteilen, behauptet das Adjektiv »europäisch« Universalität und Überlegenheit.

Trotz der unübertroffenen Dienste, die die phänomenologische Methode, insbesondere die Phänomenologie der Wahrnehmung (vgl. Merleau-Ponty), der Philosophie der Kunst und auch einer Ästhetik der Natur geleistet hat, und trotz der Methode der *epochè,* insbesondere im Geist einer interkulturellen Orientierung, verrät doch ihre Behauptung, zu den primordialsten Gegebenheiten jenseits aller kulturellen, religiösen oder linguistischen Sedimentationen zu gelangen, eine Tendenz zu einer Art von Essenzialismus. Solch eine Tendenz vernachlässigt die Irreduzibilität unserer Wahrnehmungserbschaft als eines kulturell und historisch kontingenten Phänomens. Es scheint, dass die Idee eines

---

12 Gilles Deleuze, *Logik der Sensation,* München 1995.

Gegebenen jenseits aller Sedimentationen, eines Kontexts jenseits aller Kontexte eine philosophische Annahme ist. Der einzige Ausweg scheint hier der Rekurs zu einer Art »Anthropologie der offenen Frage« (Plessner) zu sein. Es gibt kein synthetisches A-priori-Vermögen, und wir sind einer empirischen Herangehensweise verpflichtet.

Es ist wahr, dass Menschen immer ein etwas gespanntes Gefühl in ihrem Kontakt mit der nackten Wirklichkeit haben. Es gibt hauptsächlich zwei Manöver, um mit dieser Erfahrung zurechtzukommen. Entweder wir beginnen einen therapeutischen Prozess, um uns durch die Entwicklung einer konzeptionellen Distanz zu befreien, und zwingen das Wirkliche, da hinein zu passen, oder wir tauchen mit verschiedenen Schattierungen von Engagement tief in die intensive Wahrnehmung des Realen hinein. An diesem Punkt unterscheiden sich rein philosophische und ästhetische Wahrnehmung. Immer wenn eine Denktradition die Rolle der Ethik gegenüber der Ästhetik überbetont, lässt sie ästhetischen Handlungen, die einen direkten, unvermittelten Zugang zur Realität behaupten, keine Gerechtigkeit zukommen. Nicht-europäische Traditionen scheinen die beiden Gebiete menschlicher Aktivität auf gleicher Basis behandelt zu haben. Eine philosophische Tradition, die im größeren Haushalt der kosmischen Natur eine spezielle Stellung für die menschliche Gattung behauptet, tendiert dazu, eine Ästhetik der Natur stiefmütterlich zu behandeln. Kulturen mit der Überzeugung einer generellen, konstitutiven Einbettung der menschlichen Gattung auf gleicher Basis neben anderen Gattungen sprechen von einer eigenen Kultur des Gefühls.

Die taoistische Ästhetik der »Leerheit« ist voller Suggestivkraft, Einfachheit und Vertrauen in die allumfassende kosmische Natur, und sie weist die Idee einer Natur des ästhetischen Urteils sui generis als menschliches Vorurteil zurück. Der berühmte taoistische Philosoph Zhuang Zi sprach von der »Freude der Fische«, während er mit seinem Freund Hui Zi am Damm des Flusses Hao einen Spaziergang machte. Zhuang Zi sagte: »Die Weißfische schwimmen gemächlich. Das zeigt die Freude der Fische.« »Du bist kein Fisch«, sagte Hui Zi. »Woher kennst du ihre Freude?« »Du bist nicht ich«, sagte Zhuang Zi. »Woher weißt du, dass ich die Freude der Fische nicht kenne?« Hui Zi sagte: »Natürlich weiß ich das nicht, da ich nicht du bin. Aber du bist kein Fisch, und es ist daher klar, dass du die Freude der Fische nicht kennst.« »Lass uns der Sache auf den Grund gehen«, sagte Zhuang Zi. »Als du fragtest, woher ich die Freude der Fische kenne, wusstest du bereits, dass ich die Freude der Fische kenne, aber du fragtest woher. Ich kenne sie, seit ich hier am Fluss bin.«[13]

In dieser einfachen Allegorie liegt ein tief verwurzeltes epistemologisches Prinzip: Das Gleiche kennt das Gleiche, und das verbindet nicht nur alle Menschen jenseits kultureller Grenzen, sondern alle Dinge und Wesen im größeren Haushalt der kosmischen Natur. Selbst Kant spricht trotz seines transzendentalen Vorstoßes ins Gebiet der Epistemologie und seiner Idee einer höheren Bedeutung hinter allen Formen der Natur davon, dass der Gesang eines Vogels uns »von der Freude und Zufriedenheit mit seiner Existenz« erzählt.[14]

Es ist Adorno anzurechnen, dass er die Schönheit der Natur entdeckt und der der Kunst parallel gesetzt hat. Adorno zufolge bezieht sich Kunst auf Naturschönheit als solche. Und Naturschönheit als solche besteht in unserer direkten Wahrnehmung der erscheinenden Natur.[15] Trotz seiner willkommenen Kritik des Hegelschen Begriffs von Naturschönheit mit der Möglichkeit, eine eigenständige Ästhetik der Natur zu entwickeln, stützt sich Adorno immer noch zu stark auf eine Philosophie der Kunst als Hilfe, denn er sagt:»Kunst erreicht, was Natur vergeblich anstrebt.«[16] Die Kunst erfüllt die Versprechen, welche die Natur macht. Naturschönheit im Sinne von Kunst zu verstehen war immer schon ein westliches Manöver in ästhetischen Theorien, die eine Erlösung und Korrektur der Natur behaupten. So eine Einstellung scheint der Natur gegenüber ziemlich arrogant. Interkulturelle Ästhetik versucht, die Kluft zwischen der Philosophie der Kunst und der Ästhetik der Natur im Allgemeinen zu überbrücken.[17]

Die Naturschönheit nach dem Modell menschlicher Wünsche und Begehren zu idealisieren, bringt eine Form menschlichen Vorurteils mit sich. Hinzu kommt, dass diese Art, Naturschönheit zu betrachten, viel zu anthropozentrisch ist. Eine Erfahrung der Naturschönheit hat kaum

13 *A Source Book in Chinese Philosophy,* übersetzt und zusammengestellt von Wing-Tsit Chan, Princeton NJ 1969, S. 209 f.
14 Immanuel Kant, *The Critique of Judgement,* übers. von James Creed Meredith, Oxford 1952, S. 161 f., § 42.
15 Theodor W. Adorno, *Aesthetic Theory,* übers. von C. Lenhardt, London 1984, S. 100.
16 Ebd., S. 97.
17 Eliot Deutsch, *Studies in Comparative Aesthetics,* Honolulu 1975; Priyadarshi Patnaik (wie Anm. 11); Bernhard Waldenfels, *Ordnung im Zwielicht,* Frankfurt am Main 1987; H. Paetzold, »How to Bridge the Gap Between the Philosophy of Art and Aesthetics of Nature: A Systematic Approach«, in: *Issues in Contemporary Culture and Aesthetics* 5 (Maastricht 1997).

etwas mit den Versprechen zu tun, welche die Natur macht; sie ist vielmehr eine Erfahrung der Einheit mit der Natur, die ohne Zweifel schön und hässlich, friedlich und wild ist. Die Schönheit der Natur ist, wenn sie ohne vorgefassten Plan erfahren wird, letztlich voller Tröstung. Der wirkliche Geist einer Ästhetik der Natur ist gegen jede Instrumentalisierung der Natur. Natur existiert, um wahrgenommen, gefühlt und verstanden zu werden mit einem tief verwurzelten Hinweis auf eine reziproke Verbindung zwischen menschlicher Kunst und der Schönheit der Natur. Wegen einer tödlich anthropozentrischen und arroganten Einstellung gegenüber der Natur im Allgemeinen ist die Kultivierung einer Ästhetik der Natur heute mehr als je zuvor geboten.[18] Interkulturelle Ästhetik kann eine große Hilfe dabei sein, nicht nur zwischen verschiedenen ästhetischen Traditionen und Theorien zu vermitteln, sondern auch zwischen einer Philosophie der Kunst und einer Ästhetik der Natur. Die Unverletzbarkeit der Natur in Kombination mit einem aufmerksamen und sogar präskriptiven Wissen um eine allumfassende Einbettung aller Dinge und Wesen im kosmischen Haushalt der Natur ist kein heidnischer Glauben mehr. Sie ist vielmehr die Grundlage einer ökologischen Ästhetik, die sowohl Kunstwerken wie auch der Natur Gerechtigkeit widerfahren lässt.

(Aus dem Englischen von Benjamin Marius Schmidt)

---

18 Ken-icchi Sasaki, »Consolation of Nature: An Essay in Critique of Formative Reason«; Gernot Böhme, »Aesthetic Knowledge of Nature«; beide in: *Issues in Contemporary Culture and Aesthetics* 5 (Maastricht 1997).

Mandakranta Bose

Wem gehört der klassische indische Tanz?

Die Frage nach den Besitzverhältnissen und die Aufführung auf der globalen Bühne

Welche Beziehung zwischen einer KünstlerIn[1] und ihrer Kunst besteht, ist eine nicht leicht zu beantwortende Frage – besonders wenn es sich um eine alte Kunst handelt, deren Theorie und Praxis seit Jahrhunderten etabliert sind. Zumal wenn es sich um eine darstellende Kunst handelt, die am besten direkt vor Publikum wirkt, ist es schwierig zu sehen, wie und in welchem Ausmaß die individuelle Kreativität der KünstlerIn innerhalb der Vorschriften und Konventionen einer »klassischen« Kunst gedeihen kann. T. S. Eliot fragte vor fast einem Jahrhundert, wie Tradition und individuelles Talent einander beeinflussen.[2] Im Fall der Tradition darstellender Kunst, mit der ich arbeite, nämlich des klassischen Tanzes in Indien, fasziniert mich diese Frage schon lange, weil es sich um eine Tradition handelt, in der die subjektive Kreativität der KünstlerIn unter Druck gerät nicht nur vonseiten der historischen Autorität einer kodifizierten Tradition, sondern auch vonseiten der Gender-orientierten Organisation der Ausübung dieser Kunst. Kann eine KünstlerIn behaupten, dass die Kunst ihr gehört, wenn sie unter solchen Bedingungen arbeitet? Oder ist die KünstlerIn lediglich das mechanische Vehikel eines unveränderlichen ästhetischen Regimes? Diese Fragen gewinnen heute

---

1   Im englischen Original steht hier und an vielen weiteren vergleichbaren Stellen der geschlechtsneutrale Ausdruck (hier: »artist«). Die ganze Stoßrichtung des Argumentes verbietet es, im Deutschen die männliche Form (»Künstler«) zu verwenden. Die Benutzung sowohl der männlichen wie auch der weiblichen Form (»der Künstler / die Künstlerin«) würde zu schwer lesbaren Satzkonstruktionen führen. Daher habe ich mich entschieden, die weibliche Form mit großem ›I‹ zu verwenden, um anzuzeigen, dass es sich um zwar geschlechtsübergreifende, aber primär vom Weiblichen her gedachte Kategorien handelt. Wenn im Englischen geschlechtsspezifische Ergänzungen (»female artist«) stehen, wurden diese in der Übersetzung zur Verdeutlichung beibehalten (»weibliche Künstlerin«). – Anm. d. Ü.
2   T. S. Eliot, »Tradition and the Individual Talent«, in: *The Sacred Wood*, London 1920.

eine besondere Bedeutung, weil die TänzerInnen, die auch schon früher meistens weiblich waren,[3] den klassischen indischen Tanz mehr und mehr dafür nutzen, für sich selbst zu sprechen, während ihre Kunst allmählich aus ihrer Zurückgezogenheit in Indien auszubrechen beginnt. Diese Fragen sind nicht nur für die KünstlerIn, sondern auch für das Publikum relevant: Wenn die Idee und die Praxis des klassischen indischen Tanzes neu befragt und vielleicht neu formuliert werden von KünstlerInnen, die ihre subjektive Kreativität ausdrücken und nach einer persönlichen Sprache suchen, ist ihre Kunst dann weiterhin ein lokales Phänomen, das nur einem spezifischen Publikum zugänglich ist? Oder öffnet sie sich einem globalen Publikum, weil TänzerInnen in ihrer Kunst auf etwas abzielen, das jenseits der ästhetischen und ethischen Grenzen ihrer überkommenen Tradition liegt?

Obwohl die Ideen, die ich hier erkunden werde, für die Geschichte der darstellenden Künste in Asien im Allgemeinen gelten, wird es im Folgenden hauptsächlich um die Tradition des klassischen Tanzes in Indien gehen, weil ich diesen seit vierzig Jahren studiere. Von seiner globalen Situierung her betrachtet ist der klassische indische Tanz ein besonders interessantes kulturelles Phänomen, weil er sich seit nunmehr fast hundert Jahren einen festen Platz im Inventar des kulturellen Kapitals der Welt gesichert hat. Insbesondere im Verlauf des letzten Vierteljahrhunderts ist sein Kurs enorm gestiegen, und er genießt nun jene Art unangefochtener Ehrerbietung, die etablierter Kunst vorbehalten bleibt. Im Gegensatz zu der Zeit, als ich meine ersten Schritte im klassischen Tanz unternahm, gibt es heute Hunderte von Tanzakademien auf der ganzen Welt. Obwohl das Energiezentrum immer noch Indien ist, sind doch außerhalb des Landes sehr vitale Ableger entstanden. Was früher lediglich eine Sache lokaler Bedeutung war, eine mystische kulturelle Angelegenheit, die für Außenseiter undurchdringlich war, hat sich zunehmend der globalen Anteilnahme und Kommunikation geöffnet. Dies liegt teilweise daran, dass die südasiatische Diaspora indische Kunst zu einem Signifikanten ihrer kulturellen Identität gemacht hat. Aber ein anderer wichtiger Grund ist der, dass der klassische indische Tanz ein Schauplatz geworden ist, auf dem Frauen ihre Erfahrung der Welt Fra-

---

3   Es ist notwendig zu betonen, dass ich von der Mehrzahl der TänzerInnen spreche, denn gewiss gab es auch berühmte männliche Tänzer von überragender Kunstfertigkeit, wie zum Beispiel Uday Shankar, Ram Gopal und Birju Maharaj. Nichtsdestoweniger sind doch die meisten TänzerInnen, von den jüngsten Zöglingen bis hin zu reifen KünstlerInnen, Frauen.

gen aussetzen können, die global gültig sind, weil sie über nationale und
kulturelle Grenzen weit hinausgreifen. Dies ist nicht überraschend, weil
der klassische indische Tanz sich im Laufe der Zeit trotz des gelegentlichen Auftretens glänzender männlicher Künstler in erster Linie als eine
Kunst der Frauen entwickelt hat, was den klassischen indischen Tanz
zu einem besonders geeigneten Instrument weiblichen Selbstausdrucks
macht. Was jedoch überrascht, ist, dass in der Tradition der darstellenden
Künste in Indien Frauen selbst nicht die Kontrolle über ihre Kunst hatten, die sie unter männlicher Anleitung und Patronage ausübten; heute
ist das Eigentum am Tanz kein männliches Monopol mehr, und zugleich
ist er aus seiner ausschließlich indischen Verortung ausgebrochen.

Ein historischer Überblick wird erklären, warum ich den klassischen
indischen Tanz eine Kunst der Frauen nenne. Frühe historische Darstellungen machen es sehr deutlich, dass Tanz in Indien entlang von Gender-
Grenzen organisiert war. Theoretisch konnte die DarstellerIn entweder
ein Mann oder eine Frau sein, aber in der Praxis war diese Arbeit Gen-
der-organisiert. Sowohl in den abstrakten wie auch in den repräsentierenden Formen des Tanzes wurden den Bewegungen und Ausdrucksweisen Gender-Werte wie weibliche Anmut und männliche Energie
zugeschrieben. Diese Gender-Orientierung der Aufführung erstreckte
sich auf die Organisation des Tanzens als einer Aktivität. Die Tänzer-
Innen waren überwiegend Frauen, wobei schon das Wort für eine
TänzerIn – *nartaki* (wörtlich: Tänzerin) – Weiblichkeit mitbedeutete,
während Tanzlehrer und -theoretiker Männer waren und ebenso die Re-
gisseure. Es ist bemerkenswert, dass die männliche Form des Wortes für
eine TänzerIn, *nartaka,* einen Tanzlehrer bedeutet:

> »[Diejenige Person], die die regionalen Sprachen gut beherrscht, die
> Künste, *bhava* und *rasa* gut kennt, die Leiter einer Musikgruppe ist und
> die Regeln und Techniken [wörtlich: Definitionen und Ziele] [des Tanzes]
> gut kennt, [heißt] ein *nartaka,* wer es unterrichtet *nartana* [wörtlich: der
> jemand tanzen lässt].« (*Nartananirnaya,* 4.1.)

Dies führte dazu, dass die weiblichen Darstellerinnen von ihren männlichen Mentoren und Führern abhängig wurden und so ihre künstlerische Autonomie in der Wahl von Gegenstand und Stil verloren. Diese
Beziehung entstand vor Jahrhunderten und setzt sich bis zu einem gewissen Grad heute fort, wenn man bedenkt, dass Tanz immer schon eine
hochstrukturierte Kunstform mit stilisierten Bewegungen, festen Reper-
toires und traditionellen Legenden war, also mit Bedingungen, die nicht

leicht zu Veränderungen führen. Entsprechend war innerhalb der formelhaften Prozesse des klassischen indischen Tanzes der freie Ausdruck
persönlicher Erfahrung kein wichtiges Thema in der Aufführungstradi-
tion. Das ist genau der Grund, warum man heute fragen muss, wem traditionellerweise das Paket kulturellen Kapitals gehörte, das man Tanz
nennt – der weiblichen Tänzerin oder ihrem männlichen Lehrer und
Manager?

Um zu zeigen, wie unauflöslich Tanz mit Weiblichkeit verbunden ist,
möchte ich eine Geschichte erzählen, die ich von einem der großen Tänzer und Tanzlehrer im heutigen Indien gehört habe, von Guru Keluch-
aran Mahapatra. Er erinnert sich daran, wie aufgebracht sein Vater war, als
ihm gesagt wurde, dass sein Sohn Tänzer werden wollte. »Wie?«, sagte
er zu Kelucharans Lehrer. »Sie wollen, dass mein Sohn mit seinem Körper wackelt wie eine Frau?« Dies ist weder in Indien noch irgendwo anders eine ungewöhnliche Reaktion. Gender-Etiketten auf Handlungen
und Glaubenssätze zu kleben, ist eher die Regel als die Ausnahme, und
die darstellenden Künste sind dagegen nicht immun. Ich würde sogar
sagen, dass die darstellenden Künste besonders Gender-orientiert sind,
weil sie auf den Möglichkeiten des menschlichen Körpers beruhen, und
ob man nun den darstellenden Körper betrachtet oder selbst seine Eigen-
tümerIn ist, man kann ihn, die physischen Besonderheiten der Stimme
und Bewegung, die natürlich von Gender-Signifikanten markiert sind,
nicht ignorieren. Sie können natürlich imitiert werden, um den Not-
wendigkeiten einer spezifischen Aufführung gerecht zu werden, und das
geschieht auch, aber jedes derartige Vorspiegeln stärkt nur mein Argument bezüglich Gender-Etikettierung.

Aber bevor ich mit der Gender-orientierten Arbeitsteilung im Tanz
fortfahre, muss ich daran erinnern, dass die Kulturgeschichte Indiens ein
Ungleichgewicht zwischen dem Tanz und den anderen großen darstellenden Künsten wie Musik und Schauspiel aufweist. Von Anfang an
wurden indische Musik und Schauspiel von männlichen und weiblichen
DarstellerInnen aufgeführt. Aus Text- und Bildzeugnissen erfahren wir,
dass es sowohl männliche wie auch weibliche Ausführende von Vokal-
und Instrumentalmusik gab. Im klassischen indischen Theater konnten
die SchauspielerInnen ebenfalls männlich oder weiblich sein. Aber im
Tanz war der Fall anders: Obwohl es kein Verbot männlicher Tänzer
gab, zeigen die Tanztexte – von den frühesten Tagen bis ins 18. Jahrhundert hinein – nur Frauen als TänzerInnen. Der ästhetische Grund ist
nicht schwer zu finden. Der Diskurs zum Tanz erkannte von Anfang an,

dass es sich um eine Kunst des Körpers handelte, um ein dynamisches System, um die Schönheit der Bewegung einzufangen und Ideen und Erfahrungen zu repräsentieren. Weil es eine Kunst war, die dem menschlichen Körper eingeschrieben werden musste, konnte sie von Gender-Identitäten nicht unberührt bleiben. Sowohl in abstrakten wie auch in repräsentierenden Formen von Tanz wurden Bewegungen und Erfahrungen Gender-Werte wie weibliche Anmut und männliche Energie zugeschrieben. Diese Zuschreibungen gehen weit zurück bis auf Bharata, dessen Werk über die darstellenden Künste aus dem 2. Jahrhundert unserer Zeitrechnung, das *Natyasastra*, bis in moderne Zeiten hinein die Grundlage für alle weiteren Ansichten über Theater, Musik und Tanz in Indien bildet.[4] Aber beachten wir, dass er, obwohl er gewisse Bewegungen mit männlicher Energie und andere mit weiblicher Anmut assoziierte, sie nicht mit dem Gender der DarstellerIn korrelierte. Das heißt, er verlangte nicht, dass energische Bewegungen nur von Männern und nie von Frauen ausgeführt würden. Im *Natyasastra* teilte er die Kunst in zwei Stile ein, von denen der eine als *uddhata*, das heißt als ein energischer und lebhafter Stil, angesehen wurde, der andere als ein anmutiger und zierlicher Stil, der *sukumaraprayoga*, das heißt Sanftheit der Ausführung, erforderte. Bharata erklärt diese Teilung, indem er beschreibt, wie Parvati, die Gespielin Shivas, mit zierlicher Anmut (das heißt *sukumaraprayoga*) tanzte, welche die sanfteren Emotionen vermittelte. Aber indem er Parvati mit *sukumaraprayoga* assoziiert, sagt Bharata nicht, dass dieser Stil nur oder hauptsächlich für weibliche und der energische Stil für männliche TänzerInnen bestimmt sei. Im Laufe der Zeit wurde der energische Stil jedoch mit dem männlichen Temperament assoziiert und *tandava* genannt (ein Ausdruck, der ursprünglich mit *nrtta*, oder Tanz, synonym war), der sanftere Stil, *lasya*, mit dem weiblichen. Seit dem 5. Jahrhundert wurden *tandava* und *lasya* als männlicher bzw. weiblicher Stil identifiziert (*Visnudharmottara Purana*, 20.3). Der entscheidende Punkt hier ist der, dass diese Gender-Orientierung der Stile auf der Klassifizierung der Bewegungen und Emotionen gemäß Gender

---

4 Obwohl Bharatas Schrift das früheste erhaltene Werk über darstellende Künste ist, hatte er Vorgänger auf diesem Gebiet, deren Werke verloren sind. Der Grammatiker Panini aus dem 4. Jahrhundert bezieht sich auf noch frühere Tanzlehrbücher, von denen keines erhalten ist. Siehe Mandakranta Bose, *Classical Indian Dancing*, Calcutta 1970, S. 2; dies., *Movement and Mimesis*, Dordrecht 1991, S. 7. Es gibt nach Bharatas Zeit mindestens dreißig verfügbare Sanskrit-Texte, die Tanz detailliert beschreiben.

beruht: Die Annahme ist die, dass zierliche Bewegungen und Gefühle die
wesentlichen Korrelate der Weiblichkeit sind, während Energie im Bereich der Männlichkeit liegt. Diese Gender-Trennung wurde als selbstverständlich angenommen, als die klassischen Tänze Indiens im frühen
20. Jahrhundert wieder belebt wurden, und führte zu der modernen
Wahrnehmung von männlichen und weiblichen TänzerInnnen als ge-
trennten Kategorien, sodass energische Tänze gewöhnlich männlichen
und sanftere Tänze weiblichen TänzerInnen zugeteilt werden; Ausnahmen davon sind eher selten.

Aber das Zeugnis des *Natyasastra* zeigt, dass die Arten des Tanzes
zwar von den frühen Theoretikern und vermutlich von den TänzerInnen selbst als Gender-orientiert wahrgenommen wurden, aber eben als
Gender-orientiert im Stil, nicht gemäß dem Gender der DarstellerIn.
Das heißt, Tanz wurde als männlich oder weiblich angesehen, je nachdem ob der Körper sich energisch oder sanft bewegte. Daraus folgt, dass
das Gender des darstellenden Körpers selbst nicht von Gewicht war und
dass die DarstellerIn ein Mann oder eine Frau sein konnte, denn Gender
wurde dem Tanz, nicht der TänzerIn zugeschrieben. Daher ist es nicht
überraschend, dass weibliche TänzerInnen energische,»mannhafte«
Tänze aufführten. Die Überraschung liegt woanders: Erstens, es gibt
keine Zeugnisse von männlichen Tänzern in der frühen Geschichte des
Tanzes; zweitens, nicht nur die Kunst, sondern auch der Beruf des Tanzens war in seiner Arbeitsteilung gänzlich Gender-orientiert. Warum
gab es keine männlichen Tänzer? Wie bereits erwähnt, wird das Argument, dass die TänzerInnen Frauen waren, durch das Wort für eine TänzerIn selbst bewiesen, nämlich *nartaki,* wörtlich: weibliche Tänzerin.[5]
Bharata beschreibt gegen Ende des vierten Kapitels seines *Natyasastra*
(4.252–59, 287–91) eine Tanzsequenz, die zunächst von der weiblichen
Haupttänzerin aufgeführt wird, gefolgt von einer Gruppe anderer weiblicher Tänzerinnen, die auf der Bühne geometrische Formen bilden, um
den Geist der Götter zu beschwören. Um diesen Beleg abzurunden, will
ich noch bemerken, dass es im *Natyasastra* keine einzige Beschreibung
eines Tanzes gibt, der von Männern aufgeführt würde. Obwohl also
Bharata keine Regel aufstellt, derzufolge Männer als TänzerInnen unge-
eignet wären oder derzufolge diese Kunst Frauen vorbehalten sei, scheint
er doch als sozialen Fakt zu berichten, dass Tanz eine Kunst war, die ein-

---

5 *Natyasastra,* hg. von M. R. Kavi, Baroda 1956 (= Gaekwada's Oriental Series, Band 1),
   S. 274–278.

zig von Frauen ausgeübt wurde. Diese Spezialisierung gemäß Gender
mag zwar keine von der Theorie diktierte Position gewesen sein, aber sie
war offensichtlich ein Teil der öffentlichen Realität, was auch die vielen
musikologischen Autoren bezeugen, die nach Bharata über Tanz geschrieben haben. Weitere Unterstützung für diese These findet sich im
Bereich der Skulptur. Von den unzähligen in Stein gehauenen tanzenden
Figuren ist nicht eine einzige die eines Mannes. Die 108 *karanas* (Tanz-
stellungen), die Bharata beschreibt, werden auf den Wänden eines Tem-
pels in Chidambaram ausschließlich von weiblichen Figuren repräsentiert. Einer von Bharatas berühmtesten Nachfolgern, Sarngadeva, erzählt
uns im *Sangitaratnakara*:

> »Im Allgemeinen ist im *nrtta* die Person, die in der Lage ist, die Tanz-
> bewegungen auszuführen, eine weibliche Tänzerin.« (*Sangitaratnakara*,
> 7.1224

Nichts könnte emphatischer klarmachen, dass die TänzerInnen Frauen
waren, als dieser Vers. Andererseits waren die Tanzlehrer und Bühnen-
Präsentatoren *(sutradharas)* im Sanskrit-Drama immer Männer, wie
auch die Autoren der vielen Abhandlungen über Tanz. Diese Arbeitsteilung stellte die Pädagogik und Organisation des Tanzes in den männlichen Bereich, teilte die Kunst entlang Gender-Grenzen und spaltete
Tanz als ein kulturelles Unternehmen in zwei Verantwortungsbereiche,
die von Gender-Identitäten bestimmt waren.
  Wir müssen insbesondere das volle Gewicht der Autorität des Tanz-
lehrers verstehen. Er war nicht einfach ein Lehrer, sondern ein Guru, ein
Führer im tiefsten Sinn spiritueller Leitung; die Unterwerfung unter
seine Autorität musste total sein. Diese Beziehung ist ein Standard von
solcher Dauerhaftigkeit, dass ihre Kraft heute in Musik und Tanz nahezu unverändert ist. Wäre es also zu viel behauptet, dass die weibliche
Tänzerin nicht die Geliebte ihrer Kunst war, sondern ein Produkt ihres
Meisters? Der Führer der TänzerIn, ob in der Person des Autors von
Abhandlungen über den Tanz oder ihres direkten Ausbilders, bestimmte
bis ins letzte Detail, welche Bewegungen sie in welcher Reihenfolge auf-
führen musste. Ich will nicht sagen, dass die TänzerIn eine bloße Mario-
nette war, denn die Ausführung der Anleitung, die ihr gegeben wurde,
hing von ihrer Geschicklichkeit und künstlerischen Intuition ab. Interessanterweise lassen seit dem frühen 17. Jahrhundert einige Texte zum Tanz
Raum für individuelle Interpretation, wenn sie eine Methode namens
anibhanda, das heißt »nicht regelgebunden«, erwähnen, im Gegensatz

zum *bhanda,* das heißt zum »regelgebundenen« Modus. Aber Beschreibungen der *anibhanda*-Tänze lassen wenig Raum für kreative Innovation und erlauben nur minimale Änderungen innerhalb der gegebenen
Struktur. Sollten wir angesichts der allumfassenden Autorität des Meisters nicht folgern, dass die Darstellung des Weiblichen, der Anmut und
der Emotionen von Frauen ein Produkt der männlichen Fantasie war?
Diese Annahme wird durch den Konsens gestärkt, der sich im Laufe
des ersten Jahrtausends entwickelte, dass Tanz eigentlich eine Frauenkunst sei. Der Sanskrit-Text *Sangitaratnakara* aus dem 13. Jahrhundert,
eine der einflussreichsten Abhandlungen über Musik und Tanz, stellt
eine detaillierte Liste der körperlichen Attribute auf, die für den Tanz als
wesentlich erachtet werden, und bekräftigt zum Abschluss, dass kein
Talent und keine Kunstfertigkeit Tanz zu den höchsten Stufen des Ge-
nusses führen können ohne die Unterstützung eines schönen Körpers.
Die Beschreibung, die zu dieser Schlussfolgerung führt, ist unzweideu-
tig die eines weiblichen Körpers und identifiziert insbesondere unbe-
zahlbare weibliche Schätze wie rote Lippen und volle Brüste.

Die Zentralität von Frauen als DarstellerInnen hielt lange bis nach
dem Zusammenbruch des Gupta-Reiches im 6. Jahrhundert an. Die folgenden Jahrhunderte politischer Instabilität erzeugten ein Klima sozialer
und physischer Unsicherheit, das Frauen noch weiter in die Anonymität
drängte. Weil der öffentliche Raum gefährlich war, die Königshäuser in
Auflösung begriffen und das Tempel-Establishment auf der Flucht vor
Angriffen der Invasoren, brach das Patronat für die darstellenden Künste
schnell weg. Nicht dass sie ausstarben, aber ihre soziale Basis wurde unsicher, und außer den Kurtisanen wurden alle Frauen, die diese Künste
ausübten, aus dem öffentlichen Raum abgezogen und in die relative
Sicherheit zu Hause oder im Tempel gebracht. Dieser Rückzug führte zu
der wachsenden Abhängigkeit der Frauen in den Künsten von den Tem-
pelautoritäten und schließlich zum Aufkommen der *devadasis,* der Dienerinnen einer Tempelgottheit. Von diesen Frauen werde ich später berichten, aber wir können hier schon bemerken, dass die Institution der
devadasi und die Ausbeutung dieser Mädchen eine viel spätere Entwicklung ist, welche die Welt des Tanzes in Indien heimsuchte, denn in
den frühen Texten der Sanskrit-Tradition gibt es keine Erwähnung von
Tempeltänzerinnen.

Als die weiblichen Tänzerinnen durch den sozialen Aufruhr in eine
anonyme Zurückgezogenheit getrieben wurden, begann der Niedergang
des Tanzes, obwohl männliche Tänzer den Ort der Frauen allmählich

einnahmen. Im späten Mittelalter begegnen uns erstmals männliche Tänzer in zeitgenössischen Darstellungen von Tanz. Sowohl im Tanz wie im Theater begannen Männer weibliche Rollen zu spielen. Nur Musik blieb Männern wie Frauen offen, vielleicht deshalb, weil sie ohne das komplizierte System des Lebensunterhalts und Wirtschaftens auskam, das für Bühnenaufführungen gebraucht wurde. Tanz wurde in Indien also ursprünglich als Frauenkunst konzipiert, die von Männern gemanagt wurde. Die weitere Geschichte dieser Kunst bestätigte und bestärkte diese Beziehung. Die politischen Umwälzungen, die den klassischen Tanz in Indien in die Zurückgezogenheit und Anonymität drängten, stellten weibliche Darstellerinnen noch weitergehend unter männliche Kontrolle. In der Formulierung ihrer Kunst von ihrem männlichen Leiter geprägt, war die Tänzerin in der Ausübung ihrer Kunst ebenso der männlichen Autorität unterworfen, weil ihr Erscheinen auf der Bühne von dem männlichen Präsentator der Aufführung gemanagt und von den männlichen Patronen in der Person von Priestern oder Prinzen autorisiert wurde. Die Balance zwischen künstlerischer Autonomie und sozialer Handlungsmacht schlug so entschieden von den weiblichen Darstellerinnen selber zu ihren männlichen Mentoren, Managern und Patronen um. Diese Beziehung blieb über Jahrhunderte fest und besteht bis zu einem gewissen Grad heute noch fort, da Tanz immer schon eine hochstrukturierte Kunstform mit stilisierten Bewegungen, einem festen Repertoire und traditionellen Legenden war. Das komplexe und elaborierte Vokabular des Tanzes kreiert Schönheit, drückt Gefühle aus und erzählt Geschichten,[6] aber dies geschieht in festen Mustern der Bewegung und Erzählung, die sich meist auf religiöse Themen aus Mythen und Legenden beziehen, die von sozialen Themen weit entfernt sind. Das führte dazu, dass innerhalb der formelhaften Vorgänge der Tanzstile, die als klassische Stile kanonisiert wurden, der freie Ausdruck persönlicher Erfahrung niemals ein wichtiges Thema wurde. Erst in den letzten Jahren sieht man Versuche, persönlichen Ausdruck im Tanz authentisch zu machen, und es ist kein Zufall, dass diese Versuche von Frauen unternommen wurden, die Tanz als feministische Lektüre der Welt benutzen. Ich werde darauf später zurückkommen.

6   Die frühesten Darstellungen beschreiben 64 Handgesten und 36 Augenbewegungen, die inzwischen in den verschiedenen klassischen Tanzstilen auf über 500 Handgesten und auf über 100 Augenbewegungen angewachsen sind. Die Bewegungen für andere Körperteile haben sich ebenfalls um ein Vielfaches vermehrt.

Das strikte und unveränderliche Regime, das vom klassischen indischen Tanz verlangt wurde, hielt die Beziehung der Kontrolle und Abhängigkeit zwischen DarstellerIn und Lehrer aufrecht. Die Teilung der Verantwortlichkeit zwischen weiblichen Tänzerinnen und männlichen Ausbildern, Lehrern und Theoretikern[7] schuf eine Beziehung, die bis ins 19. Jahrhundert unverändert blieb, wie Darstellungen bezeugen, die man selbst in relativ modernen Texten findet.[8] In dieser Beziehung besteht das Paradox, dass der klassische indische Tanz als eine androzentrische Domäne begann, die von Frauen bevölkert ist, und dabei ist es zumeist auch geblieben. Aber die Beziehung ist inhärent auch eine des Machtungleichgewichts, da die TänzerIn wenig Raum für Selbstbestimmung hat, was dazu geführt hat, dass ihre soziale Stellung bis vor kurzem infrage gestellt wurde. Früher hatten TänzerInnen einen hohen Status, denn sie nahmen an Götterverehrung und Kunst teil. Tanz wurde von Mädchen edler Herkunft praktiziert: Sanskrit-Dramen des 4. und 5. Jahrhunderts erwähnen weibliche Tänzerinnen von königlicher Abstammung.[9] Bis in die Mitte des 20. Jahrhunderts gab es mindestens eine kulturelle Region, nämlich das relativ abgelegene Manipur in Ostindien, wo die Hauptrollen in Tänzen den Prinzessinnen des alten Königshauses von Manipur vorbehalten blieben.

Aber im frühen Indien leitete sich der hohe Status der weiblichen Tänzerin nicht von ihrer sozialen Herkunft her. Es war ihre Kunstfertigkeit, die ihr Bewunderung eintrug, wie wir aus Bemerkungen über Kurtisanen erfahren, die als Künstlerinnen bewundert wurden, weil sie im Tanz besonders gut waren. Diese Tradition der Anerkennung und des Lobes setzte sich jedoch nicht sehr lang fort. Die abhängige Rolle der Frauen im Tanz führte schließlich zu ihrer Unterordnung auch im Leben, insbesondere mit der zunehmenden Praxis, junge Mädchen als *devadasis* dem Tempeldienst zu weihen. Saskia Kersenboom und Frederique Marglin haben gezeigt, dass das Aufkommen der *devadasis* ein spätes Phänomen ist und auch nicht in allen Regionen Indiens üblich war, da weder der Begriff noch die Rolle in der frühen Literatur auf-

---

7 Keine einzige Anleitung ist von einer Frau geschrieben.
8 Siehe das *Rasakaumudi* von Srikantha, Kapitel 8, aus dem 15. Jahrhundert, und das *Nartananirnaya* von Pundarika Vitthala, Kapitel 4, aus dem 16. Jahrhundert. Andere spätere Texte folgen demselben Muster.
9 In seinem Stück *Malavikagnimitram* beschreibt Kalidasa die Tanzaufführung der Prinzessin Malavika, die von ihrem Meister Ganadasa, einem männlichen Lehrer, trainiert wurde.

taucht.[10] Ich muss betonen, dass diese Sitte ganz bestimmt kein Teil der frühen indischen Gesellschaft war, sondern ein Produkt unruhiger Zeiten und des Autoritarismus, der Staat und Gesellschaft im mittelalterlichen Indien im Griff hatte. Ursprünglich war sie vermutlich ein Akt der Frömmigkeit vonseiten junger Frauen aus guter Familie, die rituell dem Gott vermählt wurden, dem sie dienten. Der Ausdruck *devadasi* bedeutet wörtlich eine Dienerin Gottes. Um ihrem göttlichen Gatten und Meister zu gefallen, wurden diese Mädchen in den 64 Künsten ausgebildet, die traditionellerweise für Frauen empfohlen werden, inklusive Malerei, Musik und Tanz. Später entstand eine parallele Klasse junger Frauen, die *rajadasis*, Dienerinnen des Königs, genannt wurden und die ausschließlich zur Unterhaltung des Königs tanzten. Eine dritte Klasse von Tänzerinnen, *alamkaradasis*, einfache Unterhalterinnen, sorgten bei Zeremonien im Haushalt wie bei Geburten, Verlobungen und Hochzeiten für Unterhaltung.

Da der Ausdruck *dasi* eine Dienerin bedeutet, lässt dies wenig Zweifel über die wirkliche Einstellung der Gesellschaft gegenüber diesen Frauen. Die Tempel wurden von Priestern unter königlichem Patronat betrieben. Die *devadasis* und *rajadasis* wurden in sehr jungem Alter in die Obhut der Tempel und Höfe gegeben und lebten gänzlich unter der Willkür der Tempelpriester und königlichen Patrone – eine für Missbrauch offene Situation, und in der heruntergekommensten Form dieser Sitte wurden viele dieser Frauen sexuell ausgenutzt. In ihrer noch größeren Abhängigkeit von mehreren Patronen wurden die *alamkaradasis* öffentlicher Besitz. Im 9. Jahrhundert fiel der Status von Tänzerinnen allgemein scharf ab; sie wurden als Prostituierte betrachtet,[11] und ihre Kunst wurde mit ihnen stigmatisiert. Töchter aus ehrbaren Familien widmeten sich nun nicht mehr dem Tanz. Die Familien von Tempeltänzerinnen hielten die Kunst des Tanzes als Teil des Tempelrituals am Leben, aber obwohl sie diesen notwendigen Teil des Verehrungsvorgangs aufführten, verloren sie und ihre Kunst ihre Ehrbarkeit. Man könnte sagen, dass Tanz und TänzerInnen einem Zirkelargument zum Opfer fielen: TänzerInnen waren unehrenhafte Personen, weil sie eine unehrenhafte Kunst praktizierten; Tanz war unehrenhaft, weil er die Kunst

---

10 Frederique Marglin, *Wives of the God-King: The Rituals of the Devadasis of Puri*, New York 1985; Saskia Kersenboom, *Nityasumangali*, Delhi 1987.
11 Siehe das *Rajatarangini* von Kalhana (eine Geschichte Kashmirs im 10. Jahrhundert), hg. und übers. von M. A. Stein, Delhi 1960, S. 61; siehe auch Ajaya Mitra Shastri, *India as Seen in the Kuttanimata of Damodaragupta*, Delhi 1975, S. 28–30.

unehrenhafter Frauen war. Dieses Stigma heftete sich auch an männliche Tänzer, aber nur in dem milderen Grade eines Verdachts von Weibischkeit. Hier sehen wir wieder die Identifikation von Tanz als einer Frauenkunst. Es stimmt, dass die Entwertung von TänzerInnen und ihrer Kunst direkt auf die aufgewühlten Umstände und politischen Turbulenzen zurückgeführt werden kann, als Indien seit dem 6. Jahrhundert in mehreren Wellen Eindringlingen in die Hände fiel, aber ich komme nicht umhin, mich zu fragen, ob die Entwertung des Tanzes nicht eine inhärente Funktion seiner Feminisierung war. Das Argument scheint klar: Tanz war eine Frauenkunst, und Frauen hatten einen geringeren Wert als Männer. Wie könnte er dann nicht selbst von geringerem Wert sein? Ein Hinweis auf die Gründe für diese Untertöne verächtlicher Geringschätzung liegt in der Legende vom Ursprung des Tanzes. Der Weise Bharata erklärt, warum der Tanz in die Welt gebracht wurde, indem er erzählt, wie Shiva der Menschheit diese Kunst beigebracht hat:

> »Die Veden sollen nicht von Frauen oder Sudra-Kasten benutzt werden. Erschaffe daher eine andere Veda, die für alle Varnas gedacht ist. So sei es ...« (*Natyasastra*, 4.12–13)

Aus diesem Grund glaube ich, dass Tanz von Anfang an durch seine Gender-orientierte Identität kompromittiert war – eine konzeptionelle Schwäche, die den Niedergang des Tanzes in schwierigen Zeiten unvermeidbar machte.

Als um das 15. Jahrhundert unter den Mughals ein gewisser Grad an Stabilität erreicht worden war, war Tanz als Beruf bereits degeneriert und hatte seinen Status als eine Form der Verehrung und als eine Kunst subtiler Repräsentation verloren. Das Patronat der Mughals machte es zwar möglich, das Tanzen als Beruf auszuüben, aber die Pflicht der TänzerInnnen, ausschließlich dem menschlichen Patron zu gefallen in einer Aufführung, die einem ausgewählten Kreis von Reichen und Mächtigen vorbehalten war, zwang sie in totale Abhängigkeit und machte sie zu Kurtisanen. Die Tempeltänzerinnen waren ihrerseits immer noch Teil des religiösen Establishments, aber nur als Randfiguren, und obwohl sie die Tradition des Tanzes am Leben hielten, wurden sie und ihre Kunst doch bestenfalls vernachlässigt, schlimmstenfalls verachtet. In politischen Turbulenzen und sozialer Unsicherheit gefangen, verloren die weiblichen Darstellerinnen ihre Selbstachtung.[12] Ob am Hof oder in

---

12   Dies wird in »Given to Dance« eingestanden, einer Videopräsentation von Interviews mit Tempeltänzerinnen in Orissa von Madhavi Mudgal, der bekannten Odissi-Tänzerin.

Tempeln, Tanz wurde mit sexueller Zügellosigkeit assoziiert, genau deshalb, weil Tänzerinnen Frauen waren, die gänzlich unter männlicher Kontrolle standen und daher ausbeutbar waren.

Als Beruf und Kunst fiel Tanz auf seinen Tiefpunkt während der Herrschaft der Briten, die ihn als die heruntergekommene Kunst von Prostituierten ansahen und »nautch« nannten (eine Verballhornung des Hindi-Wortes für Tanz). Zahllose Memoiren der Engländer im Indien des 19. Jahrhunderts stimmen überein, dass die »nautch girls« ein bedauernswerter Haufen seien. Die Marquise von Hastings meinte, dass »nichts ermüdender und monotoner« sein könne als ihr Tanz.[13] Selbst freundliche Beobachter wie Bischof Heber von Kalkutta und seine Frau fanden ihre Bewegungen »bemüht« und »monoton«, während Mrs. Fenton, eine weniger wohl wollende Besucherin, erklärte, dass die Tänzerin, die sie gesehen hatte, »ein schreckliches Exemplar hindustanischer Schönheit war, [...] eine erbärmliche Kreatur«, deren »erschreckende Verrenkungen mit ihren Armen und Händen, Kopf und Augen«, ihre »Poesie der Bewegung« so grotesk war, dass die Zuschauerin »noch nicht einmal darüber lachen konnte«.[14] Einige Engländer patronisierten die »nautch« zwar, aber nicht aus künstlerischem Engagement, sondern als Teil ihrer Ansprüche auf den Status des Nabobs im eroberten Land.

In Unkenntnis des Reichtums und der Schönheit des indischen Tanzes oder seiner ursprünglichen Absicht versuchten die Briten zu unterdrücken, was sie für einen vulgären und heruntergekommenen Zeitvertreib hielten.[15] Die älteren Tanzstile Indiens waren Erkundungen der ästhetischen und dramatischen Möglichkeiten des menschlichen Körpers in Bewegung; diese traditionellen Stile wurden in Tempeln und abgelegenen Dörfern vor fremden Blicken verborgen. Die Tänze, die öffentlich aufgeführt wurden, schlugen Kapital aus dem sexuellen Potenzial des Körpers. Die Praxis des Tanzens war so unvermeidbar Gender-orientiert, dass eine TänzerIn nur als Frau wahrgenommen werden konnte; das ging so weit, das männliche Tänzer, wenn es sie gab, feminisierte Rollen annehmen mussten, es sei denn es handelte sich um Tanzdramen, welche die Legenden von Helden feierten, oder um Schlacht- und Jagd-

13 Aus einem Exzerpt in Ketaki Kushari Dyson, *A Various Universe*, Delhi 1978, S. 338.
14 Ebd., S. 339, 340 f.
15 Siehe »In Praise of Bharata Natyam«, Einleitung zu *Classical and Folk Dances of India*, Bombay 1953, S. 2–4; Kay Ambrose, *Classical Dances and Costumes of India*, 2. Ausgabe, überarbeitet von Ram Gopal, Neu-Delhi 1983, S. 35; Ram Gopal / Seroz Dadchanji, *Indian Dancing*, London 1951, S. 18–21, 54, 104–112; Kapila Vatsyayan, *Classical Indian Dancing in Art and Literature*, Neu-Delhi 1968.

tänze, die aus Eingeborenen- oder Stammeskulturen in den Mainstream der Aufführungstraditionen importiert worden waren. In den Tempelschulen beispielsweise brachte man bis weit ins 20. Jahrhundert hinein den Knaben, die als Tänzer ausgebildet wurden, weibliche Bewegungen und Ausdrucksformen bei, und sie traten in Frauenkleidung auf. Weil Weiblichkeit ein Korrelat von Tanzen geworden war, signalisierte Tanz nun Erotik und Verlust von Männlichkeit, was beides als Bedrohung für die moralische Gesundheit der Gesellschaft angesehen wurde. Dies war die moralische Logik hinter den britischen Vorschriften gegen Tanz, die das Siegel der Staatsmacht auf die Stigmatisierung von Frauen als Tänzerinnen drückten. Diese Degradierung wurde erst Anfang des 20. Jahrhunderts umgekehrt. Hauptsächlich als Teil des nationalistischen Impulses, durch die Rekonstruktion vergangenen Ruhms Selbstwert zu behaupten, wurden die klassischen Tänze Indiens von einer Hand voll Dichtern und Künstlern, insbesondere von Rabindranath Tagore und Mahakavi Vallathol, wieder belebt. Tagore ermutigte Mädchen in seiner eigenen Familie und in den Familien von Freunden, Tanz zu erlernen, und in seiner Schule in Shantiniketan setzte er Tanz auf den Lehrplan. Vallathol folgte Tagore, indem er in Kerala eine Tanzschule gründete. Als Teil der ruhmvollen Vergangenheit, von der man hinter Indiens heruntergekommener Gegenwart einen Blick erhaschen konnte, aufgewertet, gewann der Tanz sein Prestige zurück, und die TänzerInnen bekamen ihre Selbstachtung wieder.

Diese Aufwertung des Tanzes war lebenswichtig für den Neuentwurf der Rolle von Frauen im Tanz. Im letzten Jahrhundert, insbesondere seit den 70er Jahren, haben Frauen als Darstellerinnen, Lehrerinnen und Tanz-Gelehrte eine zunehmend entscheidendere Präsenz in der Welt des Tanzes behauptet. Immer mehr Frauen übernehmen die Verantwortung für die Tanzausbildung wie auch für Aufführungen. Aber die bezeichnendste Entwicklung findet vielleicht auf einer tieferen Ebene statt. Ich habe vorher von der anscheinend ehernen Struktur des Tanzes gesprochen, sowohl in der Form wie in der Substanz. Nur geringe oder gar keine individuelle Wahl ist im Regime der Körperbewegungen zulässig, während der narrative Inhalt tendenziell ebenso unverändert geblieben ist, nämlich die alten Legenden der Götter und Heroen. Aber der neuere klassische Tanz in Indien beginnt aus der alten Gussform auszubrechen: Er benutzt die Technik seiner ererbten Tradition, um bisher nicht erkundete Erfahrungsbereiche auszudrücken, um die Tradition neu zu interpretieren und sich zur zeitgenössischen sozialen Realität in Bezug zu setzen. Die führende Rolle bei diesen Innovationen haben meistens, wenn nicht gar ausschließlich Frauen eingenommen; so sehr Tanz Frauen in untergeordneten Positionen festgesetzt hatte, so sehr wird er langsam zu einer Arena, in der Frauen ihre Welt herausfordern können. Das Tempo dieser Herausforderung ist bisher noch langsam, und ihre Macht wird nur wenig empfunden. Wenig Veränderungen sind im Aufführungsrepertoire von TänzerInnen sichtbar, und eine nachhaltige Ikonographie und Mythologie der modernen Sensibilität steht noch aus. Die meisten Legenden, auf denen Tanzdramen basieren, sind immer noch die von Krishna und Radha, Rama und Sita, Shiva und Parvati, Miras Hingabe zu Krishna und ähnliche Ikonen der Tradition. Die in Tanzaufführungen reflektierte säkulare Handlung oder Erfahrung ist bisher noch minimal. Obwohl in den vergangenen Jahren einige der hochrangigen TänzerInnen wie Mallika Sarabhai, Kumudini Lakhia, Avanti Medurai und Menaka Thakkar versucht haben, soziale Themen anzugehen oder Mythen neu zu interpretieren, werden die jungen TänzerInnen, welche die zahlreichen Tanzschulen in Indien und anderswo füllen, immer noch in der konventionellen Artikulation von mittelalterlichen Mythen und sozialisierten Identitäten ausgebildet. Aber selbst in dieser Verwurzelung können wir Frauen sehen, die beginnen, ihre Spiritualität als eine autonome Entscheidung wiederzugewinnen, nicht als eine von anderen codierte Handlung. Die normalerweise restriktive Religion wurde von diesen Frauen zu einem Raum der Selbstdefinition gemacht, in dem die Hingabe der Tänzerin an den Geist eine persönliche Wahl ist und nicht eine Selbstaufgabe vor der Tradition. Man kann immer noch kraftvolle Beispiele von Tanzopfern finden, die Mädchen und junge Frauen in südindischen Tempeln darbringen, wie zum Beispiel die jährlichen Aufführungen in Chidambaram. Keiner kann die Leidenschaft übersehen, welche die Aufführungen dieser jungen Frauen durchströmt, die eindeutig persönliche Allianzen mit dem Gott, an den sie sich jeweils wenden, schließen. Die Tänzerinnen sind oftmals nicht formell gekleidet, und ihr Publikum ist ihnen oft unwichtig. Die Aufführung ist eine Angelegenheit zwischen einer Tänzerin und ihrem Gott. Diese private Ausrichtung ist für Tänzerinnen heute üblich, und ich vermute, dass dies schon immer so war, dass es aber im öffentlichen Leben nicht so wertgeschätzt wurde wie heute, weil Frauen einfach nicht die Macht hatten, ihre Aufführungen als die eigenen zu behaupten.

Wie zuvor bemerkt, ist es das – beunruhigende – Paradox der Geschichte des klassischen indischen Tanzes, dass er traditionell eine Kunst-

form war, die von Frauen ausgeübt, aber von Männern kontrolliert
wurde. Aber diese scheinbar rückschrittliche Gender-Orientierung des
Tanzes hat zum Entstehen einer weiblichen Initiative geführt, die ihn als
fruchtbares Territorium für die Erfahrungen und Fantasien von Frauen
behauptet, ohne das ästhetische Erbe seiner Tradition aufzugeben. In
einer Umkehrung der Machtbeziehungen im Unternehmen Tanz als
Aufführung werden der Traditionalismus und die Gender-Beschränkun-
gen, die früher dazu beitrugen, Frauen zu unterdrücken, nun zu Instru-
menten der Selbsterkenntnis und vielleicht auch der Befreiung gemacht.
    Es geht hier um die wesentliche Frage nach den Wurzeln der Kreati-
vität in der Kunst. Wo ist der kreative Impuls zu verorten? In den Formeln der Konstruktion und Präsentation, die sich historisch innerhalb
der kulturellen Institutionen spezifischer Gesellschaften entwickelt haben? Oder entsteht er aus der subjektiven Reaktion der KünstlerIn auf
ihre Erfahrung, zweifellos moduliert durch ihren historischen und sozialen Kontext, aber letztlich frei in Wahrnehmung und Selbstausdruck?
Diese Fragen haben für den klassischen indischen Tanz eine besondere
Berechtigung, weil er sich, wie mein historischer Überblick oben gezeigt
haben wird, über die Jahrhunderte zu einer Kunstform entwickelt hat,
welche die Vollendung hoher Kultiviertheit besitzt, aber genau wegen
dieser Kultiviertheit unter einer absoluten Kodifizierung leidet, welche
die individuelle KünstlerIn im Würgegriff der Präzedenzfälle und Konventionen hält. Eine klassische Tanzaufführung ist ein Ereignis von ex-
quisiter Schönheit und dramatischer emotionaler Kraft, aber ihre Perfektion ist die eines fertigen Kunstwerks, das von der einzelnen TänzerIn
nur nachgeahmt, aber nicht in irgendeinem substanziellen Sinn entwickelt werden kann. Dies wirft wieder Fragen des Eigentums und seiner
Gender-orientierten Natur auf: Wenn die Kunst tatsächlich eine Institution ist, kann sie dann von der KünstlerIn als persönlicher Besitz beansprucht werden? Steht es der KünstlerIn frei, ihre autonome Subjektivität in einem Akt der Kreation zu projizieren?
    Die Antwort beginnt aus den Bemühungen von TänzerInnen in den
letzten Jahren zu entstehen. Wie ich oben sagte, unterziehen sie sich in
den klassischen indischen Stilen der denkbar rigorosesten Ausbildung in
der traditionellen Technik und den Kompositionskonzepten dieser
Kunst. Viele, ja die Mehrheit, führen ihr künstlerisches Leben innerhalb
dieser Strukturen, ohne ihre Grenzen zu erweitern. Aber einige Tänzer-
Innen haben versucht, den überlieferten ästhetischen Code mit ihren
subjektiven Reaktionen auf das Leben und auf die Kunst zu füllen; sie

beanspruchen so die Kunst gegenüber der institutionellen Eigentümerschaft für das Individuum. Wichtige Schritte in diese Richtung wurden von einer Pionierin in der Renaissance des klassischen Tanzes in Indien, von Mrinalini Sarabhai und ihrer nicht weniger herausragenden Tochter Mallika, unternommen. Ihre Arbeit greift über traditionelle Wiedergaben alter Legenden und philosophischer Ideen hinaus und stellt sie in moderne Kontexte, indem mit nicht-traditionellen Kompositionen experimentiert wird. Ein substanzieller Teil ihrer Arbeit ist darauf gerichtet, Tanz als direkte Intervention bei zeitgenössischen sozialen Fragen zu nutzen. Sie tun dies, indem sie neue Tanzstücke kreieren, die ein Bewusstsein für diese Fragen beim Publikum schaffen wollen, insbesondere bei Frauen vom Land. Die Tanzakademie Darpana, die von Mrinalini Sarabhai in Ahmedabad aufgebaut wurde, hat sich einen guten Ruf erworben, sowohl für die rigorose klassische Ausbildung, die dort geboten wird, wie auch für die experimentelle Arbeit, die dort ermutigt wird. Eine weitere hervorragende Tänzerin und Lehrerin ist Kumudini Lakhia, die etwas jünger als Mrinalini und eine sehr bekannte Kathak-Tänzerin ist. Sie ist ebenso für ihre innovative Nutzung des Tanzes zur Erkundung zeitgenössischer und säkularer sozialer Themen bekannt. Diese Interessen finden auch in der Arbeit von Menaka Thakkar aus Toronoto Widerhall. Notwendigerweise impliziert diese Entwicklung, dass sie wahrscheinlich den Code des klassischen indischen Tanzes, einer Institution, die im kulturellen Leben Indiens verortet ist, für den globalen Blick öffnet.

Als Tanzhistorikerin und als Frau finde ich diese Entwicklung zutiefst befriedigend. Zugleich kann ich ein gewisses Unbehagen nicht abschütteln. Während die Eigentümerschaft am Tanz tatsächlich von Frauen, welche die Hauptausübenden sind, beansprucht wird, unterwirft seine Verbreitung um die Welt den klassischen indischen Tanz den globalen Marktkräften. Ob in Indien, Europa oder Nordamerika, Tanzkonzerte sind heute große Unternehmen, die einen beträchtlichen Finanzaufwand erfordern. Ein Tanzkonzert ist nicht mehr das Dorf- oder Tempelereignis, das es in der Vergangenheit, auch in der jüngeren Vergangenheit, gewesen war und zu dem die Gemeinschaft allgemein Zugang hatte. Wenn früher der Tanz vom Geschmack des königlichen oder religiösen Patrons abhängig war, so ist er heute nicht weniger abhängig von den Patronen der Unterhaltungsindustrie.

Ich sage keineswegs, dass allein schon die Tatsache, Teil einer globalen Unterhaltungsindustrie zu sein, eine Kunst erniedrigt. Im Gegenteil, das »Schrumpfen« des Globus hat kreative Geister aus verschiedenen Kulturen zusammengebracht, die seit zu vielen Jahrhunderten getrennte Leben der Fantasie und Einbildungskraft geführt haben. Die Vereinigung verschiedener Traditionen kann aufregende Amalgame produzieren und zugleich jeden Strom künstlerischer Kreativität bereichern. Zunehmend sind Bemühungen im Gange, Tanz und Theater aus Indien und aus dem Westen zu verschmelzen, wegen des großen Bevölkerungsanteils von Menschen südasiatischer Herkunft meistens in England. Aber auch anderswo sind Experimente im Gang. Ein weithin angesehener Tänzer aus Mumbai, Deboo Astaad, der in klassischen indischen Stilen und im westlichen Ballett gleich gut ausgebildet ist, hat sein Publikum weltweit mit seinen Kompositionen beeindruckt, die beispielsweise die dramatischen Gesten und Gesichtsausdrücke des Kathakali mit den fließenden Torsobewegungen des Balletts vermischen. Die Dancers' Guild of Calcutta ist eine Gruppe von TänzerInnen des klassischen indischen Tanzes, die von dem verstorbenen Mutter-und-Tochter-Duo Manjusree Chaki und Ranjavati inspiriert wurden, ihre Kompositionen zu westlicher Musik zu tanzen. Ähnlich hat auch die kanadische Tänzerin Anne Marie (Anjali) Gaston mehrere ihrer Odissi- und Kathakali-Kompositionen als Interpretationen der Musik von Bach und Beethoven choreografiert.

Ich hatte vor kurzem beim TheaterSpektakel im August 2001 in Zürich die Gelegenheit, ein ausführlicheres und bemerkenswertes Beispiel der Begegnung von Ost und West zu sehen. Es handelte sich unter dem Titel »Total Masala Slammer – Heartbreak No. 5« um eine dramatische Aufführung in verschiedenen Medien, nach einem Entwurf und unter der Regie von Michel Laub. Teils auf Goethes *Werther*, teils auf einer typisch indischen Filmromanze der populären Art beruhend, die als Bollywood-Seifenoper bekannt ist (das heißt als eine Mischung aus Bombay und Hollywood) – beides ironisch behandelt –, untersuchte und hinterfragte das Stück literarische Paradigmen der Leidenschaft und unternahm dabei eine Gratwanderung zwischen romantischem Entzücken und skeptischem Lachen. Die Aufführung nutzte viele Bühnenbereiche und -ebenen ebenso wie Live-Aufführungen und Videoprojektionen. Für mein gegenwärtiges Thema relevant ist die Art, wie Laub klassische indische Musik- und Tanzstile benutzte, insbesondere Kathak, aber auch Kathakali, die von den MusikerInnen und TänzerInnen aus Indien mit überragender Kunstfertigkeit aufgeführt wurden. Diese Teile des Stücks boten fast den ganzen Subtext der Leidenschaft und standen als Fundament der erotischen Ästhetik gegen die karikierten und fragilen Beispiele von Liebe im *Werther* und in den Bollywood-Filmen. Über die Darstellung wurden als weitere Schichten häufig Leinwandprojektionen von Szenen aus Indien und von der Ausbildung indischer TänzerInnen gelegt, darunter auch eine Demonstration der Gestensprache durch ihre Lehrerin, die berühmte Kumudini Lakhia. Was die Verhandlungen zwischen dem Lokalen und dem Globalen betrifft, waren diese Projektionen eine schlaue und wirkungsvolle Erfindung, weil sie zwischen dem auf westliche Kunst eingestellten Publikum und der Ästhetik von indischem Sozialleben und Kunst vermittelten. Der Tanz und die Musik Indiens verliehen als lebendige Metapher leidenschaftlicher Subjektivität den etwas überstrapazierten und repetitiven Wechseln zwischen Goethe und Bollywood, die als die ironische Struktur des »Masala« gedacht zu sein schienen, eine gewisse Einheit. Obwohl Laubs Werk eine engere Komposition vermissen ließ, demonstrierte es doch deutlich, wie zwei getrennte Tanztraditionen, denen mit kompromissloser technischer Treue gefolgt wurde, aus lokalen Wahrnehmungen ausbrechen konnten, um eine globale Amplitude zu erreichen.

Aber ich muss meine Bewunderung für diese Experimente durch einige Befürchtungen einschränken. Ohne Zweifel dehnen die ChoreografInnen, TänzerInnen und RegisseurInnen solcher Aufführungen wie der Laubs die Grenzen einer traditionsgebundenen Kunstform aus, um nicht nur die soziale Welt, sondern auch das Ausdruckspotenzial der Kunst selbst neu zu erkunden. Aber ihre Anwendung als idiomatische Sprache scheint oft beliebig und spielt stärker den Bedürfnissen eines kulturellen Tourismus in die Hände als denen einer organischen Lektüre der Welt, in der Wahrnehmungen von Identität und Macht nahtlos in einer ästhetischen und politischen Vision zusammengefügt sind. Ich bin nicht davon überzeugt, dass der Wunsch, beim Publikum durch das Servieren einer Neuigkeit einen raschen Erfolg zu erzielen, in Unternehmungen wie der von Laub keine große Rolle spielt. Man könnte dieselbe Frage in Bezug auf neuere Exkursionen in – wie behauptet wird – feministische Werke im klassischen indischen Tanz stellen. Ist es möglich, dass TänzerInnen heute, selbst diejenigen, die von einer radikalen Befragung ihrer Kunst getrieben sind, gänzlich immun sind gegen den Druck dessen, was sich am besten verkauft? Unglücklicherweise ist Radikalismus, egal ob politischer oder ästhetischer, eine der härtesten Währungen auf dem globalen Markt. Riskieren die neuen KünsterInnen des klassischen indischen Tanzes, dass ihre Befragung der Welt zu Münzen auf diesem Markt gemacht wird?

Ich habe noch keine Antworten auf diese Fragen, was bedeutet, dass ich nicht weiß, wem genau der klassische indische Tanz heute gehört oder wie seine weltweite Verbreitung ihn beeinflussen wird. Aber ich kann zumindest bestätigen, dass die TanzkünstlerInnen der heutigen Generation Fragen aufwerfen, die dauerhaft verändern, wie wir klassischen indischen Tanz und diejenigen, die ihm ihr Leben widmen, sehen.

(Aus dem Englischen von Benjamin Marius Schmidt)

Drucilla Cornell

Feministische Zukünfte

Transnationalismus, das Erhabene
und die Gemeinschaft dessen, was sein sollte

1 Das richtige Erinnern

Trinh T. Minh-has »Großmuttergeschichte« beschwört die Kraft von
Frauengeschichten, Generationen miteinander zu verbinden und eine
Geschichte lebendig zu halten, die andernfalls aussterben würde und aus
der heraus die Autorin sich selbst gestaltet. Die mündliche Tradition von
Geschichten hält »das Vergessene lebendig und das, was in eine Sackgasse
geraten ist, was zu einem steinernen Teil unserer selbst geworden ist«.[1]
Wenn es Geschichten gibt, an die man sich erinnert und die weiter-
gegeben werden, kann es Zeugen geben. So brutal sie sein mag, eine Geschichte, die erzählt werden kann, kann man bestreiten, neu erschaffen
und bekämpfen. Aber was, wenn es keine Aufzeichnungen und keine
Geschichten gibt, weil sie unter der Erbschaft des Imperialismus begraben wurden? Was, wenn es, sucht man nach der Geschichte, nur die Geschichte gibt, welche die Kolonisierer über »sie« erzählen? Wie präsentiert eine Schriftstellerin eine solche Stille so, dass sie tatsächlich ein Echo
haben kann? Was heißt es dann, Zeuge zu sein? Dies sind nur einige der
Fragen, die Gayatri Spivak in dem außergewöhnlichen Kapitel über Geschichte in ihrem Buch *A Critique of Postcolonial Reason* anspricht.[2]
Spivak kehrt hier zu der Frage zurück, die sie vor einigen Jahren in dem
zu Recht wohl bekannten Essay »Can the Subaltern Speak« gestellt hat.[3]
Spivak vertieft unser Verständnis feministischer Zeugenschaft weiter-

1 Trinh T. Minh-ha, *Woman, Native, Other: Writing Postcoloniality and Feminism,*
Bloomington 1989, S. 123.
2 Gayatri Spivak, *A Critique of Postcolonial Reason: Toward a History of the Vanishing
Present,* Cambridge 1999, S. 198–312.
3 Siehe Gayatri Spivak, »Subaltern Studies: Deconstructing Historiography«, in: dies.
(Hg.), *In Other Worlds,* New York / London 1987, S. 197–221.

hin dadurch, dass sie der Figur der »eingeborenen Informantin« nachgeht. Die eingeborene Informantin ist keine Figur im traditionellen
Sinn, weil sie eine »Spur« ist und ihre Geschichte nur »als ein sublimi-
nales und diskontinuierliches Entstehen« existiert.[4] Spivak nutzt die
Psychoanalyse, um zu erklären, wie uns nicht verzeichnete Spuren bleiben können als das, was fehlt, wenn wir beginnen, Stille zu messen und
der Bedeutsamkeit in den Schnitten der Fäden, die in einem literarischen
Text oder einer historischen Erzählung zusammengebunden sein sollten,
Aufmerksamkeit zu schenken.[5]

Wie kann eine Schriftstellerin Frauengeschichten bemerken, wenn sie
ständig der Unsichtbarkeit und der Stille anheim fallen? Spivak stützt
sich in zweierlei Hinsicht auf Lacans Begriff der *Verwerfung*. Erstens,
um zu zeigen, wie das, was in einem literarischen Text oder einer historischen Erzählung fehlt, durch die Spuren seiner Austreibung eine Markierung hinterlässt. Ich werde zurückkommen auf Spivaks Versuch, zu
zeigen, dass die Austreibung ihr Objekt niemals gänzlich tilgen kann
und dass das, was bleibt, entweder als Löcher einer Erzählung bemerkt
werden kann oder als abrupte Sackgasse auf einem Pfad, dem sie gefolgt
ist, um die gesprochenen oder geschriebenen Stimmen der Untergebenen
wiederzugewinnen.

Aber sie nutzt *Verwerfung* auch in einem technischeren Sinn: Es ist
auch eine energetische Verteidigung des Ego, welches der inkompatiblen
Idee oder dem inkompatiblen Objekt den Affekt entzieht und dadurch
dem Ego erlaubt, Aspekten der äußeren Welt ihre Realität oder Bedeutsamkeit abzusprechen. Für Spivak dient diese Form der *Verwerfung* der
energetischen Verteidigung einer zivilisatorischen Mission, in der diejenigen, die sie ausführen, die Gewalt, die sie in ihrem Namen ausüben,
weder sehen noch empfinden können. Die Inkompatibilität der zivilisatorischen Mission mit vielen der Werte, welche die westlichen Gesellschaften als ihre Kennzeichen verkünden, ist das inkompatible Objekt,
welches verlangt, den Beziehungen mit den Eingeborenen die Affekte zu
entziehen, die Menschen einander in einer »zivilisierten Gesellschaft«
zeigen sollten. Unter diesen Werten würde ich die Würde des Subjekts
und das Recht einer jeden Person auf Achtung ihrer Freiheit zentral setzen. Die Verleugnung kann mindestens zwei Formen annehmen: Zum

---

4 Spivak (wie Anm. 2), S. XI.
5 Spivak selbst beschreibt Psychoanalyse als »eine Technik, um die Prä-Emergenz (so
Raymond Williams Ausdruck) der Erzählung als ethischen Fall« zu beschreiben; ebd., S. 4.

einen verneint sie vollständig, dass es ein inkompatibles Objekt gibt, indem beispielsweise der Kolonisierer implizit oder explizit die Kolonisierten von der Menschheit ausschließt, sodass ethische Standards für die Interaktion mit anderen Menschen nicht mehr gelten; zum anderen verleugnet sie gänzlich, was geschieht, dass nämlich eine Gruppe von Eingeborenen direkte koloniale Gewalt und Politik erdulden musste, die sie fortgesetzten kulturellen Übergriffen aussetzte.[6]

Das Herz meines Arguments ist die Idee, dass wir, wenn wir die Erhabenheit der *Verwerfung* der ethischen Beziehung bezeugen wollen, zu der Spivak uns aufruft, dies nur durch eine Solidarität tun können, die an eine ästhetische Gemeinschaft appelliert. In der Nachfolge von Kant werde ich argumentieren, dass dies nicht eine gegenwärtig existierende, sondern eine Gemeinschaft dessen, *was sein sollte*, ist, die bei der Konfrontation mit einem schönen oder erhabenen Objekt entsteht. Diese fragile Gemeinschaft kann verschwinden. Wie ein Traum kann sie durch nichts anderes zusammengehalten werden als durch den endlosen Versuch, die moralische Einbildungskraft zu erweitern. Kann man mit dieser Fragilität als der einzigen Basis für Solidarität leben? Ich meine, die Antwort ist ja und nein. Ja, weil Solidarität uns manchmal an Repräsentationen von Ungerechtigkeit verweist, die wir vielleicht nicht verstehen oder nicht in den Rahmen dessen, was wir unter Gerechtigkeit verstehen, übersetzen können, und doch sind wir von anderen Frauen dazu aufgefordert, ihren Kampf zu unterstützen, so wie sie ihn sehen. Nein, weil wir uns, indem wir auf unserem Bedürfnis bestehen – und mit »uns« meine ich weiße, heterosexuelle Frauen der Mittelklasse mit angelsächsischem Hintergrund –, die Würde anderer Frauen zu respektieren, einen ethischen Standard setzen können, der uns in unserem politischen Kampf leitet.

Würde, so wie ich sie interpretiere, stammt aus meinem westlichen Erbe. Ich habe versucht, den Begriff »Würde« aus dem Kantschen Dualismus zu retten und allgemeiner aus seinem vorgeblich individualistischen und rationalistischen Vorurteil. Mein Punkt ist der, dass ein westliches Verständnis von Würde eine entscheidende Rolle im westlichen Feminismus spielen kann, wenn er sich an einem transnationalen politischen Kampf beteiligt. Wenn die Solidarität angesichts der Hybris, die

---

6 Spivak schreibt: »Ich denke mir die ›eingeborene Informantin‹ als Name für die Markierung des Ausschlusses aus dem Namen der Mana-Markierung, der die Unmöglichkeit der ethischen Beziehung durchstreicht«; ebd., S. 6.

ohne Zweifel ein Teil unseres Erbes als weiße westliche Frauen ist, schwankt, kann Würde als ethische Erinnerung dienen an das, was wir nicht tun können, um das Leiden zu beenden, das Frauen in allen patriarchalen Gesellschaften zugefügt wird. Indem wir die Würde anderer Männer und Frauen respektieren, treten wir mit ihnen in eine ethische Beziehung, die zumindest verlangt, dass wir in jeglichem Kampf gegen Ungerechtigkeit anerkennen, dass wir in diesem Kampf gleichgestellt sind. Hoffentlich wird uns die ethische Anforderung, die uns die Würde anderer Frauen und natürlich Männer, die sich ebenfalls in einem Kampf gegen Ungerechtigkeit befinden, auferlegt, in Richtung einer Bescheidenheit angesichts dessen führen, was wir nicht wissen. Das wäre der erste Schritt in Richtung einer auch nur annähernd transnationalen Kommunikationsfähigkeit. Dieses Gefühl von Respekt könnte den Affekt hervorbringen, der in der *Verwerfung*, die Spivak so eloquent beschreibt, verleugnet worden war. Mit der Rückkehr des Affektes werden wir auch offener, Handlungen und Personen als erhaben oder schön zu sehen, die wir zuvor ignoriert oder an einen Ort gestellt hatten, an dem wir das Pathos ihres Kampfes nicht würdigen konnten, weil wir ihnen Respekt verweigert hatten. Auf diese Weise kann die Anerkennung der Würde anderer Frauen uns eine ethische Anforderung auferlegen, unsere sehr realen Unterschiede zu bezeugen, die sich dagegen sträuben, auf Erkenntnisobjekte reduziert zu werden, die man als soziologische, ökonomische oder anthropologische Fakten festhalten könnte.

2   *Das praktisch Erhabene*

Meine Verwendung des Wortes »erhaben« folgt Schillers Interpretation von Kant. Als Dramatiker war Schiller daran interessiert, wie die Erhabenheit der menschlichen Erfahrung präsentiert werden könnte. Kant dagegen benutzt fast immer natürliche Objekte, um das Erhabene zu evozieren. Aber es ist nicht die Furcht, die in uns wegen eines Gewitters oder eines Tornados entsteht, die ein Objekt erhaben macht. In der Tat, in dem Ausmaß, in dem wir uns als fühlende Wesen vor den Mächten der Natur ducken, geben wir unserer fühlenden Seite nach, als die zerbrechlichen und physischen Kreaturen, die wir sind. Eine Person in einem solchen Zustand wäre nicht in der Lage, ein ästhetisches Urteil zu fällen, und würde nur auf das Gefühl des Schreckens reagieren, wenn sie mit dem konfrontiert ist, was das Objekt in uns aufruft.

Schiller macht eine wichtige Unterscheidung, die Kant nicht trifft. Für Schiller repräsentiert das Erhabene immer die Präsentation von drei Bildern: erstens eine objektive physische Macht, zweitens unsere Zerbrechlichkeit als natürliche Kreaturen vor dieser Macht und drittens unsere moralische Stärke, die uns dazu bringt, diese trotz unserer Furcht zu konfrontieren. Diese Bilder können in verschiedenen Abfolgen präsentiert werden, in der Erhabenheit aber müssen alle repräsentiert sein.

Es gibt eine Unterscheidung zwischen zwei Arten von Repräsentationen des Erhabenen: Erstens gibt es das *kontemplativ Erhabene,* welches die Repräsentation von Macht und Gewalt allein involviert. Dabei sind wir uns selbst überlassen, uns das Leiden vorzustellen, das eine Person erdulden würde, die damit konfrontiert ist, und wie diese Konfrontation deren moralische Freiheit verlangen würde. Im *praktisch Erhabenen* andererseits wird die Gewalt, das Leiden und der tatsächliche moralische Kampf repräsentiert. Im zweiten Fall besteht die Aufgabe für unsere Einbildungskraft darin, ein Bild unserer selbst zu evozieren als leidende physische Wesen, die dazu aufgefordert sein könnten, unsere moralische Freiheit genau so auszuüben, wie sie uns repräsentiert wird. Leiden wird dann das *pathetisch Erhabene,* wenn das Bild unsere eigenen Emotionen aufruft. Mit »pathetisch« will Schiller die Verbindung einer Person, die pathetisch ist, mit dem Gefühl, das in uns durch die Konfrontation mit solch einem Bild aufgerufen wird, anzeigen. Dieses Gefühl wäre Mitleid. Mitleid wäre angemessen für eine Repräsentation einer Person, die von ihrem Leiden gänzlich überwältigt wird, wenn sie einer überwältigenden Gewalt oder Macht ausgesetzt ist. Mit »pathetisch erhaben« meint Schiller dramatisches Pathos, das moralischen Mut oder zumindest moralischen Kampf in der Gegenwart von etwas, das als Ehrfurcht gebietend repräsentiert wird, impliziert. Dramatisches Pathos lässt uns mit der Person, die auf der Bühne oder auf andere Weise repräsentiert wird, mitleiden, wie wir bei Spivak sehen werden, und zwar durch eine Reihe von Empathiegefühlen (zum Beispiel Furcht, Angst). Dies geschieht teilweise wegen eines Gefühls der Ehrfurcht oder der Achtung, die die Würde der Person und ihr Leiden auch in uns aufrufen. Im pathetisch Erhabenen müssen wir uns vorstellen, wie wir selbst das Leiden der Person erleiden, und diejenigen Gefühle fühlen, die wir auf die Repräsentation projizieren und die uns darüber hinaus und zugleich erlauben, die Seelenstärke der repräsentierten Person zu empfinden, die trotz allem ihre Freiheit behauptet. Für Schiller ist im ästhetisch Erhabenen nicht Moralität per se wichtig. In der Tat hält er es für gefährlich, darin nach moralischer

Legitimität zu suchen. Es geht ihm vielmehr um den vorgestellten moralischen Kampf und die moralische Widerstandskraft,[7] da diese uns erlauben, unsere Freiheit zu repräsentieren. Dennoch müssen wir uns den Kampf vorstellen, in dem die Person sich weigert, ihre Würde aufzugeben.

3   *Spivaks Geschichte und das praktisch Erhabene*

Spivak verwendet diese Begriffe nicht. Meine Interpretation von Spivak führt mich zu Kant und Schiller zurück, weil ich glaube, dass ihr kritisches Engagement in der feministischen Geschichte untrennbar ist von der dramatischen Präsentation der Reise, die sie unternahm, um über die Subjektivität der Rani von Sirmur herauszufinden, was sie konnte, und ebenso untrennbar von der dramatischen Präsentation ihrer Bemühungen, über den politischen Selbstmord der Bhubaneswari Bhaduri Zeugnis abzulegen. Meine Interpretation von Spivak ist die, dass ihr »Mimen« (so ihr Ausdruck) dieser Reise am besten so verstanden werden kann, dass sie das, was diesen beiden Frauen vom Erbe des Imperialismus und von der nationalistischen Reaktion auf die Geschichte der Kolonisierung angetan wurde, als erhaben dramatisiert. Um dies zu tun, muss sie diese Präsentation durch einen Appell an die imaginative Möglichkeit ethischen Widerstands rahmen, welcher das Reflexionsurteil hervorruft, dass das, was uns repräsentiert wird, erhaben ist. Diese Denkmöglichkeit kann dabei helfen, näher auszuformulieren, welche Art feministischer Gemeinschaft gegenüber Spivaks Rani und Spivak selbst Zeuge sein kann, während sie ihren Kampf darum inszeniert, einer Frau Würde zu verleihen, die als der Achtung unwürdig in die koloniale Geschichte eingegangen ist, in der sie kurz erscheint. Meine Unterstützung für diese Lektüre von Spivak stammt teilweise aus der Eingangsfrage, die sie stellt, als sie ihr archivarisches Projekt rahmt.

> »Wenn ich mich frage: ›Wie ist es möglich, im Feuer sterben zu wollen, um den Gatten rituell zu betrauern?‹, dann stelle ich die Frage der (geschlechtlich codierten) untergebenen Frau als Subjekt und versuche nicht, wie mein Freund Jonathan Culler etwas tendenziös suggeriert, ›Differenz durch Differieren zu erzeugen‹ oder ›an eine sexuelle Identität zu appel-

---

7   Schiller ist sehr klar darin, dass das Ästhetische niemals vom Moralischen gefangen genommen werden sollte.

lieren, die als essenziell definiert ist und Erfahrungen privilegiert, die mit dieser Identität assoziiert sind‹.«[8]

Aber indem sie die Fragen so stellt, bringt Spivak wieder Pathos in die Geschichte zurück, die sie zu erkunden beabsichtigt, und auch in die Brüche und Unterbrechungen, die verhindern, dass es eine kohärente Geschichte ist.

Spivak kennt natürlich die Kritik an einem repräsentierenden Bewusstsein, das vorgibt, einfach die Welt widerzuspiegeln.[9] Repräsentation ist niemals einfach passiv, allein schon deshalb, weil die Autorin bewusst oder unbewusst sich selbst repräsentiert, wenn sie Geschichte schreibt, und selbst wenn sie sich selbst so beschreibt, dass sie nur die Repräsentationen von Individuen oder Gruppen beschreibt, die sich selbst dokumentiert haben, wie zum Beispiel von Arbeiterkooperativen. Ohne dieses vielschichtige Verständnis davon, wie Repräsentation in dem Versuch operiert, Geschichte zu schreiben, insbesondere von einer Gruppe von Frauen aus einer ehemaligen Kolonie, bemerkt sie zu Recht, dass »die willige (Auto-)Biografie des Westens sich immer noch als interesselose Geschichte maskiert, selbst wenn die Kritikerin vorgibt, sein Unbewusstes zu berühren«.[10]

Aber was hat Spivaks Wendung zur Geschichte ausgelöst, zumal sie nicht als Historikerin ausgebildet ist und offen zugibt, dass sie keine archivarische Erfahrung hat? Wiederum versucht Spivak, sich zu lokalisieren und darzulegen, wie sie sich selbst in diesem Projekt repräsentiert. Auch wenn sie sich der Komplexität von Motivationen bewusst ist, weist sie die Idee von sich, dass ihr Versuch, den Spuren der Rani von Sirmur zu folgen, mit einer politischen Identifikation ihrer selbst als Südasienkundlerin zu tun hat. Ebenso wenig behauptet sie, dass der indische Fall repräsentativ sei für Länder und Kulturen, die ebenfalls als »das Andere Europas« evoziert wurden. Aber Geburt und Sprachkenntnis erlauben ihr, in ihrer Suche nach den Stimmen der geschlechtercodierten Untergebenen voranzukommen. Diesen elementaren Zugang hätte sie in anderen Zusammenhängen nicht. *Sati* (Bezeichnung für den Selbstmord indischer Frauen, die ihren verstorbenen Männern auf dem Scheiterhaufen folgen – Anm. d. Ü.) spielt auch in der Rechtfertigung für die Kolonisie-

8   Spivak (wie Anm. 2), S. 282.
9   Richard Rorty hat in *Philosophy and the Mirror of Nature* (Princeton 1980) die Fehler in der Idee eines widerspiegelnden Bewusstseins brillant aufgedeckt.
10 Spivak (wie Anm. 2), S. 208.

rung Indiens eine Hauptrolle. *Sati* wurde zu einer britischen Obsession, während andere rituell akzeptierte Selbstmorde nicht ihrer Regulierung unterworfen wurden. Wie Spivak erklärt:

»Die erste Kategorie sanktionierter Selbstmorde entsteht aus *tatvajnana* oder dem Wissen der rechten Prinzipien. Hier versteht das wissende Subjekt die Insubstanzialität oder bloße Phänomenalität (was dasselbe wie Nichtphänomenalität sein kann) seiner Identität. Es gab eine Zeit, zu der *tat tva* als ›dies du‹ interpretiert wurde, aber selbst ohne das ist *tatva* Diesheit oder Quiddität. So kennt das erleuchtete Selbst wahrhaft die ›Dies‹heit seiner Identität. Seine Demolierung dieser Identität ist nicht *atmaghata* (ein Töten des Selbst). Das Paradox, die Grenzen des Wissens zu kennen, besteht darin, dass die stärkste Behauptung von Handlungskraft, nämlich die Möglichkeit von Handlungskraft zu negieren, kein Beispiel ihrer selbst sein kann.«[11]

Das andere Beispiel von sanktioniertem Selbstmord, das für Spivaks Versuch relevant ist, die Bedeutsamkeit von *Sati* für die Frauen, die es praktizieren, nachzuzeichnen, ist derjenige, der an gewissen frommen Orten durchgeführt wurde. Es handelte sich um Selbstmord als eine Art Pilgerschaft, den auch Frauen praktizieren durften. Diese religiösen Selbstmorde galten tatsächlich nicht als Selbstmorde. *Sati* andererseits war nicht sanktionierter Selbstmord und wurde daher in der Hindu-Religion nicht als Ausnahme von der Regel gegen Selbstmord beschrieben. Nachdem jedoch die Briten eingeschritten waren und vor jeder Praxis von *Sati* eine Erklärung vorlasen, dass die Frau sich das nochmals überlegen solle, musste eine Frau, welche die Entscheidung getroffen hatte und dann davon Abstand nahm, sich einer besonderen Art von Buße unterziehen. Es gab auch den »Vorteil«, dass eine Frau dadurch, dass sie sich verbrannte, vermeiden konnte, wieder in einem weiblichen Körper geboren zu werden. *Sati* war jedoch trotz aller Mythen ein allgemein üblicher Code für das Verhalten einer Witwe.

Wer waren diese Frauen also, die über die Sitte und das obligatorische religiöse Verhalten hinausgingen? Und warum spielte ihre »Rettung« eine solche Schlüsselrolle als Hauptbeweis für die britische zivilisatorische Mission in Indien? Wir können beginnen zu sehen, warum Spivak sich dem *Sati* und den Reaktionen darauf als einem möglichen Beispiel zuwendet, um die ethische und politische Macht der zentralen These, die sie in ihrem neuen Buch entwickelt, zu demonstrieren. Spivak fasst diese

These folgendermassen zusammen:»›Deutschland‹ mag uns beigebracht haben, das ethische Subjekt zu denken, aber der Imperialismus hat die Frau benutzt, um durch ihre ›Befreiung‹ sich selbst zu legitimieren«.[12] Spivak hat die Intuition, dass »die elementaren Wertcodierungen, die das Leben dieser Frauen schreiben, uns entgehen«.[13] Aber natürlich will sie testen, ob sie damit Recht hat. In ihrer vorläufigen Herausforderung der überlieferten Geschichte von Frauen, die *Sati* begehen, verweigert Spivak ihnen das Mitleid, welches, wie sie meint, das Gefühl gegenüber diesen Frauen ist, das von der überlieferten westlichen Version ihrer Geschichte oder der Sentimentalität der kulturrelativistischen nationalistischen Reaktion darauf evoziert wurde.

»Angesichts der dialektisch verschränkten Sätze, die sich konstruieren lassen als ›Weiße Männer retten braune Frauen vor braunen Männern‹ und ›Die Frauen wollten sterben‹, stellt die migrante Großstadtfeministin (die vom tatsächlichen Schauplatz der Dekolonisierung entfernt ist) die Frage einfacher Semiose – ›Was bedeutet dies?‹ – und beginnt, eine Geschichte zu skizzieren.«[14]

Allein durch diese Geste fordert sie die beiden Imaginären, die in der überlieferten Geschichte aufeinander prallen, heraus. Ich verwende Carlos Castoriadis' Ausdruck des »sozial Imaginären«.[15] Ein sozial Imaginäres impliziert nicht nur, dass es kollektive Signifikanten gibt, sondern auch, dass es Signifikate gibt, die nicht auf das reduziert werden können, was ein individuelles Subjekt wahrnimmt oder erzählt.»Eingeborene Frau, die *Sati* begeht«, kann als ein solches Signifikat im sozialen Imaginären des britischen Kolonialismus in Indien verstanden werden. Ein sozial Imaginäres beschreibt diejenigen Teile unserer sozialen Welt, von denen wir in unserer Orientierung in unserer Realität so sehr abhängen, dass wir unsere geteilten Signifikanten kaum als genau das und deshalb als änderbar sehen können. Sie erscheinen einfach als Realität, als der Hintergrund unseres bewussten Denkens, inklusive unserer Verstandesprozesse.

Hat Spivak eine Position zur Witwenverbrennung? Natürlich hat sie eine. Sie ist dagegen. Aber sie will den ideologischen Kriegsschauplatz

---

12 Ebd., S. 244.
13 Ebd., S. 245.
14 Ebd., S. 287.
15 Zu Cornelius Castoriadis Darlegung des sozialen Imaginären siehe ders., *The Imaginary Institution of Society*, übers. von Kathleen Blamey, Boston 1987, S. 135–146.

ändern, um der Möglichkeit, dass die Frauen, die *Sati* begehen, nicht simplistisch als Opfer aufgefasst werden, den Weg zu bahnen. Sicher weiß sie, dass sie den Kriegsschauplatz inszeniert, aber der ethische Zweck dieser Neuinszenierung besteht genau darin, das Pathos dieser verbrannten Witwen zu bewahren. Wenn wir sie ihrer Würde berauben, zumindest wie wir sie uns vorstellen, verliert ihr Tod sein Pathos. Wir verweigern ihnen die Bedeutsamkeit der Handlungskraft, die sie vielleicht ausgeübt haben. Und was ist Spivaks Gegenerzählung, welche die beiden Imaginären herausfordert, mit denen sie es zu tun hat?

»Ich werde auf die Schlussfolgerung hinarbeiten, dass Witwenopfer eine Manipulation weiblicher Subjektbildung war, und zwar durch eine konstruierte Gegenerzählung über das Bewusstsein der Frau, daher über das Sein der Frau, daher über das Gut-Sein der Frau, daher über das Begehren der guten Frau, daher über das Begehren der Frau; sodass, da *Sati* nicht unausweichlich die Regel für Witwen war, dieser sanktionierte Selbstmord paradoxerweise zum Signifikanten der Frau als Ausnahme werden konnte. Ich werde vorschlagen, dass die Briten den Raum des *Sati* als ideologischen Kriegsschauplatz ignorieren und die Frau als ein *Objekt* des Schlachtens konstruieren, die zu retten den Moment markieren kann, an dem nicht nur eine zivile, sondern eine gute Gesellschaft aus dem domestischen Chaos geboren wird. Zwischen patriarchaler Subjektbildung und imperialistischer Objektkonstitution wird der Ort des freien Willens oder der Handlungskraft des geschlechtlichen Subjekts erfolgreich ausgelöscht.«[16]

Und so beginnt Spivak, um diese Erzählung zu konstruieren, eine Reise auf der Suche nach der Rani; eine Reise, die eine Geschichte des Erlöschens wird. Spivak notiert traurig, dass die Rani in die Geschichte einging, dass aber ihres Todes und ihres Lebens nicht gedacht werden konnte. Indem sie ihre Reise mimt und verlangt, dass wir uns vorstellen, bei ihr zu sein, lehnt sie es ab, das Pathos dessen, was das Leben der Rani gewesen sein könnte, erlöschen zu lassen. Dadurch präsentiert sie nicht nur dramatisch, was nicht glatt erzählt werden kann, sie bittet uns auch, mit ihr zusammen uns die Bedeutsamkeit dessen, was die imperialistische Geschichte der Rani von Sirmur angetan hat, vorzustellen.

»Das narrative Pathos [...] ist von der nüchternen Praxis der kritischen Philosophie weit entfernt. Doch die differenziellen Kontaminationen absoluter Alterität (sogar die Worte zu äußern heißt, sie von einem anderen

16   Spivak (wie Anm. 2), S. 232.

Ding zu unterscheiden, was natürlich unmöglich sein sollte), die uns erlaubt, Verantwortlichkeit für den anderen zu mimen, kann nicht zulassen, dass dieses Pathos lediglich zum Erlöschen gebracht wird. Als ich mich nach einer langen Reihe von Detektivmanövern ihrem Haus näherte, mimte ich die Route eines Unwissens, einer progressiven *différance,* einer ›Erfahrung‹ dessen, wie ich sie nicht kennen konnte.«[17]

Spivaks Obsession ist eindeutig nicht *Sati,* sondern die Art und Weise, wie weibliche Subjektivität ausgelöscht wird, insbesondere wenn dies auf eine Weise getan wird, die traditionell als Mitleid erregend gesehen wird. Aber sie arbeitet auch gegen die Nostalgie, die so tut, als ob es die guten alten Zeiten gegeben habe, zu denen man zurückkehren will oder die gar wiederhergestellt werden könnten. Doch indem sie darauf besteht, ideologische Kriegsschauplätze neu zu inszenieren, sodass das »es hätte sein können« der Handlungskraft von Frauen wieder in das Bild zurückkehren kann, bewahrt sie diese Frauen vor einem falschen Begräbnis; sie bewahrt sie davor, unter einem Erbe von Mitleid und Opferstatus begraben zu werden. Gegen Ende ihres Kapitels über Geschichte wendet Spivak sich einem anderen Selbstmord zu, diesmal dem einer Frau, die klar beabsichtigte, sich dadurch auszudrücken, dass sie sich das Leben nahm. Wie Spivak über beide Geschichten bemerkt, ist keine ein reines Beispiel von Untergebenem, weil das, was sie mit dem Untergebenen meint, »die schiere Heterogenität des entkolonisierten Raumes« ist.[18] Ihre Geschichten handeln von verschiedenen Begräbnissen der Bedeutungen weiblicher Handlungen. Bhubaneswari versuchte ganz klar, mit ihrem Selbstmord etwas zu sagen, und nicht einmal ihre eigene Familie von »emanzipierten« Enkelinnen konnte sie hören. Mit sechzehn oder siebzehn erhängte sich Bhubaneswari Bhaduri.

Spivak nimmt die Spur der Bedeutung von Bhubaneswaris Selbstmord auf, der ihre Familie verwirrt hatte. Bhubaneswari erhängte sich, während sie menstruierte, um zu zeigen, dass sie sich eindeutig nicht wegen einer illegitimen Leidenschaft, die zu einer ungewollten Schwangerschaft geführt hätte, umbrachte. Spivak wusste von dem Selbstmord durch Familienverbindungen. Ihre Nichten erzählten ihr die Familienversion der Geschichte: Sie war wegen einer illegitimen Liebesaffäre gestorben. Andere Familienmitglieder wunderten sich und stellten ihr Fragen, warum sie sich auf diese glücklose Schwester fokussiere, während die beiden anderen Schwestern ein erfolgreiches Leben geführt hatten.

17 Ebd., S. 241.
18 Ebd., S. 310.

Es war ihr eigenes Interesse am Fehlschlag von Bhubaneswaris Versuch, mit irgendjemand in ihrer Umgebung zu kommunizieren, das Spivak dazu führte, darüber zu verzweifeln, dass die Untergebenen so vollständig zum Schweigen gebracht werden. Es zeigte sich, dass Bhubaneswari Selbstmord begangen hatte, weil sie sich einer nationalistischen Gruppe angeschlossen hatte und ihr befohlen worden war, ein politisches Attentat auszuführen. Sie sah sich zwischen zwei ethischen Anforderungen gefangen, und in diesem Sinn ist ihr Selbstmord klassisch tragisch. Er ist tragisch, weil sie den in ihren Augen einzigen ethischen Weg wählte, ihr Dilemma zu lösen. Wieder einmal gibt Spivak dem Tod einer Frau sein Pathos zurück, indem sie die Würde ihrer Handlung respektiert.

4   Die Gemeinschaft dessen, ›was sein sollte‹, und feministische Zeugenschaft

Spivak kann den »fragilen Geist« der Rani von Sirmur nur präsentieren, indem sie ihre Reise mimt. Sie ruft uns dazu auf, sie uns vorzustellen, wie sie in den vormaligen Männerquartieren des Palastes der Rani umherwandert, eingeschlossen, wie die Rani selbst es einst war. Das erklärt ihren einmaligen Schreibstil in dem Kapitel über Geschichte. Man weiß nicht genug von dem Charakter der Rani, um sie direkter zu repräsentieren. Spivak repräsentiert daher stattdessen die Schnitte in ihrer eigenen Reise, die Punkte, die uns erlauben, den Widerstand der Rani gegen die Briten zu sehen, und dann das abrupte Ende ihrer Geschichte, als sie für deren Besiedlung nicht mehr benötigt wurde. Wir stellen sie uns vor durch Spivaks Inszenierung ihrer eigenen Reise auf der Suche nach ihr; eine Reise, die sie in den Rahmen eines möglichen Neuerzählens der Bedeutung von *Sati* als einem ideologischen Kriegsschauplatz zwischen feudalem Patriarchat und Kapitalismus stellt. Spivaks Neuinszenierung des ideologischen Kriegsschauplatzes erlaubt ja, die Möglichkeit, die Idee zu begreifen, dass »solch ein Tod von dem weiblichen Subjekt als ein *außergewöhnlicher* Signifikant ihres eigenen Begehrens verstanden werden kann, der über die allgemeine Regel für das Verhalten einer Witwe hinausgeht«.[19]
   Wenn wir uns nicht vorstellen können, dass es moralischen Widerstand gab, noch nicht einmal von Handlungen, die natürlich innerhalb

19 Ebd., S. 235.

des Zusammenhangs einer patriarchalen Formation stattfanden, dann können wir nicht die Erhabenheit ihrer prekären Gegenwart empfinden. Daher ist Spivaks spekulatives Neuerzählen der Szene, in der *Sati* stattfand, entscheidend, wenn wir eine solche Fragilität als ein erhabenes Objekt fühlen sollen und dadurch ihrer auf die einzige Weise gedenken, die uns übrig bleibt. Schiller erinnert uns: »Die poetische Wahrheit besteht nicht in der Tatsache, dass etwas tatsächlich geschehen ist, sondern vielmehr in der Tatsache, dass es geschehen konnte, also in der inneren Möglichkeit des Gegenstandes«.

Spivaks Suche nach der Rani von Sirmur lässt ihrem »fragilen Geist« poetische Gerechtigkeit zukommen, wenn wir uns mit ihr vorstellen können, wer es ist, die verloren gegangen sein könnte. Es ist dann weniger schwierig für Spivak, dem ethischen Selbstmord Bhubaneswaris Erhabenheit wiederzugeben. Wie Spivak klarmacht, versuchte Bhubaneswari, mit ihrem Körper zu »sprechen«. Aber nicht einmal ihre Familie konnte ihre Handlung anders als auf weibliche Weise und in weiblichem Zusammenhang lesen, was ihre Erhabenheit leugnete. In ihrem Fall enthüllt Spivak eine Geschichte, auf die klassischerweise Schillers Definition eines erhabenen Objektes zutrifft: eine physische Kraft, der zu widerstehen sie sich gezwungen sieht, koloniale Unterdrückung, Leiden unter ihrer Unfähigkeit, eine Aufgabe auszuführen, die sie für notwendig hält, die sie aber nicht ausführen kann, und ein explizit gewählter ethischer Ausweg, sich das Leben zu nehmen.

Welche Art feministischer Gemeinschaft kann von der Erhabenheit von Spivaks Geschichte Zeugnis ablegen, und warum ist das für den zeitgenössischen Feminismus relevant? Die Antwort findet man in Kants *sensus communis aestheticus,* der nicht mit tatsächlich existierenden Urteilsgemeinschaften verwechselt werden darf, wie einige Kommentatoren meinen. Eine solche Lektüre von Gemeinsinn nimmt den Ausdruck wörtlich als Konventionen des Geschmacks einer gegebenen Gemeinschaft.[20] Aber ein solches Verständnis von Kants *sensus communis aestheticus* sieht nicht, was sein zentrales Projekt in der dritten Kritik ist, nämlich einen Ort für den Affekt in seinem kritischen Projekt zu finden. Das Prinzip des Geschmacks ist ein subjektives Prinzip, weil es sich auf Gefühle bezieht, die im Individuum durch dessen Erfahrung von Lust oder

---

20 Eine hervorragende Diskussion, die zeigt, wie Arendt und Habermas auf verschiedene Weise diesen Fehler machen, findet sich in Anthony Cascardi, *Consequences of the Enlightenment,* Cambridge 1999, Kapitel 4.

Schmerz in der Konfrontation mit einem schönen oder erhabenen Objekt erregt werden.

Für Kant kann die Erfahrung des Schönen und des Erhabenen uns in Richtung eines »es sollte sein« weisen, das aus unseren Erfahrungen von Lust und Schmerz symbolisiert wird. Der *sensus communis aestheticus*, auf den Kant sich bezieht, weist uns immer auf ein »es sollte sein« einer geteilten Gemeinschaft: die erweiterte Mentalität, in der wir füreinander die subjektive Basis unseres reflexiven Urteils über das Schöne und das Erhabene artikulieren und es durch die Sichtweise des Anderen erhellt finden und im Versuch der anderen Person, ihre Gefühle zu kommunizieren, ein Echo finden können. Die zukünftige Natur dieser Gemeinschaft des »es sollte sein« bleibt im *sensus communis aestheticus* als Möglichkeit offen. Die erweiterte Mentalität, auf die Kant sich bezieht, in der wir versuchen, vom Standpunkt von allen anderen aus zu sehen, wendet uns nicht allen Personen in einer gegebenen Gemeinschaft zu, sondern allen, die in die Idee der Menschheit eingeschlossen werden können. Diese Idee von Öffentlichkeit impliziert also immer ein Experiment der Einbildungskraft, weil wir aufgerufen sind, alle möglichen, nicht nur die realen Sichtweisen der anderen uns vorzustellen. Daher impliziert der *sensus communis aestheticus* immer eine Öffentlichkeit, die uns erwartet; nicht eine, die uns tatsächlich gegeben ist, und auch nicht eine, die uns ein für alle Mal in einem vorbestimmten öffentlichen Forum gegeben werden kann. Das Urteil erschafft die Gemeinschaft, nicht andersherum.

Wenn das Gefühl mit einem Objekt konfrontiert ist, das als erhaben beurteilt wird, wendet es uns auf unsere Ehrfurcht und Achtung für unsere Freiheit zurück. Um unser Gefühl des Erhabenen zu kommunizieren, müssen wir also immer unsere Freiheit evozieren. Aus diesem Grund können wir ohne Spivaks spekulative Neuinszenierung der Szene des *Sati* unmöglich die Erhabenheit des fragilen Geistes der Rani von Sirmur empfinden. Und doch kann der *sensus communis aestheticus* weder in der Natur noch im Reich der Freiheit verankert werden. Tatsächlich kann er überhaupt nicht verankert werden, wenn er Kants eigener Konzeption des moralischen Urteils treu bleiben soll. Mein Argument ist, dass Spivak uns zu einem ästhetischen Urteil auffordert, indem sie Erhabenheit evoziert, wenn sie uns zu einem Urteil über die Geschichte ihrer Reise auf der Suche nach möglichen Spuren der Seele der Rani von Sirmur und über ihre Neuerzählung des Selbstmords von Bhubaneswari auffordert. Der feministische *sensus communis aestheticus* entsteht nur, wenn wir in der Lage sind, von Spivaks Geschichte Zeugnis abzulegen, indem wir ein solches ästhetisches Urteil fällen. Unsere Gemeinschaft ist so zerbrechlich. Wenn Spivak an uns appelliert, uns die Rani von Sirmur in ihren Palast eingeschlossen vorzustellen, wie sie kämpft und dem Eindringen der Briten in ihr Leben Widerstand leistet, fordert sie uns auch dazu auf, dieser Gemeinschaft beizutreten. Wenn wir uns die Erhabenheit des Geistes der Rani von Sirmur nicht vorstellen können, für die Spivak Verantwortung übernimmt, und auch nicht ihren Tribut an die Würde des Selbstmordes von Bhubaneswari, dann zerbröckelt diese Gemeinschaft auf einen solchen Fehlschlag unserer moralischen Einbildungskraft hin.

Und soll dieses Fehlschlagen von Gemeinschaft selbst in Bhubaneswaris eigener Familie entstehen, wie Spivak traurig am Ende ihres Kapitels über Geschichte bemerkt?

> »Bhubaneswari hatte für die nationale Befreiung gekämpft. Ihre Urgroßnichte arbeitet für das neue Imperium. Auch dies ist ein historisches Zum-Verstummen-Bringen vonseiten des Neuen Imperiums. Als die Nachricht von der Beförderung dieser jungen Frau in der Familie unter allgemeinem Jubel verkündet wurde, konnte ich nicht umhin, zu dem ältesten weiblichen Mitglied zu bemerken: ›Bhubaneswari‹ – ihr Kosename war Talu gewesen – ›hat sich umsonst aufgehängt‹, aber nicht zu laut. Muss man sich darüber wundern, dass diese junge Frau eine strenge Multikulturalistin ist, an natürliche Geburt glaubt und nur Baumwolle trägt?«[21]

5 Die Relevanz von Spivaks Geschichte für den zeitgenössischen Feminismus

Ein Feminismus, dem es nicht gelingt, mit den Geschichten unserer Mütter umzugehen, verliert seine Seele und desorientiert uns. Wir fallen in das Jetzt des fortgeschrittenen Kapitalismus, in die schnelle Heilung. Bhubaneswaris Selbstmord in ihrem Kampf um nationale Befreiung ist Teil von Spivaks eigenem Feminismus. Seine Bedeutsamkeit nicht zu beachten ist Teil des Feminismus ihrer Ahninnen, die jetzt für das »Neue Imperium« arbeiten. Wer wir sind, kann niemals nur mit der Gegenwart beginnen, weil wir unvermeidlich in jeder politischen Stellung, die wir einnehmen, unsere eigenen Identifikationen durcharbeiten und implizit oder explizit Verantwortung übernehmen oder ablehnen für die Phantome, die eben-

21 Spivak (wie Anm. 2), S. 311.

so unvermeidlich eine patriarchale Geschichte heimsuchen, die so vielen Frauen ihre Bedeutsamkeit und ihre Stimme verweigert hat. Spivaks Argument beinhaltet auch eine direktere Lehre: Das junge, »emanzipierte Mädchen« weiß nicht, wogegen sie antritt, und auch nicht, wie leicht ihre »Emanzipation« kooptiert werden kann. Die Frauenzeit, zu der Spivak uns aufruft, erinnert uns nicht nur daran, dass wir verdammt sind, das zu wiederholen, was wir vergessen, sondern auch, dass wir untrennbar sind von unserer eigenen Wiedergewinnung derer, die von der »offiziellen« Geschichte verdunkelt worden sind, und dass eine andere Geschichte nur zu einer anderen Erzählung von Geschichte gemacht werden kann, wenn wir Frauenzeit respektieren. Wie Spivak bemerkt, »historisch gesehen wurde Legitimität natürlich kraft abstrakter institutioneller Macht etabliert. Wer hätte im Indien des neunzehnten Jahrhunderts hier auf Frauenzeit warten können?«[22]

Frauenzeit ist nicht nur die tatsächliche strapaziöse Reise, die Spivak unternommen hat, um die Spuren der Rani von Sirmur zu finden. Tatsächlich kann ihre Reise als eine Allegorie darauf verstanden werden, wie schwierig es ist, nicht nur für historische Stimmen, die unterdrückt wurden, sondern auch für neue Stimmen, die Mittel ihrer Repräsentation zu finden, sodass sie gesehen und gehört werden können. Frauenzeit ist die Generationenzeit, in der fundamentale Organisation stattfinden und die Veränderung, die sie mit sich bringt, konsolidiert werden kann. Die Tendenz, rasch mit der schnellsten Lösung zu kommen und damit die Organisationsbemühungen, die weltweit von unten her stattfinden, zu übertreffen, wird wieder einmal die geschlechtercodierten Untergebenen nicht beachten. Natürlich sind wir nicht nur dazu aufgerufen, für das Leiden von Frauen unter Ungerechtigkeit und für die Stille, die Frauengeschichten als Gegenstand der Geschichte effektiv auferlegt wird, Zeugnis abzulegen. Angesichts der erschreckenden Realitäten der Ungerechtigkeit, der Frauen und Männern weltweit unterworfen werden, sind wir ständig dazu aufgerufen. Das »Neue Imperium«, wie Spivak es jetzt nennt, das oft mit dem Codewort »Globalisierung« angezeigt wird, ist für viele Menschen ein Albtraum. Und es gibt viel Widerstand gegen die schrecklichen Ungleichheiten, die sie mit sich gebracht hat. Oft werden diese Kämpfer uns im Westen in ihrer Erhabenheit repräsentiert, ob dies beispielsweise der historische Kampf der Nationalen Befreiungsfront von El Salvador ist, die ihren Kampf gegen die Militärmacht der Ver-

---

22 Ebd., S. 294 f.

einigten Staaten fortsetzen, die große Ausdauer des palästinensischen Volkes in Belagerung und Widerstand oder der außerordentliche Sieg in Südafrika, mit dem Apartheid überwunden und ein neuer Nationalstaat konstituiert wurde. Nicht nur ein mutiger Soldat ist erhaben, wie in Kants Beispiel. Studenten, die in die Feuerzone laufen, um gegen Folter zu protestieren, können auch in all ihrem Mut repräsentiert werden und wurden dies auch. Aber es muss nicht so dramatisch sein. Eine Gruppe von Arbeitern, die in einem Streik für sich selbst einstehen und sich weigern, zurückzuweichen, rufen ebenfalls in der Art, wie sie sich selbst repräsentieren, ihre Erhabenheit auf. Eine meiner eigenen stärksten Erfahrungen des Erhabenen war in einem wilden Streik, an dem ich teilnahm, als ich Gewerkschaftsfunktionärin war. Alle dieser Kämpfe finden auf ihre eigene Weise und in ihrer eigenen Konzeption dessen, worum es geht, statt.

Mein Punkt hier ist der, dass eine Westlerin allzu leicht die Erhabenheit dieser Kämpfe verfehlen und so völlig verwirrt werden kann, welche Art von Unterstützung beispielsweise in einem transnationalen Arbeitskampf gefragt ist. Unser soziales Imaginäres, das so stark in unsere imperialistische Geschichte verwickelt ist, kann leicht unser Gefühl für die Erhabenheit dieser Kämpfe blockieren, so wie sie uns repräsentiert werden. Dies liegt teilweise daran, dass wir oft unbewusst den in diesen Kämpfen Kämpfenden nicht die Würde und die Achtung zukommen lassen, die wir für uns selbst beanspruchen. Das führt dazu, dass der zerbrechliche *sensus communis aestheticus,* in dem wir Zeuge der Repräsentationen dieser Kämpfe sein können, nicht zustande kommt. Wenn unsere moralische Einbildungskraft uns im Versuch, Zeuge zu sein, im Stich lässt, dann werden wir in der Art der »Hilfe«, die wir ihnen zukommen lassen, zweifellos fehlgehen.

Würde ist ein paradoxes Wort, weil wir, wenn wir die Würde anderer beachten, dies in all ihrer Einzigartigkeit tun und ihnen doch den Wert geben, als ob sie allein oder als Teil der Gruppe den unendlichen Wert der ganzen Menschheit trügen. Ohne die Zuschreibung von Würde gibt es kein Gefühl der Erhabenheit, weil es dann keine Repräsentation moralischen Widerstands gibt. Wie ich bereits bemerkt habe, ist Würde ein westliches Wort, und selbst meine Re-Interpretation findet innerhalb des westlichen sozialen Imaginären statt. Von uns als westlichen Feministinnen, die darum kämpfen herauszufinden, welche Rolle wir in transnationalen Kämpfen haben, verlangt Würde, dass wir unseren Schwestern im Kampf nicht nur einen Preis, sondern unendlichen Wert zuschreiben.

Dies verlangsamt uns nicht nur, es bremst uns ab, bevor wir einen Versuch unternehmen können, sie wertzuschätzen oder als Opfer oder Hilfebedürftige abzuwerten. Vielleicht können wir in dieser verlangsamten Zeit Zeuge der Erhabenheit dessen sein, was an den Frauen, die Tag für Tag gegen jede Wahrscheinlichkeit in ihrem Kampf, die Welt zu verändern, durchhalten, fast nie als erhaben gesehen worden ist. Wenn wir den Mut haben, selbst unter dem Mandat der Achtung in der Zeit und an dem Ort von Frauen zu bleiben, sind wir vielleicht in der Lage, in der Frauenzeit zu bleiben und neue Möglichkeiten der Solidarität zu erträumen, die nicht effektiv in unser imperialistisches Erbe verwickelt sind.

(Aus dem Englischen von Benjamin Marius Schmidt)

Horst Wenzel

Der Leser als Augenzeuge
Zur mittelalterlichen Vorgeschichte kinematographischer Wahrnehmung

»Das Kino ist so alt wie der Mensch, der sein vorüber-
eilendes Leben betrachtet, so alt wie unsere Eitelkeit,
die vor dem Schlafengehen bei niedergebrannten Ker-
zen im Spiegel sich blickt. Ob Mysterienspiel, ägyp-
tische Relieffolge oder chinesischer Makimono, es war
Cinema.«
– Carl Einstein (1922)

I Vorbemerkungen

Carl Einstein führt das Cinema bis auf die ägyptischen Reliefs zurück,[1]
und seine Formulierung ist geeignet, jeden Beobachter nachdenklich zu
stimmen, dem beim Anblick der Giotto-Fresken in Assisi oder Padua der
enge technische Begriff der kinematographischen Wahrnehmung frag-
würdig geworden ist. Die Bildwahrnehmung eines Tempelreliefs oder
eines Freskos mit seinen verschiedenen Teilbildern, die man abschreiten
muss, um die abgebildete Erzählung ganz zu sehen, unterscheidet sich
einerseits fundamental vom Kino, ist andererseits aber auch damit
verwandt, weil sie eine dynamische, bewegungsorientierte Rezeption
verlangt. Die adäquate Wahrnehmung der Kirchenkunst im Mittelalter
geschah im prozessualen Vollzug eines Ritus, der sich durch festgelegte
Bewegungssequenzen auszeichnete. Unter der Voraussetzung der gläu-
bigen Teilhabe am Ritus kann man deshalb von einer »kinästhetischen«
Wahrnehmung sprechen. Das einfachste Beispiel dafür ist die Abfolge

---

1 Carl Einstein, »Die Pleite des deutschen Films«, in: *Kino-Debatte: Texte zum Verhältnis von Literatur und Film 1909–1929*, hg. von Anton Kaes, Tübingen 1978, S. 156–159,
hier S. 156. Auf den Zusammenhang von Wandmalerei und Film verweist auch Vilém Flusser, »Lob der Oberflächlichkeit: Für eine Phänomenologie der Medien«, in: ders., *Schriften*, Bd. 1, hg. von Stefan Bollmann / Edith Flusser, Mannheim 1995, S. 189.

der Kreuzwegstationen: Jede Station begegnet uns als Einzelbild, vor
dem der Fuß des Pilgers innehalten und das Auge seinen Gegenstand
fixieren kann. Und doch baut sich im Abschreiten des Weges eine Ge-
schehensfolge auf, die wir als Geschichte Christi erkennen und als Bilderfolge speichern.[2] Bezeichnenderweise gehörte die Passionsgeschichte
zu den ersten Erzählungen der Filmgeschichte überhaupt, sie bot eine
narrative Struktur des Übergangs von der Einzelepisode zur filmischen
Großerzählung.

Während der moderne Film charakterisiert ist durch den festen Standort des Betrachters, vor dessen Auge eine Bilderfolge abläuft, ist die kine-
matographische Wahrnehmung des Mittelalters charakterisiert durch den
festen Ort des Bildes oder einer Bilderfolge, an der (die Augen) der Betrachter sich entlangbewegen. Im Ablauf der vorgezeichneten Wegstatio-
nen schreibt sich dieser Weg in das Gedächtnis ein, das jedoch nicht nur
die Abfolge der Einzelbilder akkumuliert, sondern die Sensomotorik des
Körpers in seiner Ganzheit speichert. Dementsprechend wird das Gedächtnis auch vom ganzen Körper ausagiert, und es gehört nicht einem
Einzelnen, sondern der ganzen Gemeinschaft, die an den Ritualen der
Kirche oder dem Zeremoniell des Hofes teilnimmt.

Wie die Fresken Giottos (1266–1337), so demonstriert auch der Lettner des Naumburger Domes (1250), dass nur durch einen dynamischen
Betrachter der volle Umfang einer Bildfolge oder die Komplexität einer
Skulpturengruppe angemessen wahrzunehmen ist. Die Naumburger
Szenen erschließen sich allein demjenigen Betrachter vollständig, der sich
am Lettner so vorbeibewegt, dass sich die überschneidenden Figuren
dem verändernden Blickfeld des Auges sukzessive darbieten. Gleichzeitig hat der Künstler die waagerechten Flächen zwar zum Teil in der
Waagerechten belassen (Sitzgelegenheiten etwa), zum Teil aber auch dem
tiefer stehenden Betrachter zugeneigt (Tisch mit Brot und Essschalen,
Tuch mit Münzen). Das heißt, die verschiedenen Blickpunkte des Betrachters sind in Abhängigkeit von seinem tiefer liegenden Horizont
und in Abhängigkeit von seinen wechselnden Standpunkten bereits
konstitutiv für die künstlerische Herstellung der Skulpturen.[3] Die mit-

2 Die Verschränkung ikonischer und narrativer Darstellung (vgl. etwa S. Francesco als
Ikone, gerahmt von den Stationen seiner Vita) bezeichnet Hofmann als Grundform mittelalterlicher »Polyfokalität«. Werner Hofmann, *Die Moderne im Rückspiegel: Hauptwege
der Kunstgeschichte*, München 1998, darin besonders: »Die mittelalterliche Polyfokalität«,
S. 31–50.
3 Auch die mittelalterliche Simultanbühne verlangt einen dynamischen Beobachter, der
sich an den nach- oder nebengeordneten Szenen vorbeibewegt: »Weil sich die Zuschauer

telalterliche Bildwahrnehmung hat mehr als einen Fokus und ist deshalb auch als »polyfokal« oder als »multiperspektivisch« zu bezeichnen.[4] Neben der Dimension des Raumes ist im Unterschied zu Lessings Bildauffassung somit für die mittelalterliche Bildwahrnehmung auch die Dimension der Zeit konstitutiv. Erst Alberti setzt sich davon ganz entschieden ab, wenn er das perspektivisch konstruierte Bild bestimmt als die auf einer Fläche mittels Linien und Farben zustande gebrachte künstlerische Darstellung eines Quer-(Durch-)Schnittes der Sehpyramide gemäß einer bestimmten Entfernung, einem bestimmten Augenpunkt und einer bestimmten Beleuchtung: »Sara adunque pictura non altro che intersegatione della piramide visiva, secondo data distantia, posto il centro et constituti i lumi in una certa superficie con linee et colori artificioso rappresentata.«[5]

Dazu heißt es bei Sabine Groß: »Mit der Einführung einer zentralen Perspektive wird dem Betrachter *ein* idealer Blickwinkel zugewiesen; damit verschwindet nicht zufällig die Möglichkeit, verschiedene Zeitpunkte eines Geschehens in einem Bild darzustellen, wie es noch im Mittelalter üblich war. Die Vereinheitlichung der Perspektive mündet in *einen* Fluchtpunkt, der auch für die Zeit gilt. Im Bild kann nunmehr lediglich ein Jetztpunkt erfaßt werden, und eben dieser wird dann auf den Betrachter, dem sich das Bild augenblicklich in seiner Gesamtheit mitzuteilen hat, zurückprojiziert. Die auf einen Blick angelegte Darstellung ist, so die implizite Folgerung, auch mit einem Blick erfaßbar, während andere Malkulturen das Nacheinander der Pinselstriche maximal

um den Spielplatz herum gruppieren, und die Handlung sich oft an einen anderen Spielort verlegt, fehlt die einheitliche Blickrichtung. Wiederholt finden dadurch Überschneidungen und Verdeckungen statt.« *Das Donaueschinger Passionsspiel,* nach der Handschrift mit Einleitung und Kommentar neu hg. von Anthonius H. Touber, Stuttgart 1985, S. 32.

4 Zur »Mehransichtigkeit« von gotischen Skulpturen vgl. Robert Suckale, »Die Bamberger Domskulpturen: Technik, Blockbehandlung, Ansichtigkeit und die Einbeziehung des Betrachters«, in: *Münchner Jahrbuch der bildenden Kunst* 1987, S. 27–82, hier S. 60 ff. Zum Gegensatz von Mittelalter und Neuzeit, von Aggregatraum und Systemraum siehe grundsätzlich Erwin Panofsky, »Die Perspektive als ›symbolische Form‹«, in: *Vorträge der Bibliothek Warburg 1924/25,* Berlin / Leipzig 1927. Dazu Karl Clausberg, »Video ergo sum? Licht und Sicht in Descartes' Selbstverständnis sowie Fludds Erinnerungsscheinwerfer: Ein Ausblick auf die Kunstgeschichte der virtuellen Bilder zwischen Mnemonik und Projektionstechnik«, in: Olaf Breidbach / Karl Clausberg (Hgg.), *Video ergo sum: Repräsentation nach innen und außen zwischen Kunst- und Neurowissenschaften,* Hamburg 1999 (= Interface 4), S. 9–33.

5 Leone Battista Alberti, *Kleinere kunsttheoretische Schriften,* im Originaltext hg., übers. und mit einer Einleitung und Exkursen versehen von Hubert Janitschek, Neudruck der Ausgabe von 1877, Osnabrück 1970, S. 69 f.

zur Aufmerksamkeit brachten und multiperspektivische Darstellungs-
techniken entwickelten, wurde in der europäischen Kunst bis zur
Durchbrechung des perspektivischen Realismus dem Blick des Auges
ein Augenblick dargeboten [...]. Die Schlüssellochperspektive eines ein-
äugigen und immobilisierten Betrachters läßt sich nicht zur Norm des
Bildersehens erklären.«[6]
Der mobile Beobachter, der wechselnde Abstand und die Verschie-
denheit des Lichtes ist vor der Durchsetzung der Zentralperspektive, die
mit dem Blickpunkt des Auges auch den Fußpunkt des Betrachters fest-
legt, von konstitutiver Bedeutung für die Bildwahrnehmung.[7] Deshalb
ist auch der Unterschied von Bild und Bildfolge kaum als kategorialer
Gegensatz zu behandeln:»Der mittelalterliche Mensch und Künstler sah
und dachte in Bildern und Bildfolgen, gleich, ob sich das Bildgeschehen
innerhalb eines Bildes oder in Einzelbildern abspielte. Auch wenn Vorgänge aus einer Bildfolge als Einzelmotive herausgelöst wurden, blieb
für den Künstler und Betrachter, aus der Kenntnis des Gesamtgesche-
hens der Vorstellungszusammenhang erhalten.«[8]
Mit dem Begriff des»Vorstellungszusammenhangs« rückt die intra-
mentale Wahrnehmung in den Vordergrund, und tatsächlich gilt in der
neueren Forschung, dass das Sehen primär ein neuropsychologischer
Prozess ist. Die Gehirnforschung lehrt uns, dass das Gedächtnis Einzel-
eindrücke, die kurzfristig aufeinander folgen, verbindet und miteinander

6   Sabine Groß:»Schrift-Bild: Die Zeit des Augen-Blicks«, in: *Zeit-Zeichen: Aufschübe
und Interferenzen zwischen Endzeit und Echtzeit,* hg. von Georg Christoph Tholen /
Michael O. Scholl, Weinheim 1990, S. 231–246, hier S. 240 f.
7   Zur Normierung und Einschränkung der Wahrnehmung durch die perspektivische
Informationsgewinnung heißt es bei Michael Giesecke:»Eine unbeabsichtigte Folge dieses
Herangehens an das Wahrnehmungsphänomen ist die Vernachlässigung von Rückkopp-
lungseffekten. Die Zeit steht während des gesamten Wahrnehmungsvorgangs still, weder
die beobachteten Objekte noch der Beobachter verändern sich, so unterstellt jedenfalls das
perspektivische Paradigma.« Michael Giesecke, »Der Verlust der zentralen Perspektive
und die Renaissance der Multimedialität«, in: Carlo Ginzburg u. a., *Die Venus von Gior-
gione,* Berlin 1998 (= Vorträge aus dem Warburg-Haus, Bd. 2), S. 85–116, hier S. 100. Ähnlich äußert sich Sybille Krämer:»Der zentralperspektivische Raum ist ein unendlicher, ste-
tiger, homogener, also ein mathematischer Raum; er kommt mit dem psychophysischen
Raum menschlicher Leiblichkeit, für den oben und unten, rechts und links, gerade nicht
homogen sind, keineswegs zur Deckung.« Sybille Krämer, »Zentralperspektive, Kalkül,
Virtuelle Realität: Sieben Thesen über die Weltbildimplikationen symbolischer Formen«,
in: *Medien-Welten – Wirklichkeiten,* hg. von Gianni Vattimo / Wolfgang Welsch, München
1998, S. 27–37, hier S. 28. Grundsätzlich siehe Panofsky (wie Anm. 4), S. 258–330.
8   Gert Duwe, *Der Wandel in der Darstellung der Verkündigung an Maria vom Trecento
zum Quattrocento,* Frankfurt am Main 1988, S. 30; vgl. Hans Belting, *Bild und Kult: Eine
Geschichte des Bildes vor dem Zeitalter der Kunst,* München 1990.

verknüpft.⁹ Solche zeitlich assoziierten Elemente bilden ein komplexes Muster, das als Ganzes festgehalten wird. So speichert man die charakteristischen Bewegungen eines Freundes nicht einzeln, sondern als Ganzes. Und eine Notenfolge speichert man als Melodie. Andererseits ist es charakteristisch für unser Gedächtnis, dass nur bildhafte Teile eines einmal eingeprägten Musters angeregt werden müssen, um es sogleich als Vorstellungszusammenhang hervortreten zu lassen. Wenige Töne können einen ganzen Satz aus einer Symphonie wachrufen, eine vertraute Handgebärde erinnert an das Auftreten eines alten Bekannten.¹⁰ Das gilt ebenso für die Wahrnehmung von Wandteppichen wie für die Betrachtung von Fotoromanen: »Die Bewegung wird bewegungslosen Bildern durch das Agieren des Bewußtseins hinzugefügt.« In diesem Sinne eröffnen mittelalterliche Kreuzwegstationen oder Freskenfolgen die Möglichkeit einer dynamischen Wahrnehmung: Es ist »die innere psychische Aktivität, die die separaten Phasen zur Vorstellung einer verbundenen Aktion vereint.«¹¹ Die Imaginationskraft unseres psychischen Apparates ermöglicht es, den weiten Kinobegriff von Carl Einstein mit dem engeren Kinobegriff der frühen Stummfilmzeit zu verbinden: »Es ist nur eine Suggestion von Bewegung und die Bewegungsvorstellung ist zu einem hohen Grad ein Produkt unserer eigenen Reaktion, [...] wir erzeugen die Tiefe und die Kontinuität durch unseren psychischen Mechanismus.«¹²

Dieses Prinzip gilt ähnlich für die Lektüre schriftlicher Erzählungen. Dabei verbindet sich die Abfolge der Zeichen, die wir lesen, mit den Konzepten und Bildern, die wir (re)konstruieren. So heißt es bei de Kerckhove: »Der Leser einer alphabetischen Sequenz [...] muß die Wörter ›wieder versinnlichen‹ [...]. Dieser Faktor künstlich hergestellter Versinnlichung, das heißt der Herstellung von geistigen, aus der Erinnerung extrapolierten und auf die Spezifizität der geschriebenen Linien

---

9 Vgl. Christoph Koch, »Zu den neurobiologischen Grundlagen des Bewußtseins«, in: *Sehsucht: Über die Veränderung der visuellen Wahrnehmung*, hg. von der Kunst- und Ausstellungshalle der Bundesrepublik Deutschland, Göttingen 1995 (= Schriftenreihe Forum, Bd. 4), S. 182–195; vgl. Gerhard Roth, *Das Gehirn und seine Wirklichkeit: Kognitive Neurobiologie und ihre philosophischen Konsequenzen*, 2. Aufl., Frankfurt am Main 1998.
10 Daniel L. Alkon, »Gedächtnisspuren in Nervensystemen und künstliche neuronale Netze«, in: Wolf Singer, *Gehirn und Kognition*, Heidelberg 1990, S. 84–93, hier S. 84.
11 Hugo Münsterberg, »Das Lichtspiel: Eine psychologische Studie« (1916), in: ders., *Das Lichtspiel: Eine psychologische Studie und andere Schriften zum Kino*, hg. von Jörg Schweinitz, Wien 1996, S. 29–103, hier S. 49.
12 Ebd., S. 50.

angepaßten Bildern, fördert eine primär visuelle Imagination, die sich durch eine extreme Plastizität auszeichnet.«[13] Die Verbindung von Visualität und zeitlicher Dynamik scheint auf die »vorgeschriebenen« Bewegungsabläufe kollektiver Rituale und auf die Aufführungsformen des Theaters zurückzuverweisen. Kerckhove sieht einen historisch begründeten Zusammenhang des griechischen Theaters mit der Ausbildung eines mentalen Raumes, der sich mit Durchsetzung der Schriftlichkeit in der Literatur manifestiert. Ähnlich heißt es bei Collins, »that texts, whatever they can be made to be, are notated scripts composed to be played by readers and that, though scripted in a public code, these works are performed on a private, inner stage. In a literate culture the presence and authoritiy of the oral performer is deeded over to the solitary reader, and it is here within the theater of the mind that the *poiesis* of reading is performed.«[14] So überzeugend diese Argumente auch erscheinen, sind sie doch partiell wieder infrage zu stellen. Sprachgeschichtliche Indizien sprechen dafür, dass »sagen« immer schon ein »zeigen« ist. So beantwortet Niemitz die Frage nach dem Verhältnis vokal-auditiver und gestisch-visueller Sprache im Sinne einer entwicklungsgeschichtlichen Priorität der visuellen Darstellung: »Unsere Sprache ist phylogenetisch ableitbar von mimisch-gestischer Kommunikation, die allmählich einer Schrift gedanklich oder auch zerebral immer ähnlicher wurde; sie ist primär optisch.«[15] Körperorientierte Raum- und Zeitbezüge sind der Sprache bereits eingeschrieben, manifestieren sich in Lexik und Grammatik und in der Bildlichkeit der Sprache.[16] Die kinästhetische Dimension der Sprache beschränkt sich also keinesfalls auf Bilder, die auf die Erinnerung und auf die imaginative »Extrapolation von Erinnerungsresten«

13 Derrick de Kerckhove, *Schriftgeburten: Vom Alphabet zum Computer*, aus dem Französischen von Martina Leeker, München 1995, S. 71 ff.; vgl. Wolfgang Iser, *Der Akt des Lesens: Theorie ästhetischer Wahrnehmung*, München 1976, S. 219 ff.
14 Christopher Collins, *Reading the Written Image: Verbal Play, Interpretation and the Roots of Iconophobia*, Philadelphia 1991, S. 2.
15 Carsten Niemitz, »Die Stammesgeschichte des menschlichen Gehirns und der menschlichen Sprache«, in: ders., *Erbe und Umwelt: Zur Natur und Selbstbestimmung des Menschen*, Frankfurt am Main 1987, S. 95–118, hier S. 105. Dazu grundsätzlich Ludwig Jäger, »Sprache als Medium: Über die Sprache als audio-visuelles Dispositiv des Medialen«, in: Horst Wenzel / Wilfried Seipel / Gotthart Wunberg (Hgg.), *Audiovisualität vor und nach Gutenberg: Zur Kulturgeschichte der medialen Umbrüche*, Wien 2001, S.19–42.
16 Harald Weinrich, »Über Sprache, Leib, Gedächtnis«, in: Hans Ulrich Gumbrecht / Karl Ludwig Pfeiffer (Hgg.), *Materialität der Kommunikation*, Frankfurt am Main 1988, S. 80–93; Karl Bühler, *Sprachtheorie: Die Darstellungsfunktion der Sprache*, 2. unveränderte Aufl., Stuttgart 1965.

zurückgehen. So einleuchtend die Theatermetapher (»theater of the mind«) deshalb auch sein mag, so unzureichend ist sie dennoch, wenn sie den fixierten Blick eines Beobachters und einen überschaubaren Bühnenraum suggeriert. Die Organisation mentaler Bilder und Bewegungsräume rekurriert in sehr viel umfassenderem Sinne auf die Kommunikation im Raum der wechselseitigen Wahrnehmung, scheint aber auch zu variieren in Abhängigkeit von der Sprache und von der Wahrnehmungsmatrix der Sprecher. Die höfische Literatur, die sich in einer Kultur primärer Audiovisualität behaupten muss und eingebettet ist in eine hoch entwickelte Memorialkultur, kann von diesen Verfahren nicht abstrahiert werden. Sie erscheint vielmehr charakterisiert durch eine Poetik, in der dem Leser oder Hörer die Möglichkeit der »Augenzeugenschaft« geboten werden soll, sprachlich stimulierte Bilder, welche die Memorierbarkeit der Texte oder wesentlicher Handlungszüge unterstützen. In diesem Sinn ist Kerckhove wohl zuzustimmen, dass die Schrift dazu beiträgt, »einen mentalen Raum zu formen, der sich seinerseits an eine Umwelt anpaßt, die diesen Raum gleichermaßen widerspiegelt und interpretiert.«[17] Dabei zeigen sich bezeichnende Parallelen zur Polyfokalität der Kunst. Auch mittelalterliche Texte kennen nicht nur eine Möglichkeit des Zugriffs, sondern einen mehrfachen Schriftsinn und eine mehrfache Lesbarkeit. Der lineare (literale oder historische) Wortsinn verbindet sich mit einer typologischen (allegorischen) Lesart, die Bewegungen der handelnden Figuren auf der Oberfläche des Textes weisen immer wieder über sich hinaus auf antike, biblische oder volkssprachliche Prätexte. Gemessen daran ist die Frage nach der dynamischen Wahrnehmung und nach dem Leser als Augenzeugen bereits eine Einschränkung der tatsächlichen Komplexität der Texte.

II *Augenzeugen zweiter Ordnung*

Die Rolle des Augenzeugen ist in der mittelalterlichen Gesellschaft, die primär durch ihre Erinnerungskultur geprägt ist, von hervorragender Bedeutung. Dementsprechend spielt die Formel *hoeren unde sehen (audire et videre)* im Recht, in der Historiographie und in der höfischen Dichtung eine ganz zentrale Rolle. Bereits die antike und noch die mittelalterliche Rechtspraxis stützen sich darauf, dass Zeugen einen Rechts-

17 Kerckhove (wie Anm. 13), S. 25.

vorgang leibhaftig wahrnehmen, ihn »hören und sehen«. Die schrift-
lichen Urkunden halten an dem Primat der Augenzeugen fest und beziehen ihre Rechtskraft vielfach aus dem mündlichen Charakter der
Rechtshandlung, die sie dokumentieren. In vielen lateinischen Urkunden
des 12. und 13. Jahrhunderts finden sich entsprechende Formeln, so
etwa in Zeugnissen aus Passau *(qui audierunt et viderunt)* oder Freising
(audientes et videntes).[18]
    Geschriebene Geschichte gilt grundsätzlich als Bericht, der seine
Authentizität dadurch gewinnt, dass er sich auf Augenzeugen stützen
kann. Grundlegend für das Mittelalter ist die Geschichtsauffassung des
Isidor von Sevilla (560–636), der den Begriff *historia* von der optischen
Wahrnehmung ableitet und die Überzeugung vertritt, niemand habe in
der Antike Geschichte geschrieben, der nicht selbst Augenzeuge des Berichteten gewesen sei: »Apud veteres enim nemo conscribebat historiam,
nisi is qui interfuesset, et ea quae conscribenda essent vidisset.«[19]
    Noch im 13. Jahrhundert begründen die Erzähler volkssprachlicher
Überlieferung ihre Glaubwürdigkeit damit, dass sie auf den Bericht
von Augenzeugen hinweisen. Ein Beispiel dafür ist die »Nibelungen-
klage«, die den Spielmann Swämmel als Garanten des berichteten Geschehens anführt: »wand erz hôrte unde sach / er unde manec ander
man« (Nl., 4312)[20], »denn er hat es gehört und gesehen, er und viele
andere Menschen«. Swämmel wird als charakteristischer Bote dargestellt, der an zwei Handlungssituationen beteiligt ist. Er ist der Ver-
mittler einer Situation 1, an der er mit Augen und Ohren partizipiert hat,
und einer Situation 2, in der dieses Geschehen seinen Angaben entsprechend aufgeschrieben wird. Insofern wird die Schrift zu einer medialen
Repräsentation der Wahrnehmung durch Augen und Ohren. Die Erzählung des *videlaere* erfährt eine mediale Transformation vom Körper-
gedächtnis zum Schriftgedächtnis. Der Leser / Hörer partizipiert im
Medium der Schrift an dem, was Ohren und Augen des Boten wahrgenommen haben: Er wird zum Augenzeugen zweiter Ordnung.[21]

18 Horst Wenzel, *Hören und Sehen – Schrift und Bild: Kultur und Gedächtnis im Mittelalter,* München 1995, S. 62; vgl. Dennis H. Green, *Medieval Listening and Reading: The
Primary Reception of German Literature 800–1300,* Cambridge 1994.
19 Isidor von Sevilla, *Etymologiarum,* liber I, caput XLI, Sp. 122; vgl. Wenzel (wie
Anm. 18), S. 58 f.
20 *Der Nibelunge Noth und die Klage,* hg. von Karl Lachmann, 5. Aufl. 1878, Nachdruck, Hamburg 1948.
21 Für die Antike hat Bakker am Beispiel Homers demonstriert, dass die Teilhabe der
Zuhörer, die der Redner durch seinen lebhaften Vortrag zu erreichen sucht, auch für den

Die volkssprachlichen Texte entwickeln viele stilistische Mittel, um diese »Augenzeugenschaft« zu suggerieren. Sie können sich dabei auf die Vorgaben der lateinischen Rhetorik stützen, die drei Modi der *evidentia* unterscheidet: *persona, loco, tempore.* Im Rahmen dieser Modi gibt es ein ganzes Repertoire an Mitteln: »die Detaillierung des Gesamtgegenstandes, den Gebrauch der die Anwesenheit ausdrückenden Ortsadverbien, die Anrede an in der Erzählung vorkommende Personen, direkte Rede der in der Erzählung vorkommenden Personen untereinander.«[22] Das Verhältnis zur lateinischen Rhetorik ist kein direktes Abhängigkeitsverhältnis, aber die Poetik der volkssprachlichen Literatur wird auch nicht völlig neu erfunden. Mündliche und schriftliche Traditionen gehen ineinander über.

Zu den eindrucksvollsten poetischen Mitteln volkssprachlicher Texte zählt die dargestellte Autopsie: In die Schilderung eines Kampfes, eines Turniers oder einer Begräbnisszene wird eine Beobachterfigur eingeführt, deren Augenwahrnehmung so vermittelt wird, dass der textexterne Leser durch das Okular des textinternen Beobachters die dargestellte Szene wahrnimmt.[23]

Ein Beispiel dafür ist die Mahnrede des Heinrich von Melk *(Von des Todes gehugede),*[24] der eine höfische Dame an die Bahre ihres toten Mannes führt, um ihr die Vergänglichkeit des weltlichen Lebens eindringlich vor Augen zu führen. Mit der wiederkehrenden Aufforderung »nu sich« (»scouwe«, »nim war«) wird der widerstrebende Blick der

verschrifteten Text poetologische Zielsetzung bleibt. Egbert J. Bakker, »Discourse and Performance: Involvement, Visualization and ›Presence‹ in Homeric Poetry«, in: *Classical Antiquity* 12 (1993), S. 1–29. Ein mittelalterliches Beispiel liefert die Erzählung von Herzog Ernst, der während seines Exils im Morgenland zahlreiche Abenteuer mit wunderbaren Völkerschaften erlebt. Was er gehört und gesehen hat, lässt der Kaiser nach seiner Rückkehr aufschreiben. Das heißt, die Schrift erscheint als Äquivalent der Sprache und die schriftliche Darstellung korrespondiert mit dem Bericht des Augenzeugen nicht zuletzt auch darin, dass derjenige, der die Erzählung aus zweiter Hand vernimmt, emotional berührt und zum Weinen bewegt wird: »Wer dyese mere von ym vernam,/ Der muste weynen alzu hant« (59944 ff.). Zitiert nach Cornelia Weber: *Untersuchung und überlieferungskritische Edition des »Herzog Ernst B« mit einem Abdruck der Fragmente von Fassung A,* Göppingen 1994 (Göttinger Arbeiten zur Germanistik 611).
22 Heinrich Lausberg, *Handbuch der literarischen Rhetorik: Eine Grundlegung der Literaturwissenschaft,* 3. Aufl., mit einem Vorwort von Arnold Arens, Stuttgart 1990, § 812.
23 Zur *evidentia* heißt es im Anschluss an die antike Rhetorik, »der Redner versetzt sich und sein Publikum in die Lage des Augenzeugen«. Lausberg (wie Anm. 22), § 810.
24 Heinrich von Melk, *Von des Todes gehugede: Mahnrede über den Tod,* Mittelhochdeutsch / Neuhochdeutsch, übersetzt, kommentiert und mit einer Einführung in das Werk hg. von Thomas Bein u. a., Stuttgart 1994.

frouwe auf den Leichnam ihres Mannes gelenkt, auf das ehemals so ein-
drucksvolle Kinn »mit dem niwen barthare« (H. v. M., 617), auf die
Arme und die Hände, »da mit er dich in allen enden / trovt vnt vmbevie«
(H. v. M., 620 f.), und auf die Füße, »da mit er gie hoefslichen mit den fro-
wen« (H. v. M., 622 f.). »Sehen« und »schauen« soll aber nicht eigentlich
die adressierte *frouwe.* »Sichtbar« werden sollen sprachlich generierte
Bilder der Vergänglichkeit für die Hörer und Leser der Schrift. Die
Augen und die Ohren der höfischen Dame, die im Text mit der Leiche
ihres Mannes konfrontiert wird, steuern textextern die Wahrnehmung
des höfischen Auditoriums. Die Dame hat keine weitere Handlung zu
bestreiten, als die Szene wahrzunehmen, auf die sie durch die mahnende
Stimme des geistlichen Erzählers verwiesen wird. Für das Auditorium
ist sie als der erste textinterne Adressat der Rede zugleich die alle Sinne
integrierende Instanz. Poetologisch fungiert sie als Assistenzfigur, um
den Hörer oder Leser »sehend« zu machen, der die »vorgeschriebenen«
Blickbewegungen übernimmt. Bedingung für die Teilhabe des Lesers
oder Hörers ist es dabei, dass die visuelle Wahrnehmung als Handlung
dargestellt ist. Blicke, Gesten und Gebärden in ihrem Raumbezug und in
ihrer dynamischen Qualität werden literarisiert. Die Szene wird in eine
Reihe von Einzelwahrnehmungen zerlegt (Kinn, Hände, Füße), die
sprachlich so vermittelt werden, dass der Hörer oder Leser sie sukzessive aufnehmen (Zeit) und zu einem Gesamtbild synthetisieren kann
(Raum). Das betonte »nu« fungiert als ein Signal der Gegenwärtigkeit,
das die vorgetragene Erzählung im Hier (Ort) und Jetzt (Zeit) verankert.
Die Wiederkehr des »nu« erschließt für den präsenten Hörer oder Leser
die Erzählzeit als Jetztzeit und gibt ihr damit die Verbindlichkeit unmit-
telbarer Aktualität. So bewahrt der deiktische Gestus im Zeigfeld der
Schrift den faktischen Primat einer Verständigung, in der sich die Kom-
munikationspartner füreinander sichtbar (in räumlicher Nähe) und hör-
bar (in zeitlicher Simultaneität) gegenüberstehen. Die Formulierungen
des Textes suggerieren die zeitliche Koinzidenz von dargestellter und er-
lebter Situation, ein reziprokes Feld der Wahrnehmung, das die faktische
Leistung der Schrift, die sprachliche Verständigung aus ihrem ursprünglich oral-auralen Zusammenhang herauszulösen, kunstvoll überspielt.

Diese Leistung erscheint zwar genuin literarisch, wird aber auch von
einem Augenzeugen vor Gericht gefordert, der umso überzeugender
sein wird, je genauer und detailreicher er seine Wahrnehmungen (eines
Verkehrsunfalls etwa) narrativieren kann. Von ihm wird ähnlich erwartet, dass er als Augenzeuge erster Ordnung, das Auditorium zu Augen-

zeugen zweiter Ordnung werden lässt. Er zerlegt die Szene(n) seiner Wahrnehmung und linearisiert sie in seiner Erzählung so, dass sie vom Hörer oder Leser sukzessive synthetisiert werden kann. Das verbindet den Tatzeugen vor Gericht mit dem Zeitzeugen der Geschichte und den spezialisierten Trägern der *mémoire collective*. Der sprachliche Transfer gewährleistet den Austausch zwischen dem Erzähler und seinem jeweiligen Auditorium. Nur wenn solche Austauschbeziehungen sich bewähren, wächst bei den Hörern oder Lesern das Vertrauen in die Gemeinsamkeit von Sprache und Wahrnehmungsleistung.[25]

III *Der Leser als Beobachter*

Noch bei Knigge heißt es über den Adel, er lese besser Mienen als Buchstaben. Als wichtige Aufgabe der Schrift am Hof erscheint es dementsprechend schon im Mittelalter, den höfischen Adel »sehend« zu machen. Ist das Schreiben ein »Schildern«, wird das Lesen zum »Beobachten«. Die Möglichkeit des literarisch vermittelten Sehens eröffnet dem illiteraten Adel einen genuinen Zugang zur Literatur, sie macht den augenorientierten Beobachter zum Leser. Geistliche Dichtung und höfische Epen sind gedächtnisförmig organisiert, sie verwenden eine Sprache, die gebunden ist in Reim und Rhythmus, und sie setzen auf die Wirksamkeit der sprachlich generierten Bilder, die durch Hören oder Lesen vor Augen gestellt werden *(ad oculos exponere / demonstrare).*[26] Deshalb sind wir aus der Sicht der Gegenwart auch immer wieder überrascht über den reichen literarischen Wortschatz des Sehens und Schauens, der zugleich als Indikator für die Visualisierungsstrategien der volkssprachlichen Dichtung einzuschätzen ist. Die Bewegung der Augen, die dem Fluss der Zeilen folgen, korrespondiert mit einer kinästhetischen Wahrnehmung, die für die Konstruktion von Texten in ähnlicher Weise konstitutiv ist wie

25 Giesecke (wie Anm. 7), S. 564, bezieht sich auf die frühneuzeitliche Fachprosa, aber vergleichbare Transformationsleistungen gelten nicht nur für die Durchsetzung des Buchdrucks. Die rhetorische Leistung des berichtenden Augenzeugen reicht von der einfachen asyndetischen Reihung (»und dann, und dann«) bis zu hochkomplexen hypotaktischen Strukturen und zeigt die Überlegenheit der *litterati* in der Diachronisierung von Synchronizität. Flusser sieht, darüber hinausgehend, die spezifische Leistung der Schrift primär in ihrer Fähigkeit zur Narrativierung bildhafter Wahrnehmung: »Seiner ursprünglichen Funktion nach ist das Alphabet ein Code, welcher Bilder bedeutet. Es ist ein Code zum Auseinanderfalten, Erklären und Erzählen von Bildern.« Vilém Flusser, *Kommunikologie,* hg. von Stephan Bollmann / Edith Flusser, Frankfurt am Main 1998, S. 101.

26 Aristoteles, *Poetik,* 1455a, 22–26, 1462a,16–18; dazu Collins (wie Anm. 14), S. 12.

für eine Freskenfolge oder eine Skulpturengruppe. Raum wird im höfischen Roman nicht nur durch Bewegung, sondern auch durch »lesbare« Blickbeziehungen konstituiert, die komplexe Machtverhältnisse und Beziehungskonflikte in öffentlichen und nichtöffentlichen Handlungsräumen sichtbar machen. Handlungsebene (textinterner Augenzeuge) und Wahrnehmungsebene (textexterner Beobachter) sind durch die Übertragbarkeit der »Bilder« aufeinander bezogen. Der Einblick in die literarischen Schauräume macht den Leser zum teilnehmenden Beobachter (Partizipation), ermöglicht Distanz und Nachvollzug (Mimesis).

Schwellensituationen (das Öffnen oder Fallen einer Zugbrücke, das Öffnen oder Schließen eines Tores), der Wechsel von Nähe und Ferne (von der Nahsicht zu den Frauen auf der fernen Burg), Fokussierung (das Springen von der Gruppendarstellung zu Mimik, Gestik und Gebärde eines einzelnen Akteurs), Überblendungen akustischer und optischer Wahrnehmung (zuerst hört der Held den Drachen, dann erst sieht er ihn), Vorausdeutungen und Retrospektiven sind nur ein Teil des Arsenals, das zu einer Poetik der Sichtbarkeit gehört, die wir erst zu erschließen beginnen.[27] An einigen ausgewählten Beispielen, die literarische und filmische Techniken experimentierend aneinander rücken, möchte ich das demonstrieren.

a) Überblick / Luftperspektive: Im *Herzog Ernst*, einem bekannten Spielmannsepos aus dem 12. Jahrhundert, schauen Ernst und sein Begleiter im Land der Kranichmenschen, das sie unerkannt betreten haben, aus dem hohen Fenster einer Burg und können so, selbst unbeobachtet, das Geschehen in der Nähe und in der Ferne beobachten:

> »dô giengen dan besunder
> die zwêne ritter gemeit
> stên an eine gewarheit
> undr ein gewelbe vinster
> dar ûz gienc ein venster
> ob der würmelâge hô.
> dar în leneten sie dô.
> übr al die burc sie wol sâhen,
> beide verre unde nâhen,

---

27   Sarah Stanbury, *Seeing the »Gawain«-Poet: Description and the Act of Perception*, Philadelphia 1991; Mieke Bal, *On Storytelling: Essays in Narratology*, hg. von David Jobling, Sonoma 1991; A. C. Spearing, *The Medieval Poet as Voyeur: Looking and Listening in Medieval Love Narratives*, Cambridge 1993; Wenzel (wie Anm. 18); Jan-Dirk Müller, *Spielregeln für den Untergang: Die Welt des Nibelungenliedes*, Tübingen 1998, hier S. 249 ff.

swaz dar inne und vor geschach,
und daz sie doch niemen sach.«
(*Herzog Ernst* B, 2830 ff.)[28]

(Die tüchtigen Helden gingen nun zur Seite, um sich unter einem dunklen Gewölbe in Sicherheit zu bringen. Dort war, hoch über dem Tiergarten, ein Fenster, in das sie sich lehnten. So konnten sie die ganze Stadt in der Ferne und in der Nähe überblicken und sehen, was innerhalb und vor der Stadt geschah, ohne dass sie gesehen wurden.)

Die Verfügung über den Raum ist grundsätzlich ein Herrschaftsattribut, und so verweist die Aneignung des Blicks auf die tatsächliche Macht der Eindringlinge, obwohl sie sich noch in der Heimlichkeit bewegen. Die Vogelperspektive oder Luftperspektive (der Ausblick von der Höhe eines Turms, die Mauerschau, die Sicht aus dem Fenster), die diesen souveränen Blick ermöglicht, ist ein verbreitetes Motiv der europäischen Epik und ein beliebtes filmisches Ausdrucksmittel seit der frühen Stummfilmzeit.

b) Blickwechsel / Schnitt: Die im Folgenden beschriebene Situation gehört in das Geschehen um Gahmuret und Herzeloyde, die Eltern Parzivals. Sie beschreibt das Eintreffen des Helden am Hof der Königin und das Aufschlagen seines Zeltes:

»Ein schifbrücke ûf einem plân
gieng über einen wazzers trân,
mit einem tor beslozzen.
der knappe unverdrozzen
tet ez ûf, als im ze muote was.
dar ob stuont der palas:
ouch saz diu küneginne
ze den venstern dar inne
mit maneger werden vrouwen.
die begunden schouwen,
waz dise knappen tâten.
die heten sich berâten
und sluogen ûf ein gezelt.«
(*Parzival*, 60,27–61,9)[29]

28 *Herzog Ernst: Ein mittelalterliches Abenteuerbuch,* in der mittelhochdeutschen Fassung B nach der Ausgabe von Karl Bartsch mit den Bruchstücken der Fassung A, hg., übers. sowie mit Anmerkungen und einem Nachwort von Bernhard Sowinski, Stuttgart 1989.
29 Wolfram von Eschenbach, *Parzival,* mittelhochdeutscher Text nach der Ausgabe von Karl Lachmann, Übersetzung und Nachwort von Wolfgang Spiewok, Stuttgart 1996.

(Da war nun ein weites Feld, und über einen Wasserlauf ging eine Schiff-
brücke mit einem Tor davor. Das tat der Knappe ohne Scheu auf, weil es
ihm so gefiel. Da oben stand der Palast, und darin saß die Königin mit
vielen adligen Damen bei den Fenstern. Die wurden aufmerksam auf
jene Knappen und schauten, was sie taten. Die hatten sich entschieden
und schlugen jetzt ein Zelt auf.)

Der erste Blick erfasst die Brücke, die sich über eine Wasserstraße
spannt und durch ein Tor verschlossen ist. Wege und Brücken sind be-
währte Mittel, Tiefe herzustellen, während Tore Eingangssituationen
und Ausgangssituationen kennzeichnen. Während die Tür grundsätzlich
trennt und verbindet, hier aber primär als Hindernis erscheint, »symbolisiert die Brücke die Ausbreitung unserer Willenssphäre über den
Raum«.[30] Der Öffnung des Tores (Schnitt) folgt ein erster Blick auf die
Königin und ihre Frauen, die in den Fenstern des festen Hauses sitzen
und anfangen, die Ankömmlinge zu beobachten (Gegenschnitt).[31] Die
Blickrichtung springt erneut um und führt zurück auf die Knappen,
sodass der textexterne Beobachter den Blickpunkt der Königin übernehmen kann, die im Folgenden wahrnimmt, wie Gahmuret in ihrem
Sicht- und Herrschaftsraum sein Zelt aufbauen lässt. Mit »Schnitt und
Gegenschnitt« wird das Spannungsverhältnis zwischen den Hauptakteu-
ren, zwischen Gahmuret und Herzeloyde eröffnet.

c) Fokussierung / Zoom: Im *Tristan* Gottfrieds von Straßburg haben sich
die Damen versammelt, um dem Kampfspiel *(bûhurt)* der Ritter zuzuschauen. Das Bild ist so prächtig und glänzend, dass sich viele Augen
daran erfreuen. Dieses glänzende Gesamtbild wird jedoch alsbald von
der Wahrnehmung der ganzen Schar auf die Wahrnehmung Riwalins
fokussiert:

»ouch nâmen sîn die vrouwen war
und jâhen des, daz in der schar
nieman nâch ritterlîchem site
alsô behendeclîchen rite,

---

30   Georg Simmel, »Brücke und Tür«, in: *Der Tag* (15. September 1909); Reprint in
Georg Simmel, *Das Individuum und die Freiheit: Essays*, Berlin 1984, S. 7–11, hier S. 8;
Vgl. Claude Gandelman, *Reading Pictures, Viewing Texts*, Bloomington 1991, Kapitel 3
»Penetrating Doors«, S. 36–55. Ich verdanke diesen Hinweis Daniela Hammer-Tugendhat
(Wien).
31   Hier fehlt eine Untersuchung über das Fenster in Literatur und bildender Kunst (Film)
im Hinblick auf die Konstruktion von Wahrnehmungsräumen. Vgl. Flusser (wie Anm. 1),
S. 133, S. 188 ff.; Simmel (wie Anm. 30), S. 7–11.

und lobeten elliu sîniu dinc.
›seht‹, sprâchen sî, ›der jungelinc
der ist ein saeliger man:
wie saeleclîche stêt im an
allez daz, daz er begât!
wi gâr sîn lîp ze wunsche stât!
wie gânt im sô gelîche in ein
diu sîniu keiserlîchen bein!
wie rehte sîn schilt z'aller zît
an sîner stat gelîmet lît!
wie zimet der schaft in sîner hant!
wie wol stât allez sîn gewant!
wie stât sînt houbet und sîn hâr!
wie süeze ist aller sîn gebâr!
wie saeleclîche stât sîn lîp!
ô wol si saeligez wîp,
der vröude an ime belîben sol!‹«
(*Tristan*, 699 ff.)[32]

(Auch die Damen bemerkten ihn und sagten, dass in der ganzen Schar
niemand nach ritterlichem Brauch so gewandt kämpfe, und all priesen
seine Taten.»Seht«, sprachen sie,»der Jüngling dort ist ein begnadeter
Mann. Wie herrlich steht ihm alles, was er tut. Und wie hübsch er ist!
Wie ebenmäßig ihm seine stattlichen Gliedmaßen gewachsen sind! Wie
fest ihm sein Schild stets an seine Schulter angegossen scheint! Wie sich
der Speer in seine Hand schmiegt! Wie gut ihm seine Kleider passen! Wie
er sein Haupt und seine Haare trägt! Wie schön er sich bewegt! Was für
ein beglückendes Bild! Oh, beglückt ist die Frau, die sich an ihm erfreuen
wird!«)

Die Fokussierung der Wahrnehmung, die den einzelnen Helden aus
der größeren Schar der versammelten Ritter heraushebt, verhindert
nicht, dass der Blick der Beobachter wandert.[33] Er ist nicht festgelegt auf
einen isolierten Bildausschnitt, sondern folgt auch bei der Naheinstel-
lung dem Helden in seiner Bewegung: von der Gesamterscheinung über
Schild, Speer, Kleider, Haupt und Haare bis zu den Gebärden. Diese

---

32 Gottfried von Straßburg, *Tristan*, 3 Bde., Mittelhochdeutsch / Neuhochdeutsch, nach
dem Text von Friedrich Ranke neu hg., ins Neuhochdeutsche übers., mit einem Stellen-
kommentar und einem Nachwort von Rüdiger Krohn, 6. Aufl., Stuttgart 1993; vgl. *Parzival*, 63,10 ff.
33 Zum »wandernden Blickpunkt« im Zusammenspiel von Text und Leser vgl. Iser (wie
Anm. 13), S. 177 ff.

Reihung macht zugleich erkennbar, dass das Bild, das hier entworfen
wird, nicht das Ergebnis empirischer Beobachtung ist, sondern ein Ideal-
bild höfischer Schönheit, das rhetorischen Mustern folgt. Entscheidend
ist jedoch, dass der textexterne »Augenzeuge«, der mit dem auffordern-
den »seht« in den Kreis der Zuschauenden eingebunden wird, seine
Wahrnehmung ganz auf den Helden konzentriert, der in der weiteren
Entwicklung des Geschehens eine zentrale Rolle spielen wird. Die
Schönheit Riwalins wird erkennbar als Disposition für Blanscheflur, die
Schwester des Königs. Die Signaturen des Adels, die Riwalin an seinem
Körper trägt, sind für eine Umgebung lesbar, die auf Sichtbarkeit und
prinzipielle Öffentlichkeit adliger Statusdemonstration angelegt ist. Die
soziale Konditionierung des höfischen Ritters, aber auch seine literarische Darstellung fungieren als Gedächtnisstütze, als Medium gesell-
schaftlicher Stabilisierung; sie zeigen den Komplex aus Gesten, körperlichen Posituren und Sprachhandlungen, der das gültige Adelsschema
bestätigt und stets neu als Anspruch formuliert. Eine entsprechende
Intensivierung ermöglicht auch die Großaufnahme, welche die Gesamt-
wahrnehmung einer Szene auf die Wahrnehmung eines Gesichtes oder
eines Körpers fokussiert, weil sie für den Darstellungszusammenhang
besonders aussagefähig sind.

d) Großaufnahme *(close-up)*: Im *Tristan* Gottfrieds von Straßburg entdeckt die junge Isolde, dass die auffällige Scharte im Schwert des Helden
zu einem Metallstück passt, das man im Kopf ihres erschlagenen Oheims
gefunden hat. Die neugierige Wahrnehmung des Schwertes führt sie auf
die Spur des Mörders und auf Tristans bisher verheimlichte Identität:

>»ir herze daz was dar gewant,
>ir ouge allez dar wac,
>dâ der harnasch dâ lac.
>und enweiz niht, wie si des gezam,
>daz sî daz swert ze handen nam,
>als juncvrouwen unde kint
>gelustic unde gelengic sint
>und weizgot ouch genuoge man.
>sie zôch ez ûz und sach ez an
>und schouwete ez wâ unde wâ.
>nu sach si den gebresten dâ.
>si begunde an die scharten
>lange unde sêre warten
>und gedâhte in ir muote:

›sam mir got der guote,
ich waene, ich den gebresten hân,
der hier inne solte stân,
und zwâre ich wil es nemen war.‹«
(*Tristan*, 10062 ff.)

(Ihr Herz wandte und ihre Augen richteten sich immerfort dorthin, wo die Rüstung lag. Ich weiß nicht, was sie veranlasste, das Schwert zur Hand zu nehmen, so wie Mädchen und Kinder neugierig und begehrlich sind und weiß Gott auch viele Männer. Sie zog es aus der Scheide und sah es an und betrachtete es überall. Da entdeckte sie die Beschädigung. Sie schaute die Scharte lange und gründlich an und dachte bei sich:»Beim gütigen Gott, ich fürchte, ich habe das fehlende Stück, das hier hineingehört, und ich will es wahrlich gleich ausprobieren.«)

Die Fixierung von»herze« und»ouge« auf das Schwert entspricht der Großaufnahme im Film, die alle Aufmerksamkeit auf das entscheidende Detail lenkt, von dem wir wissen sollen, dass es für die weitere Entwicklung der Handlung ausschlaggebend sein wird:»Das Detail, das beobachtet wird, ist plötzlich zum ganzen Inhalt der Darstellung geworden, und alles, was unser Bewußtsein nicht beachten möchte, ist plötzlich unseren Augen entzogen und verschwunden.«[34]

e) Überblendung von Hörraum und Sichtfeld: Die erste Begegnung Parzivals mit der höfischen Welt (*Parzival*, 120,11 ff.) baut Wolfram von Eschenbach kunstvoll für die Wahrnehmung von *ougen* und *ôren* auf, die wichtigsten der fünf menschlichen Sinne, die den Wahrnehmungsraum konstituieren. In der Ausgestaltung der Szene demonstriert Wolfram einen»filmischen« Erzählstil. Er setzt nicht Szene gegen Szene, sondern »blendet über«. Wie in einer filmischen Sequenz häufig das Bild der letzten Szene stehen bleibt, der Ton aber schon zur nächsten gleitet (und umgekehrt), so lässt er hier zunächst den ungewohnten Klang in den Wahrnehmungsraum des jungen Parzival eindringen. Parzival nimmt den Einbruch des Fremden in seinen vertrauten Wald primär über die Ohren wahr:»dâ hôrte er schal von huofslegen« (*Parzival*, 120,16). Dann erst erweitert sich der akustische Wahrnehmungsraum um die visuelle Dimension. Mit dem imperativischen»nu seht« öffnet Wolfram die Szene für die optische Wahrnehmung Parzivals und für die Imagination seiner Hörer oder Leser:

34 Münsterberg (wie Anm. 11), S. 56.

>*nu seht*, dort kom gschûftet her
drî ritter nâch wunsche var,
von vuoze ûf gewâpent gar.«
(*Parzival*, 120,24 ff.)

(Nun seht, da kamen drei vorbildliche Ritter herangaloppiert, von Kopf bis Fuß gewappnet.) Die Visualisierung des Geschehens erfolgt für den Helden der Erzählung und für seine Beobachter im gleichen Augenblick. Die mediale Differenz wird kunstvoll überspielt, der Hörer oder Leser als Zuschauer und Augenzeuge in die Szene involviert. Dass Wolfram selbst den Hörer oder Leser auch als Zuschauer versteht, demonstriert seine explizit ans Auditorium gerichtete Aufforderung: »nu seht«.

f) Vorausdeutung / Vorschau: Im *Iwein* Hartmanns von Aue macht sich Iwein in einer mentalen Vergegenwärtigung dessen, was auf ihn zukommen wird, die Schritte seiner nächsten Aventiure klar:

>»wan ich sol in disen drin tagen
des endes varn, und niemen sagen,
in den walt ze Breziljân.
suochen unz ich vunden hân
den stîc den Kâlogrenant
sô engen und sô rûhen vant.
und dâ nach sol ich schowen
die schoenen juncvrouwen,
des êrbaeren wirtes kint,
diu beidiu alsô hövesch sint
so gesihe ich, swenn ich scheide dan,
den vil ungetânen man
der dâ pfliget der tiere.
dar nâch sô sihe ich schiere
den stein und den brunnen:
des müezen sî mir gunnen
daz ich in eine begieze,
ich engeltes ode genieze.‹«
(Iwein, 923 ff.)[35]

(»Denn ich will noch innerhalb dreier Tage heimlich dorthin in den Wald von Breziljan reiten, um zu suchen, bis ich den schmalen und so ver-

35 Hartmann von Aue, *Iwein*, Text der 7. Ausg. von G. F. Benecke / K. Lachmann / L. Wolf, Übersetzung und Anmerkungen von Thomas Cramer, 3. Aufl., Berlin / New York 1981.

wachsenen Pfad gefunden habe, den Kalogrenant fand. Und danach werde ich das schöne Fräulein sehen, die Tochter des edlen Burgherrn, die beide so höfisch sind. Dann werde ich, wenn ich von dort Abschied nehme, den so ungeschlachten Menschen sehen, der die Tiere hütet. Danach werde ich dann gleich den Stein und die Quelle sehen. Sie werden es nicht hindern können, dass nur ich allein ihn begieße, möge mir daraus Glück oder Unglück entstehen.«)

Das Interessante an dieser Passage ist die Tatsache, dass Iwein das Vokabular des Sehens mit der mentalen Vorwegnahme eines Abenteuers verbindet, dessen Stationen er nur aus der Schilderung seines Gefährten Kalogrenant kennt.[36] Die Selbstverständlichkeit, mit der hier davon ausgegangen wird, dass das Hören einer Erzählung auch das Wiederfinden und Erkennen der Schauplätze ermöglicht, die durch bloßes Hörensagen übermittelt sind, bestätigt die Ausgangsthese von der Sprache als einem Medium der Visualisierung. Wenn die Worte Kalogrenants ermöglichen, dass Iwein bereits wissen kann, was er zukünftig sehen wird, ist damit vorausgesetzt, dass auch der Leser oder Hörer im Zeigfeld der Erzählung »sehen« kann, weil er durch die Worte der Erzählung am Blickfeld des Helden partizipiert.

g) Rückblende *(cut-back)*: Im *Nibelungenlied* wird die Vorgeschichte Siegfrieds, die wir aus den nordischen Quellen kennen, nicht als Teil der Handlung selbst, sondern nur als Rückblende vermittelt. Als Siegfried den Wormser Hof erreicht, wird die Ankunft der Fremden von den

---

36 Münsterberg zufolge geht es immer dann, »wenn der Fluß der Ereignisse durch Blicke nach vorn unterbrochen wird«, um die seelische Funktion der Erwartung, so wie bei dem Rückblick *(cut-back)* um Erinnerung, bei der Großaufnahme *(close-up)* um die besondere Anteilnahme. Mit dem Begriff der »seelischen Funktion« impliziert der Stummfilmtheoretiker, dass der Film psychische Dispositionen, die dem Medium vorausgehen, mit den ihm genuinen Mitteln umsetzt. Er öffnet damit auch die Perspektive für den Vergleich von Literatur und Lichtspiel. Münsterberg selbst beschränkt sich in seinen Überlegungen allerdings auf die Relation von Film und Theater: »Das Theater kann nur darstellen, wie die realen Ereignisse aufeinander folgen könnten; das Lichtspiel kann jedoch die Distanz zum Zukünftigen ebenso überwinden wie die Distanz zur Vergangenheit und kann daher den Tag zwanzig Jahre später zwischen die jetzige und die nächste Minute schieben. Kurz gesagt, es vermag zu wirken, wie unsere Phantasie wirkt. Es hat die Beweglichkeit unserer Vorstellungen, die nicht von der physischen Notwendigkeit der äußeren Ereignisse beherrscht werden, sondern von den psychologischen Gesetzen der Assoziation. In unserem Bewußtsein verflechten sich Vergangenheit und Zukunft mit der Gegenwart. Das Lichtspiel folgt den Gesetzen des Bewußtseins mehr als denen der Außenwelt.« (Münsterberg [wie Anm. 11], S. 59) Zwar spricht Münsterberg nicht von literarisch stimulierten »Bildern«, aber viele seiner Bestimmungen lassen sich zwanglos auf die Literatur übertragen.

Burgundern wahrgenommen, und es ist schließlich Hagen, der Siegfried
erkennt und diese Identifikation verbindet mit der Erzählung von Siegfrieds Jugendtaten:

>»Alsô sprach dô Hagene: ›ich wil des wol verjehen,
swie ich Sîvriden nimmer habe gesehen,
sô wil ich wol gelouben, swie ez dar umbe stât,
daz es sî der recke, der dort sô hêrlichen gât.

Er bringet niuwemaere her in ditze lant.
die küenen Nibelunge sluoc des heldens hant,
Schilbunc und Nibelungen, diu rîchen küneges kint.
er frumte starkiu wunder mit sîner grôzen krefte sint.

Dâ der helt al eine ân alle helfe reit,
er vant vor eime berge, daz ist mir wol geseit,
bî Nibelunges horde vil manegen küenen man.
die wâren im ê vremde, unz er ir künde dâ gewan.

Hort der Nibelunges der was gar getragen
ûz einem holen berge. nu hoeret wunder sagen,
wie in wolden teilen der Nibelungen man.«
(Nl. 86,1 ff.)[37]

(Da sagte Hagen: »Ich möchte dies behaupten: Zwar habe ich Siegfried
niemals zu Gesicht bekommen, aber ich nehme doch – was immer seine
Ankunft bedeuten mag – als sicher an, dass er der Recke ist, der dort so
herrlich herankommt.
    Er bringt Neuigkeiten zu uns in unser Land. Die tapferen Nibelun-
gen, Schilbung und Nibelung, Söhne eines mächtigen Königs, hat er mit
eigener Hand erschlagen. Aber auch später noch hat er mit seiner großen
Kraft Wundertaten vollbracht.
    Wie ich ganz sicher weiß, traf der Held vor einem Berg, an dem er
ohne jede Begleitung ganz allein vorbeiritt, viele tapfere Männer beim
Schatz der Nibelungen. Die waren ihm, bevor er sie dort kennen lernte,
unbekannt gewesen.
    Der ganze Nibelungenhort war aus einer Berghöhle herausgeschafft
worden. Und nun lasst euch Wunderbares berichten, auf welch seltsame
Weise ihn die Nibelungen zu teilen gedachten.)

37 *Das Nibelungenlied*, nach der Ausgabe von Karl Bartsch, hg. von Helmut de Boor,
22. Aufl., Mannheim 1988.

Hagen erinnert sich im Rahmen der Ankunftsszene an Siegfrieds Vorgeschichte, sodass die früheren Ereignisse mit der gegenwärtigen Szene
verbunden werden können. Er erzählt seinen Gefährten von Siegfrieds
Hortraub, vom Gewinn der Tarnkappe und seinem Drachenabenteuer
und leistet damit eine Aktualisierung des gesellschaftlichen Wissens, die
zugleich dem Hörer oder Leser den Mythos von Siegfried vergegenwär-
tigt. Aktuelle Wahrnehmung und Erinnerung sind derart kunstvoll miteinander vermittelt, eine Technik, die wir auch im Stummfilm wieder
finden:»Die Technik der Herstellung solch langsamer Übergänge von
einem Bild in ein anderes und wieder zurück erfordert viel Geduld und
ist viel schwieriger als ein plötzlicher Wechsel, da zwei in ihrem Aufbau
genau korrespondierende Ansichten produziert und schließlich kombiniert werden müssen. Aber diese beschwerliche Methode hat sich in der
Filmproduktion vollkommen durchgesetzt, und der Effekt symbolisiert
in der Tat etwas vom Erscheinen und Verschwinden einer Erinnerung.«[38]
Die Beobachtung Münsterbergs bezieht sich ausschließlich auf den Film,
beschreibt aber auch ein Grundprinzip des höfischen Erzählens.

h) Ausblendung / Suggestion: Der Ritter Mauricius von Craûn hat lange
um seine Dame geworben und liegt nun endlich bei ihr:

»sie kusten unde kusten aber.
dehein antwurt engaber,
swes sie in gefrâgte.
als sie des betrâgte,
si begreif in mit den armen.
nu begunde er ouch erwarmen
und tet der frouwen ichn weiz waz.
waz hulfez iuch, saget ich daz?
ez ist sus alsô guot,
ir wizzet wol waz man tuot:
alsô tâten sie ouch hie.«
(Moriz von Craûn, 1609 ff.)[39]

38 Münsterberg (wie Anm. 11), S. 60.
39 *Mauricius von Craûn*, Mittelhochdeutsch / Neuhochdeutsch, nach dem Text von Ed-
ward Schröder, hg., übers. und kommentiert von Dorothea Klein, Stuttgart 1999; vgl.
Moriz von Craûn, Mittelhochdeutsch / Neuhochdeutsch, mittelhochdeutscher Text nach
der Ausgabe von Ulrich Pretzel, Übersetzung, Kommentar und Nachwort von Albrecht
Classen, Stuttgart 1992.

(Sie küsste ihn immer wieder. Er aber gab keine Antwort, was sie ihn auch fragte. Als ihr das zu dumm wurde, umschlang sie ihn mit den Armen. Nun wurde auch ihm heiß, und er machte mit der Dame, was weiß ich. Was nützte es euch, wenn ich es erzählte? Es ist schon gut so – ihr wisst schon, was man da macht: genau das machten auch sie hier.) Der Text spielt mit der Imagination der Hörer / Leser. Er stimuliert eine Vorstellung, ohne die damit verbundenen Bilder sprachlich auszuführen. Dieser Vergegenwärtigung durch Verschweigen entspricht die Suggestion durch Ausblendung im Film: »Immer wieder hat man mit zweifelhaftem Geschmack die Sinnlichkeit der Kintopp-Besucher durch suggestive Bilder von einem sich ausziehenden Mädchen aufgewühlt, bevor jedoch in der intimen Kammer die letzte Hülle fiel, waren die Zuschauer plötzlich auf dem Marktplatz inmitten einer Menschenmenge oder an Bord eines Segelschiffes auf einem Fluß.«[40] Das Lichtspiel kann, so formuliert es Münsterberg, »nicht nur im Dienste der Erinnerung ›rückschneiden‹, es kann auch im Dienste der Suggestion ›abschneiden‹«, und so scheint es ihm bisweilen »aus rein künstlerischen Gründen weiser, den Höhepunkt der Suggestion zu überlassen, auf die die gesamte Situation hinausläuft.«[41] In zahlreichen Szenen der Epik und Lyrik praktizieren mittelhochdeutsche Dichter diese Technik.

i) Parallelhandlung: Die mediävistische Forschung hat herausgearbeitet, mit welcher Artistik die Darstellung gleichzeitiger Geschehnisse im mittelhochdeutschen Epos gestaltet wird.[42] Diese epische Verfahrensweise hat ihr Äquivalent in der Technik des Films: »Das Leben bewegt sich nicht auf einer einzigen Bahn vorwärts. Die gesamte Mannigfaltigkeit paralleler Vorgänge mit ihren endlosen Wechselbeziehungen untereinander bildet den eigentlichen Stoff für unser Verständnis [...]. Vorgänge, die so weit voneinander entfernt sind, daß wir nicht bei ihnen allen zur selben Zeit physisch anwesend sein können, verschmelzen in unserem Blickfeld gerade so, wie sie von unserem eigenen Bewußtsein zusammengebracht werden.«[43]

40　Münsterberg (wie Anm. 11), S. 64.
41　Ebd., S. 63 f.
42　Hans-Hugo Steinhoff, *Die Darstellung gleichzeitiger Geschehnisse im mittelhochdeutschen Epos: Studien zur Entfaltung der poetischen Technik vom Rolandslied bis zum Willehalm,* München 1964.
43　Münsterberg (wie Anm. 11), S. 62.

Diese Technik der Darstellung findet sich nicht erst im Film, sondern erscheint bereits vorstrukturiert durch die literarische Erzählstruktur der frühesten volkssprachlichen Dichtung. Das gilt ähnlich für die Phänomene von Zeitraffung und -dehnung, Illusionsbrechung durch Ironiesignale und Momente der Selbstreferenzialität des Mediums.

IV *Literatur als Bildmedium*

Die Schrift zielt darauf ab, die Sichtbarkeit der nonverbalen Zeichen und die »Lesbarkeit« der Körper zu imaginieren, wie sie uns im Raum der wechselseitigen Wahrnehmung gegenübertreten. Das Unterwegssein der *rîter* und *frouwen* korrespondiert mit einem mentalen Unterwegssein des Hörers oder Lesers. Der textexterne Beobachter wird als »Augenzeuge« in die Handlungen der textintern agierenden Personen involviert. Die Lektüre von Handschriften und Büchern konnte folgerichtig selbst als eine imaginäre Wanderung erlebt werden. Das gilt bereits für Aventiurenfahrten höfischer Ritter, gilt aber auch und ganz besonders für Reisebeschreibungen oder Pilgerbücher des späten Mittelalters und der frühen Neuzeit. So heißt es bei Konrad Forer: »Viel berhuemen sich grosser dingen / durchschiffen das ungestuemme Meer / ligen offt in die weite. Hie findt man alles samen gruendlich / eigentlich und warhafftig zusammen verfaßt / gantz kurtzweilig und lustig / auch mit den Augen zu sehen / und mit den ohren zu hoeren / einem jeglichen in seinem hauß / und jnnerhalb seinen Zinnen.«[44] Die Weltbeschreibungen im eigenen Haus zu haben, ist einfacher und bequemer, als den Aufwand weiter Wege und die Gefahren fremder Länder selbst in Kauf zu nehmen, zumal man auch »innerhalb seiner Zinnen« mit »den Augen sehen und mit den Ohren hören« kann, was in der Ferne vor sich geht. Der Autor tritt gleichsam als das Perspektiv der Augen eines schriftgesteuerten Betrachters auf, das Buch transportiert seine Sensationen auf einem langen Weg zum häuslichen Leser.[45] Ähnlich heißt es auch bei Luther: »obs schon nit sihest, soltus doch sehen mit dem gehör«.[46]

Der Botaniker Rauwolf notiert, was er im Orient gesehen und erfahren hat, »in ein kleines Rayßbüchlein [...] solliches mir für ein memorial,

44 Giesecke (wie Anm. 7), S. 518.
45 Ebd., S. 520.
46 *D. Martin Luthers Werke: Kritische Gesamtausgabe*, IV. Abt.: Briefwechsel, unveränderter Nachdruck der Ausgabe Weimar 1885–1985, Graz 1969–1989, Bd. 49, 360,13.

in meinem leben zu behalten«. Eine ausführliche Beschreibung seiner Reise in die Morgenländer (1582) übergibt er seinem Publikum in der Erwartung, dass auch »die jhenigen / so nit gelegenheit haben, / frembde unnd ferne entlegne örter zubesuochen / alles fein für augen / alß in einer Tafel gestellet hetten / sich darinnen zuo ersehen.«[47] Die »Anschaulichkeit« einer Erzählung kann durch die Darstellung eines Vortragenden unterstützt werden, sie ist aber nicht notwendig an ihre Aufführung gebunden. Auch dem isolierten Leser werden die dargestellten Aktionen in ihrem Raum- und Zeitbezug beim Lesen gegenwärtig. Das gilt besonders, aber nicht ausschließlich, für die mittelalterliche Dichtung. Noch Heine bezeichnet seine Reisebeschreibungen als *Reisebilder,* und Rolf Dieter Brinkmann »sieht« in seinen Texten Rom (*Rom, Blicke,* Reinbek 1979). »Lesen«, so heißt es bei Gadamer, »ist sprechen lassen«, und Sprechen ist Bedingung dafür, dass man hören kann, »um, was Schrift sagt, sehen zu können«.[48] Natürlich geht es nicht um den »Trivialsinn«, heißt es wenig später, »daß man sehen muß um Schrift lesen zu können, sondern darum, daß durch das Lesen etwas sichtbar gemacht wird, das wir Anschauung nennen«.[49] Die »anschauliche Präsenz des Gesagten« ergibt sich daraus, dass sich nicht allein »ein Nacheinander abwickelt«, sondern gleichzeitig (raumfüllend) als Ganzes da sein kann, was in der Zeit entfaltet wird.[50]

Gegenüber der lebendigen Anschauung einer Face-to-face-Situation, dem Hören von Sprache, dem Sehen von Bildern, dem Schmecken, Riechen und Fühlen, ist die Komplexität der sinnlichen Wahrnehmung im Medium der Schrift jedoch ganz fraglos reduziert: »Memory is oral, aural and visual at the same time, records are only visual.«[51] Wird die Wahrnehmung aber auf die Zeichen reduziert, können die sichtbaren oder hörbaren Signale Bilderwelten evozieren, welche die Situation der unmittelbaren Wahrnehmung imaginieren. Die sinnfällige Demonstration sozialer Ordnung im höfischen Zeremoniell, die dominiert wird

---

47   Leonhard Rauwolf, *Aigentliche Beschreibung der Raiß so er vor dieser Zeit gegen Auffgang inn die Morgenländer […] selbs volbracht,* Lauingen 1582, Reprint, o.O. o.J. (1977), Vorrede (o.S.), S. 7 f.
48   Hans Georg Gadamer, »Hören – Sehen – Lesen«, in: Hans Joachim Zimmermann (Hg.), *Antike Tradition und Neuere Philologien: Symposium zu Ehren des 75. Geburtstags von Rudolf Sühnel,* Heidelberg 1984, S. 9–18, hier S. 9 f.
49   Ebd., S. 13 f.
50   Ebd., S. 17 f.
51   Brian Stock, *The Implications of Literacy: Written Language and Models of Interpretation in the Eleventh and Twelfth Centuries,* Princeton NJ 1983, S. 18.

durch Hören und Sehen, macht es erforderlich, die Wirksamkeit belehrender Lektüre für ein literarisch ungeschultes Publikum durch ihre Bildhaftigkeit zu sichern, durch detailreiche Tableaus, durch Personifikationen und Metaphern,[52] durch die Hervorhebung von Gestik, Habitus und Ausstattung der Handlungsträger – insgesamt also durch eine Fülle von poetischen Visualisierungsstrategien, die zunächst die Vorstellungskraft und über die synästhetische Erfahrung zugleich die übrigen Sinne ansprechen. Für das »innere Auge«, und darin stimmt die Wahrnehmungstheorie des Mittelalters mit der Wahrnehmungspsychologie der Neuzeit überein, kann das Hören poetischer Sprache bilderreiche Vorstellungen stimulieren,[53] die zugleich die Bindung an die Erfahrung, aber auch die Freiheit der poetischen Rede demonstrieren.[54] Mit Kolve ist deshalb zu resümieren: »In the Middle Ages, poetic narrative [...] sought a response from the inner eye: it became [...] ›visual‹.«[55]

V Resümee

Die Sprache »schildert«, »stellt vor Augen«, »macht anschaulich«, das heißt immer wieder neu, »sie visualisiert«. Sie tut dies zwar in Übereinstimmung mit den sozialen Regeln, die einen Teil der perzipierten Bilderwelt durch eine entsprechende Sprachregelung ausblenden, aber auch mit den Möglichkeiten der Vorstellungskraft, das Abwesende zu verbildlichen, das Materielle und das Ideelle, das Vergangene und das Zukünftige zu vergegenwärtigen. Das Prinzip der Partizipation wird somit von der Schrift bewahrt; sie kann das Spektrum der sensorischen Wahr-

---

52 Vgl. Eric A. Havelock, *Preface to Plato,* Cambridge 1963 (= A History of the Greek Mind 1), S. 171 ff.

53 »Es gibt keine Sehdinge, keine Hör- und Geschmacks-, keine Riech- und keine Tastdinge, sondern einheitliche funktionale Ergebnisse der vereinten Sinnestätigkeit: Orientierung, Zielhandlungen, Gegenstandswahrnehmung.« Dieter Hoffmann-Axthelm, *Sinnesarbeit: Nachdenken über Wahrnehmung,* Frankfurt am Main / New York 1984, S. 35; vgl. Christopher Robert Hallpike, *Die Grundlagen des primitiven Denkens* (1979), übersetzt von Luc Bernard, Stuttgart 1984, S. 192 ff.

54 »Das innere oder geistige Bild ist, als verinnerlichte Nachahmung, von der Wahrnehmung abgeleitet, die Bedeutung, für die das Bild gebraucht wird, beruht hingegen nicht auf Nachahmung, sondern auf Assimilation, was auch für die Veräußerlichung von Bildern, etwa zu symbolischen Gesten oder bei der Wahl von konkreten Objekten, mit denen andere symbolisch dargestellt werden, gilt.« Hallpike (wie Anm. 53), S. 168 f.

55 Verdel A. Kolve, *Chaucer and the Imagery of Narrative: The First Five Canterbury Tales,* London 1984, S. 19.

nehmung medial erweitern und modifizieren, dennoch aber simuliert die
Schrift auch immer wieder die vorschriftliche (außerschriftliche) Wahr-
nehmungs- und Lernsituation. Die Partizipation am Text erweitert und
ergänzt die Nachahmung von körperlichen Vor-Bildern.

Gewährleistet der Text die Möglichkeit bildhafter Wahrnehmung, so
garantiert er sie jedoch durchaus nicht. Entscheidend ist die Wahrnehmung des Hörers oder Lesers. Wir müssen deshalb mit einer doppelten
oder gar mehrfachen Lektüre rechnen, mit dem faszinierten Leser, für
den die mediale Differenz verschwindet, sodass er in die Texte oder Bilder eintritt, und dem distanzierten Leser, der sich des Mediums bewusst
bleibt und mit der Dichtung auch die Mittel der Dichtung (die Dichtung
als Medium) im Blick behält. Für den faszinierten Leser gewinnen die
von ihm erfassten Eindrücke an Deutlichkeit, während alle anderen
weniger deutlich, weniger klar, weniger ausgeprägt, weniger detailliert
werden. Sie verblassen, wir bemerken sie nicht mehr. »Völlig in ein Buch
versunken, hören wir überhaupt nicht mehr, was um uns herum gesagt
wird, wir sehen das Zimmer nicht mehr, wir vergessen alles. Unsere auf
die Seite des Buches gerichtete Aufmerksamkeit bringt es mit sich, daß
allem andren keine Aufmerksamkeit zukommt [...]. Unsere Ideen, Gefühle und Antriebe kreisen um den beachteten Gegenstand. Er wird zum
Ausgangspunkt für unsere Handlungen, während all die anderen Gegenstände im Bereich unserer Sinne ihre Herrschaft über unsere Ideen und
Gefühle verlieren.«[56] Der Leser, der sich mit seinem Buch in eine stille
Ecke zurückzieht, wo er sich völlig auf seine Lektüre konzentrieren
kann, befindet sich »zweifellos in einem Zustand gesteigerter Suggesti-
bilität, ist also bereit, Suggestionen zu empfangen.«[57] »Jede Schattierung
eines Gefühls oder einer Emotion, die sich in der Seele des Zuschauers
regt«, kann die Szene so durchformen, dass sie »als Verkörperung unserer Gefühle« erscheinen kann.[58] Das gilt ähnlich für die kollektive Wahrnehmung eines geistlichen Spiels wie für die Formen individueller und
gemeinschaftlicher Lektüre im Zeitalter der Manuskriptkultur.

Zu berücksichtigen ist dabei, dass im Mittelalter Kommunikation
noch nicht auf Information reduzierbar ist, sondern den Charakter der
communio, der leibgebundenen Verständigung bewahrt. Der Nachklang
einer ganzheitlichen sensorischen Wahrnehmung, der in der Terminologie der Zeitgenossen fassbar wird, scheint für den Umgang mit dem

56 Münsterberg (wie Anm. 11), S. 55.
57 Ebd., S. 63.
58 Ebd., S. 83.

geschriebenen Wort und für die Aneignung des Wortes aus der Schrift von höchster Bedeutung. Die Wahrnehmung der Zeichen mit den Augen, die Aufnahme des Tones über die Ohren, der Nachvollzug des Sprechens (das Schmecken) mit den Lippen, die Sensomotorik des Körpers im Rhythmus der Wortfolge und die Internalisierung des Blicks im Prozess des Nachsinnens kennzeichnen das ganzheitliche Erfassen eines Schriftwerkes, das sehr viel mehr ist als die bloße Aufnahme von Information: »Für die Alten heißt Meditieren, einen Text lesen und ihn ›par cœur‹ – in der stärksten Bedeutung dieses Ausdrucks – lernen, also mit seinem ganzen Wesen – mit seinem Leib, weil die Lippen ihn aussprechen, mit dem Gedächtnis, das ihn festhält, mit dem Verstand, der seinen Sinn begreift, mit dem Willen, der ihn in die Tat umzusetzen verlangt.«[59]

Man möchte also meinen, dass in der jungen literarischen Kultur des Mittelalters die Vereinnahmung durch den Text und das Eintreten in den Schauraum des Textes noch erheblich verbreiteter waren als in der entwickelteren, distanzierteren Literaturgesellschaft. Der Textbefund spricht dafür, dass die Poetik der volkssprachlichen Literatur des Mittelalters nicht lediglich einen »Zuhörer« impliziert, sondern auch einen »Zuschauer« erwartet. Im Spannungsverhältnis von Mündlichkeit und Schriftlichkeit ist die Wahrnehmung einer Erzählung in wichtigen Passagen als ein kinästhetischer Vollzug zu denken, ähnlich wie die Betrachtung eines Teppichs oder eines Freskos.[60] Unter dieser Voraussetzung ist die kinästhetische Wahrnehmung zu historisieren, wäre im Sinne Einsteins die dynamische Bildwahrnehmung mittelalterlicher Bild- und

---

59 Jean Leclercq, *Wissenschaft und Gottverlangen: Zur Mönchstheologie des Mittelalters,* aus dem Französischen übertragen von Johannes und Nicole Stöber, Düsseldorf 1963, S. 26.
60 Zum Teppich von Bayeux siehe Richard Brilliant, »The Bayeux Tapestry: A Stripped Narrative for Their Eyes and Ears«, in: *Word and Image* 7 (1991), S. 98–126; vgl. Bazon Brock, »Supervision und Miniatur«, in: *Sehsucht* (wie Anm. 9), S. 67–71, hier S. 68 f. Wir unterschätzen aus der Perspektive der Literaturgesellschaft die Vielfalt der Mal- und Schreibflächen, die für die Darstellung und Sicherung aristokratischer Memoria genutzt wurde: Die Wände repräsentativer Räume, gewirkte Decken, Tücher, Wandbehänge und Gebrauchsgegenstände aus dem adligen Leben. Die Lebenswelt wird mit einem Netz von Zeichen überzogen, wie das verschiedentlich am Beispiel des Tristanstoffes dargestellt worden ist: »Teppiche, Wandbehänge und Decken, Kästchen, Kämme, Spiegelkapseln, Schreibetuis, Tafelgeschirr und anderes wurden mit Figuren aus der Tristansage verziert.« Joachim Bumke, *Höfische Kultur: Literatur und Gesellschaft im hohen Mittelalter,* 2 Bde., München 1986, Bd. 2, S. 732; vgl. Norbert H. Ott, »Epische Stoffe in mittelalterlichen Bildzeugnissen«, in: Volker Mertens / Ulrich Müller (Hgg.), *Epische Stoffe des Mittelalters,* Stuttgart 1984, S. 449–474. Gertrud Blaschitz, »Schrift auf Objekten«, in: Horst Wenzel / Wilfried Seipel / Gotthart Wungerg (Hgg.), *Die Verschriftlichung der Welt: Bild, Text und Zahl in der Kultur des Mittelalters und der Frühen Neuzeit,* Wien 2000, S. 145–179.

Buchlektüren mit der Wahrnehmung eines Kinofilms zu vergleichen. Einsteins Formulierung suggeriert eine Mediengeschichte des Sehens, die aufschlussreich sein könnte im Hinblick auf die mediale Differenzierung des dynamischen Sehens unter den Bedingungen a) der körpergebundenen Memorialkultur (Wechselseitigkeit der Wahrnehmung), b) der Vermittlung von Text und Bild im Zeitalter der Manuskriptkultur (wandernder Blickpunkt und Bedeutungsperspektive), c) der kinästhetischen Wahrnehmung im Zeitalter Gutenbergs (wandernder Blickpunkt und Zentralperspektive), d) der elektronischen Medien (wandernder Blickpunkt und Hypertext).[61] »Sichtbarkeit«, »Vision«, »Imagination«, »Spekulation«, »Television« und »Virtualität« bezeichnen Aspekte eines solchen Spannungsbogens. Vor diesem Hintergrund erscheint es forschungsperspektivisch aufschlussreich, die Visualisierungsstrategien mittelalterlicher Texte im weiteren Kontext kulturwissenschaftlicher Forschung zu untersuchen und an die Gegenwart zurückzubinden.[62]

VI *Post Scriptum*

Es ist natürlich nicht so, kann nicht sein, dass der Text nach filmischen Verfahren organisiert ist,[63] vielmehr wirft die »kinästhetische Organisation« der Texte die Frage auf, ob die filmische Wahrnehmung nicht aufbaut auf Wahrnehmungsmodi, die durch eine jahrhundertelange Texttradition vorformuliert worden sind, ob also die frühen Stummfilme, die

---

61 Vgl. Niklas Luhmann, *Die Gesellschaft der Gesellschaft*, Frankfurt am Main 1997.
62 Ansätze dazu gibt es in der aktuellen Diskussion in eindrucksvoller Vielfalt. Deshalb kann hier nur auf wenige ausgewählte Titel verwiesen werden. Paul Virilio, *Die Sehmaschine*, Berlin 1989 (ders., *La machine de vision*, Paris 1988); Michael Giesecke: *Der Buchdruck in der frühen Neuzeit: Eine historische Fallstudie über die Durchsetzung neuer Informations- und Kommunikationstechnologien*, Frankfurt am Main 1991, hier S. 504 ff.; *Sehsucht* (wie Anm. 9); *Kritik des Sehens*, hg. von Ralf Konersmann, Leipzig 1997; *Der Sinn der Sinne*, hg. von der Kunst- und Ausstellungshalle der Bundesrepublik Deutschland, Göttingen 1998 (= Schriftenreihe Forum, Bd. 8); Wolfgang Settekorn, »Vor-Film«: Zur Geschichte der Inkorporation von Sprache, Bild und Raum in der frühen Neuzeit«, in: *Die Mobilisierung des Sehens: Zur Vor- und Frühgeschichte des Films in Literatur und Kunst*, hg. von Harro Segeberg, München 1998 (= Mediengeschichte des Films, Bd. 1), S. 13–43; Jörg Jochen Berns, *Film vor dem Film: Bewegende und bewegliche Bilder als Mittel der Imaginationssteuerung in Mittelalter und Früher Neuzeit*, Marburg 2000.
63 Zum »filmischen« Schreiben nach der Durchsetzung des Kinofilms vgl. Markus R. Weber, »Prosa, der schnellste Film: Neue Varianten ›filmischen‹ Schreibens«, in: Walter Delabar / Erhard Schütz (Hgg.), *Deutschsprachige Literatur der 70er und 80er Jahre: Autoren, Tendenzen, Gattungen*, Darmstadt 1997, S. 105–129.

sich nachweisbar am Theater orientieren, nicht auch und ganz besonders den Schauräumen der Literatur verpflichtet sind. Bildwahrnehmung und literarisch »vorgeschriebene« Imaginationen sind nicht isoliert voneinander zu denken. Es deutet manches darauf hin, dass die meditative Rezeption von Texten und Bildern in der mittelalterlichen Memorialkultur mit einer besonderen Intensität und Beständigkeit der Gedächtnisbilder verbunden ist *(ruminatio)*. Solange das Lesen an die Geschwindigkeit des Sprechens und Hörens gebunden ist, bleibt die Imagination geprägt durch die Simultaneität von Hören und Sehen im Raum der wechselseitigen Wahrnehmung (primäre Audiovisualität). Bereits mit »der Durchsetzung des nichtartikulierten Lesens wird das Lesen vom Tempo und den Einschränkungen des Sprechens und Hörens befreit«,[64] die Bildwahrnehmung flüchtiger und diskontinuierlich. Die Konkurrenz von Bildmedium und Lektüre scheint heute manifest zu werden in der Dyslexie, in der zunehmenden Schwierigkeit, in einer Welt der unfesten Bilder, der rasanten Werbespots und der elektronischen Spiele, schriftlich gebundene Sprache mit prägnanten, merkfähigen Imaginationen zu verbinden. Michael Ende beschreibt die Kraft der Imagination in der *Unendlichen Geschichte,* wenn er den Knaben Bastian auf dem Dachboden in die erzählte Welt seines Buches eintreten lässt. Bastian referiert seine Erfahrung:»Ich bin in die Unendliche Geschichte hineingeraten beim Lesen, aber als ich dann wieder herauskam, war das Buch weg.«[65] Der Bibliothekar Korander erklärt ihm:»Es gibt eine Menge Türen nach Phantasien, mein Junge. Es gibt noch mehr solcher Zauberbücher. Viele Leute merken nichts davon. Es kommt eben darauf an, wer ein solches Buch in die Hände bekommt.«[66]

64 Groß (wie Anm. 6), S. 235.
65 Michael Ende, *Die Unendliche Geschichte,* Stuttgart 1979, S. 425.
66 Ebd., S. 427.

Georges Didi-Huberman

Nachleben oder das Unbewusste der Zeit

Auch die Bilder leiden an Reminiszenzen

Aby Warburgs Versuch ist so bescheiden wie kühn, so konventionell in seinem Prinzip wie Schwindel erregend in seiner Realisierung: Entgegen aller positivistischen, schematischen oder idealistischen Geschichte der Kunst wollte Warburg schlicht und einfach die wesentliche Komplexität ihrer Gegenstände respektieren.[1] Das implizierte, sich mit Verflechtungen, Schichtungen und Überdeterminierungen auseinander zu setzen: Warburg betrachtete jedes Objekt der Kunstgeschichte wie ein komplexes – faszinierendes und gefährliches – Knäuel sich windender Schlangen. Wie soll man das *bewegliche Zeiten-Knäuel* jenseits der Geschichte beschreiben, die am kontinuierlichen Faden der Filiationen à la Vasari entlangläuft? Wie das *bewegliche Bilder-Knäuel* jenseits dieser allzu verschlossenen und sorgsam hierarchisierten Aktivitäten, die unsere Akademien als die »Schönen Künste« bezeichnen? Um auf diese Fragen eine Antwort zu geben, wurden die Begriffe *Nachleben** und *Pathosformel** eingeführt: um – im Kontext von Untersuchungen zur visuellen Kultur der Renaissance – besser denken zu können, was *Überdeterminierung* bedeutet, welche Anforderungen die Polyvalenz und Plastizität der Bilder, die intensive Arbeit im Inneren der Dinge und Symbole an den Historiker stellen. Während das Wort »Nachleben« gestattete, die zeitliche Überdeterminierung der Geschichte zu erfassen, erlaubte der Ausdruck »Pathosformel« die Erfassung der bedeutungsmäßigen Überdeterminierung anthropomorpher Darstellungen, wie sie unserer abendländischen Kultur so vertraut sind. In beiden Fällen war es eine spezifische Arbeit des Gedächtnisses – dieser souveränen *Mnemosyne*, die das Frontispiz

---

1 Die folgenden Überlegungen gehören in den Rahmen einer laufenden Untersuchung über den Begriff des »Nachlebens« bei Aby Warburg, die sowohl den Quellen als auch den theoretischen Besonderheiten dieses Zeitmodells des Bildes nachgeht.

* Asteriskus (*) bedeutet hier und im Folgenden: im Original deutsch – Anm. d. Ü.

der Hamburger Bibliothek zierte –, welche die Fäden des beweglichen Knäuels abwechselnd verwirrt und entwirrt.

Die Überdeterminierung der von Warburg untersuchten Phänomene ließe sich ausgehend von einer Minimalbedingung formulieren, welche die Pendelbewegung – die »ewige Wippe« – von Instanzen beschreibt, die stets in einer gewissen Spannung und Polarität aufeinander wirken: Prägungen und Bewegungen, Latenzen und Krisen, plastische und nicht-plastische Prozesse, Vergesslichkeiten und Reminiszenzen, Wiederholungen und Hindernisse ... Ich schlage vor, die Dynamik dieser strukturellen Pendelbewegungen als *Symptom* zu bezeichnen.[2]

Das Symptom würde diese komplexe Schlangenbewegung bezeichnen, diese nicht-auflösende Verflechtung, diese Nicht-Synthese, auf die wir andernorts unter dem Blickwinkel des *Phantoms* oder des *Pathos* eingegangen sind.[3] Das Symptom würde das Herz der spannungsgeladenen Prozesse bezeichnen, die wir nach Warburg in den Bildern zu verstehen suchen: das Herz des Körpers und der Zeit. Das Herz der Phantom-Zeit und des Pathos-Körpers, an jenem operativen Rand der Darstellungen im Modus des Mangels (vgl. die Quasi-Unsichtbarkeit des Winds im Haar oder in den Faltenwürfen der »Ninfa«) und der Darstellungen im Modus des Überschusses (vgl. die Quasi-Taktilität des gequetschten Fleisches beim »Laokoon«). Worauf die paradoxe Zeitlichkeit des *Nachlebens** abzielt, ist nichts anderes als die Zeitlichkeit des

2 Dieser Vorschlag orientiert sich natürlich an Arbeiten, die ihm zeitlich bereits ziemlich weit voraus liegen: Vgl. Georges Didi-Huberman, *Invention de l'hystérie: Charcot et l'Iconographie de la Salpêtrière*, Paris 1982, S. 83–272 (deutsch: *Erfindung der Hysterie: Die photographische Klinik von Jean-Marie Charcot*, übers. und mit einem Nachwort von Silvia Henke / Martin Stingelin / Hubert Thüring, München 1997, S. 98–310; ders., *La Peinture incarnée*, Paris 1985, S. 20–28 und 115–132 (erscheint demnächst unter dem Titel *Die leibhaftige Malerei*, übers. von Michael Wetzel, bei W. Fink, München); ders., *Devant l'image: Question posée aux fins d'une histoire de l'art*, Paris 1990, S. 195–218 (deutsch: *Vor einem Bild*, übers. von Reinold Werner, München 2000, S. 168–188); ders., *La Ressemblance informe, ou le gai savoir visuel selon Georges Bataille*, Paris 1995, S. 165–383; ders., »Dialogue sur le symptôme« (mit Patrick Lacoste), in: *L'Inactuel* 3 (1995), S. 191–226); ders., »Pour une anthropologie des singularités formelles: Remarques sur l'invention warburgienne«, in: *Genèses: Sciences sociales et histoire* 24 (1996), S. 145–163.

3 Vgl. Didi-Huberman 1996 (wie Anm. 2), S. 145–163; ders., »Sismographies du temps: Warburg, Burckhardt, Nietzsche«, in: *Les Cahiers du Musée national d'Art moderne* 68 (1999), S. 5–20; ders., »Histoire de l'art, histoire de fantômes: Renaissance et survivance, de Burckhardt à Warburg«, in: *Le Corps évanoui, les images subites*, hg. von V. Mauron und C. de Ribaupierre, Lausanne / Paris 1999, S. 60–71; ders., »Die Ordnung des Materials: Plastizität, Unbehagen, Nachleben«, übers. von Hella Faust, in: *Vorträge aus dem Warburg-Haus*, Bd. 3, Berlin 1999, S. 1–29; ders., »Notre Dibbouk: Aby Warburg dans l'autre temps de l'histoire«, in: *La Part de l'œil* 15–16 (1999–2000), S. 219–235.

Symptoms. Und die paradoxe Körperlichkeit der *Pathosformeln** zielt auf nichts anderes als die Körperlichkeit des Symptoms. Die paradoxe Bedeutung des *Symbols** nach Warburg schließlich zielt auf nichts anderes als die Bedeutung des Symptoms – wobei das Symptom hier im Freudschen Sinne zu verstehen ist, das heißt in einem Sinne, der zu allen zeitgenössischen medizinischen Semiologien im Widerspruch stand und sie unterminierte.

Denn Warburg hat das Gedächtnis, das in den Nachleben des antiken Bildes und seiner »primitiven« Pathosformeln in der Moderne – der Renaissance – am Werk ist, sehr wohl als *psychischen* Prozess untersucht. Wenn er von Richard Semon den Begriff des *Engramms** oder des »Erinnerungsbilds«, oder von Ewald Hering die Hypothese eines als »allgemeine Funktion der organisierten Materie«[4] verstandenen Gedächtnisses entlehnte, so zeigt dies, wie sehr Warburg davon überzeugt war, dass die psychische Dimension unter einem Gesichtspunkt betrachtet werden müsse, den er selbst als »monistisch«[5] bezeichnete: Es ging darum, die *Psyche* nicht von ihrem *Leib* oder umgekehrt die *vorstellende Substanz* nicht von ihren *psychischen Vermögen* zu trennen.

Welches sind nun diese psychischen Vermögen? Warburg deutet es in seiner Sammlung von »Grundbegriffen« zum *Mnemosyne*-Atlas an, wobei er behauptet, dass das »Bilderwesen« darin bestehe, einen Fundus an »Vorprägungen« »in einen Stil zu formen« – wir könnten beinahe sagen umzuwandeln.[6] Auf der zeitlichen Ebene wird dieser Vorgang »Nachleben« genannt. Auf der plastischen Ebene bezeichnet Warburg ihn oft als »Verkörperung«, das heißt als die Art und Weise, in der die antiken Dynamogramme figurativ formuliert und zu einem späteren Zeitpunkt ihrer Geschichte plastisch reformuliert werden.

Es scheint klar, dass für Warburg die – psychischen und plastischen – Vermögen des Bildes unmittelbar auf das unreine und bewegte sedimentierte Material eines *unbewussten Gedächtnisses* wirken. Das ist vermutlich die wichtigste Lehre des Warburgschen *Nachlebens**, seine

---

4 Ewald Hering, *Über das Gedächtnis als eine allgemeine Funktion der organisierten Materie*, Leipzig 1870 (Ausgabe 1905); Richard W. Semon, *Die Mneme als erhaltendes Prinzip im Wechsel des organischen Geschehens*, Leipzig 1904; ders., *Die mnemischen Empfindungen in ihren Beziehungen zu den Originalempfindungen*, Leipzig 1909 (Ausgabe 1922).
5 Aby Warburg, *Grundlegende Bruchstücke zu einer monistischen Kunstpsychologie* (1888–1905), London, Warburg Institute, Archiv, III.43.1–2.
6 Aby Warburg, *Grundbegriffe II* (1928–1929), London, Warburg Institute, Archiv, III.102.3–4, S. 116 (Notiz vom 12. März 1929).

schwierigste Lehre, die auch heute noch schwer zu vertreten ist: Der
Historiker wie der Kunsthistoriker hat seine Schwierigkeiten, zu akzeptieren, dass die Evidenz seiner Arbeit, die Geschichte, in gewisser Weise
von einem *zeitlosen** Gedächtnis verwirrt, »blockiert« wird, einem Gedächtnis, das narrativen Kontinuitäten und logischen Widersprüchen
gegenüber unempfindlich ist. Warburg äußert sich dazu aber in aller
Klarheit:

> »Die Restitution der Antike als ein Ergebnis des neueintretenden histori-
> sierenden Tatsachenbewußtseins und der gewissenfreien künstlerischen
> Einfühlung zu charakterisieren, bleibt unzulängliche deskriptive Evolu-
> tionslehre, wenn nicht gleichzeitig der Versuch gewagt wird, in die Tiefe
> triebhafter Verflochtenheit des menschlichen Geistes mit der achrono-
> logisch geschichteten Materie hinabzusteigen. Dort erst gewahrt man das
> Prägewerk, das die Ausdruckswerte heidnischer Ergriffenheit münzt, die
> dem orgiastischen Urerlebnis entstammen: dem tragischen Thiasos.«[7]

Man wird in diesem, das Ursprüngliche figurierenden Ereignis ein be-
ständiges Merkmal des dionysischen Modells wieder erkennen. Wozu
die tragische Figur aufruft, ist aber nichts anderes als das analytische
Eintauchen in die »Tiefe triebhafter Verflochtenheit« jenseits allen »his-
torisierenden Tatsachenbewußtseins«: Also tritt Freud hier – im Jahre
1929 – an die Stelle Nietzsches. Es gäbe zweifellos viel zu sagen über die
Ähnlichkeit der Art und Weise, in der Freud und Warburg das unbewusste Gedächtnis unter dem allgemeinen Blickwinkel der *Evolution*,
zwischen Phylogenese und Ontogenese, untersuchten – denken wir
auch an Darwin, der mit seinen »fehlenden Gliedern« und seinen »Aus-
drucksprinzipien« am Anfang von alledem stand.[8] Es scheint mir jedoch

---

7   Aby Warburg, »Einleitung zum Mnemosyne-Atlas« (1929), in: *Die Beredsamkeit des
Leibes: Zur Körpersprache in der Kunst*, hg. von Ilsebill Barta Fliedl / Christoph Geissmar,
Salzburg / Wien 1992, S. 172 (vgl. mittlerweile auch Aby Warburg, *Der Bilderatlas Mnemosyne*, hg. von Martin Warnke unter Mitarbeit von Claudia Brink, Berlin 2000, S. 4). »Thia-
sos« ist die Bezeichnung für einen dionysischen Umzug.
8   Zu den Freudschen Evolutions-Modellen siehe insbesondere Sigmund Freud, *Übersicht der Übertragungsneurosen: Ein bisher unbekanntes Manuskript* (1915), hg. von Ilse
Grubrich-Simitis, Frankfurt am Main 1985; M. Moscovici, »Un meurtre construit par les
produits de son oubli« (1985), in: *Il est arrivé quelque chose: Approches de l'événement
psychique*, Paris 1989, S. 387–416; Patrick Lacoste, »Destins de la transmission«, Nachwort zur französischen Ausgabe von Sigmund Freuds *Übersicht ...* (*Vue d'ensemble des
névroses de transfert: Un essai métapsychologique*, hg. von Ilse Grubrich-Simitis, übers.
von Patrick Lacoste, Paris 1986, S. 165–210); ders., *La Sorcière et le transfert: Sur la méta-
psychologie des névroses*, Paris 1987, S. 101–130; Lucille B. Ritvo, *L'Ascendance de Darwin*

dringlicher, jene *Probleme innerhalb der Evolution* zu untersuchen, als die sich bei Warburg wie bei Freud die Symptombildungen erweisen.

Was diesen wesentlichen Punkt betrifft, entfaltet Freud nämlich sämtliche intuitiven Ahnungen Warburgs – und ermöglicht so, sie zu *lesen:* Dort wo Warburg aufdeckt, inwiefern das Pathos ein bevorzugtes Objekt des Nachlebens ist, wird Freud uns erklären, inwiefern das Pathos innerhalb des Symptoms ein bevorzugtes Produkt des Nachlebens darstellt, es sozusagen verkörpert.

Das Freudsche Modell des Symptoms gestattet uns in der Tat, die Plastizität der *Verkörperung** und die Zeitlichkeit des *Nachlebens** in ein und derselben *Pathosformel** zu vereinen: Eine Symptombildung ist in gewisser Weise ein Nachleben, das sich verkörpert. Ein von Konflikten, von widersprüchlichen Bewegungen erschütterter Körper: ein von den Wirbeln der Zeit bewegter Körper. Ein *Körper, aus dem plötzlich ein verdrängtes Bild hervorgeht*, wie Warburg es verstanden haben musste, als er die Beharrlichkeit, das plötzliche Auftauchen und den Anachronismus der Nachleben vor dem Hintergrund von Vergesslichkeiten, Latenzen und Verdrängungen beobachtete.⁹ Nun stellen wir aber frappiert fest, dass Freud im Symptom eine Zeitlichkeitsstruktur entdeckt hat, die dem in allen Punkten ähnelt.

Seit 1895 versteht er nämlich das bestimmende Element jener »unverständlichen Situation«, die sich im hysterischen Anfall präsentiert: Freud entdeckt, dass über die »leidenschaftlichen Haltungen« oder »plastischen Posen« – die bei Charcot nur »Phasen« einer typologischen Entwicklung der Krise darstellten – hinaus im Symptom *jede Geste pathetisch*, das heißt affektiert ist, mag sie auch widersprüchlich, konfus,

sur Freud (1990), übers. von Patrick Lacoste, Paris 1992; Paul-Laurent Assoun, »L'héritage darwinien de la psychanalyse«, in: *Darwinisme et société*, hg. von Patrick Tort, Paris 1992, S. 617–635; Pierre Fédida, *Le site de l'étranger: La situation analytique*, Paris 1995, S. 221–244.
9 Vgl. Fritz Saxl, »Continuity and Variation in the Meaning of Images« (1947), in: *Lectures*, Bd. 1, London 1957, S. 4: »[...] an image which had been removed from the consciousness of man brought suddenly to life again, and not only in one isolated case, but in a great number.« Wir stellen aber fest, dass diese – überaus treffende – Definition des *Nachlebens** bei Saxl schließlich auf ein *kontinuistisches* Modell der Zeit zurückgreift, während das symptomale Modell *diskontinuierlich* ist. Ich sehe darin eine der wenigen Divergenzen zur Studie Giorgio Agambens (»Aby Warburg et la science sans nom« [1984], übers. von Marcello Dell'Omodarme, in: *Image et mémoire*, Paris 1998, S. 18), der ebenfalls das kontinuistische Modell Saxls übernimmt: »Das von Warburg verwendete deutsche Wort *Nachleben** bedeutet nicht genau *renaissance*, wie es bisweilen übersetzt wird, auch nicht *survivance*. Es impliziert die Idee der Kontinuität des heidnischen Erbes, die für Warburg essentiell war.«

unlogisch oder formlos sein. Jede Geste ist pathetisch, weil alles, was in diesem Moment im Körper geschieht, die Kräfte eines *leidenden, unerledigten Gedächtnisses*[10] manifestiert.

Die Freudsche Entdeckung gibt sich hier in ihrer Reinterpretation des Darwinschen Prinzips der Prägung zu erkennen: Die (von Charcot verteidigte) Heredität ist nur eine Bedingung. Die eigentliche Ursache hingegen beruht auf einem spezifischen Gedächtnis, das hier am Werk ist.[11] Alle Bewegungen während des Anfalls sind entweder »Reaktionsformen des die Erinnerung begleitenden Affekts« oder »direkte Ausdrucksbewegungen dieser Erinnerung« oder beides zugleich (Prinzip der Antithese, widersprüchliche Gleichzeitigkeit). Auf jeden Fall, so behauptet Freud, »[leide] der Hysterische größtenteils an Reminiszenzen«[12]. Und sein »in ein Bild verwandelter Körper« (Pierre Fédida) wird dies auf jede nur erdenkliche Art und Weise zum Ausdruck bringen.

»An Reminiszenzen leiden« – ein entscheidender Satz. Aus ihm ist praktisch die Psychoanalyse hervorgegangen. Zur selben Zeit entdeckte Warburg, dass die florentinische Nymphe in den Fresken Ghirlandaios *vor lauter Reminiszenzen tanzt*, wie Orpheus in Dürers Zeichnung buchstäblich *an Reminiszenzen* leidet und *stirbt*. Wenn das Symptom als ein »unverständliches Symbol« in Erscheinung tritt, wie Freud sagt, dann im Grunde genommen deshalb, weil es als das Produkt eines komplexen Netzes zu verstehen ist, in dem unzählige »Erinnerungssymbole« miteinander verflochten sind:

> »Streng genommen verhält sich das hysterische Symptom gar nicht anders als das Erinnerungsbild [...]. Der Unterschied liegt nur in dem scheinbar spontanen Auftreten der hysterischen Symptome, während man sich wohl erinnert, die Szenen und Einfälle selbst provoziert zu haben. Es führt aber in der Wirklichkeit eine ununterbrochene Reihe von den unveränderten *Erinnerungsresten* affektvoller Erlebnisse und Denkakte bis zu den hysterischen Symptomen, ihren *Erinnerungssymbolen*.«[13]

---

10 Im Original »mémoire en souffrance«, was hier insofern doppelt lesbar ist, als »souffrance« zunächst »Leiden« bedeutet, während die Wendung »en souffrance« zur Bezeichnung einer »unerledigten« Aufgabe oder auch einer »unzustellbaren« Postsendung dient – Anm. d. Ü.
11 Sigmund Freud, »L'hérédité et l'étiologie des névroses« (1896), Originaltext in Französisch, in: ders., *Gesammelte Werke*, Frankfurt am Main 1946–1968, Bd. 1, S. 405–422.
12 Sigmund Freud, »Studien über Hysterie«, in: ders., *Gesammelte Werke* (wie Anm. 11), Bd. 1, S. 77–312, hier S. 86 und 95.
13 Ebd., S. 302.

Was bedeutet das? Dass das Symptom nach Freud auf dieselbe Art und Weise wirkt wie das Bild nach Warburg: als ein Ensemble »vitaler Reste« des Gedächtnisses. Als eine Kristallisation, eine Nachlebensformel. Und wenn wir hier von Gedächtnisbild sprechen müssen, so unter der – allerdings umwälzenden – Bedingung, *Gedächtnis und Erinnerung* auseinander zu halten … Seien wir uns darüber im Klaren, vor welche Schwierigkeiten eine solche Bedingung einen positivistischen Historiker stellt. Jedenfalls hat die klinische Erfahrung des Symptoms Freud gelehrt – so wie die Stilistik der *Pathosformeln** Warburg gelehrt hatte –, dass *das Gedächtnis unbewusst ist:* »Bewußtsein und Gedächtnis schließen sich nämlich aus«, schrieb Freud 1896 an Wilhelm Fließ.[14] Ein weiterer entscheidender Satz. Nunmehr gilt es zu verstehen, inwieweit die Erinnerung – diejenige, die wir zur Verfügung haben, zum Beispiel wenn Vasari aus dem großen Familienroman der florentinischen Kunst schöpft – jenseits aller Exaktheit der Fakten oft nur eine organisierte Amnesie, ein Köder, ein Hindernis für die Wahrheit ist, kurzum: eine Deckfunktion.[15] Umgekehrt gilt es jene Art von Arbeit zu verstehen, durch welche dieses paradoxe Gedächtnis sich organisieren kann.

Freud hat dessen Komplexität von Anfang an erkannt: Obwohl er vom kürzlichen Tod seines Vaters »sehr ergriffen« ist, schreibt er im November und Dezember 1896 gleichwohl drei außergewöhnliche Briefe, in denen sich seine Theorie des Symptoms zu einer Hypothese über das Gedächtnis im Allgemeinen entwickelte: Es ist von unzerstörbaren »Erinnerungsspuren« die Rede, aber auch von »Aufeinanderschichtung« und »Umordnung nach neuen Beziehungen«; es geht um »Verdrängung«, aber auch um verschiedene »Arten von Zeichen«, die in der Gedächtnis-

14   Sigmund Freud, Brief an Wilhelm Fließ vom 6. Dezember 1896, in: Sigmund Freud, *Aus den Anfängen der Psychoanalyse*, London 1959, S. 186.
15   Sigmund Freud, »Über Deckerinnerungen« (1899), in: ders., *Gesammelte Werke* (wie Anm. 11), Bd. 1, S. 529–554. Zum unbewussten Gedächtnis siehe insbesondere Jean Guillaumin, »Transitivité de la mémoire. Réintériorisation du souvenir: L'halluzination interne du passé sur le trajet de l'immémoré à l'oubli«, in: *Revue française de psychanalyse* 4 (1979), S. 715–723; J. Rouart, »Le souvenir comme amnésie organisée: Fonction ambigue du couple souvenir-amnésie«, in: ebd., S. 665–678; Denise Braunschweig, »Mémoire: question de topique«, in: *Revue française de psychanalyse* 4 (1990), S. 1023–1031; Patrick Lacoste, »La mémoire à l'œil nu« (1990), in: *Liberté sur paroles: Actualités freudiennes*, Belfort 1998, S. 104–127; Michel Neyraut, *Les Raisons de l'irrationel*, Paris 1997, S. 239–250. Zur Funktion der »Deckerinnerungen« in Vasaris Geschichte der Kunst siehe Georges Didi-Huberman, »Ressemblance mythifiée et ressemblance oubliée chez Vasari: la légende du portrait ›sur le vif‹«, in: *Mélanges de l'École française de Rome – Italie et Méditerranée* 2 (1994), S. 405–432.

arbeit zum Einsatz kommen.[16] Das Feld der *Mnemosyne* öffnete sich der topischen und dynamischen Komplexität der unbewussten *Psyche*. Aus dieser Komplexität ergeben sich mindestens zwei Grundcharaktere, die wir als solche im Warburgschen Begriff des *Nachlebens** wieder finden werden. Der erste besteht darin, dass das unbewusste Gedächtnis sich nur in Symptom-Momenten erfassen lässt, die als ebenso viele *posthume Aktionen* mit einem verlorenen – realen oder phantasmatischen – Ursprung auftreten.[17] Der zweite Grundcharakter besteht darin, dass das unbewusste Gedächtnis in den Symptomen nur als ein *Knoten von Anachronismen* auftritt, in dem mehrere Zeitlichkeiten und heterogene Niederschriftsysteme miteinander verflochten sind:

> »Das wesentlich Neue an meiner Theorie ist also die Behauptung, daß das Gedächtnis nicht einfach, sondern mehrfach vorhanden ist, in verschiedenen Arten von Zeichen niedergelegt. [...] Es bleibt so ein Anachronismus bestehen, in einer gewissen Provinz gelten noch ›Fueros‹; es kommen ›Überlebsel‹ zustande. [...] Pathologische Abwehr gibt es aber nur gegen eine noch nicht übersetzte Erinnerungsspur aus früherer Phase.«[18]

Der Anachronismus definiert vielleicht das Wesentliche des Gedächtnisbegriffs, der hier zutage tritt.[19] Auf der Ebene der logischen Strukturen

16   Sigmund Freud, Briefe an Wilhelm Fließ vom 2. November sowie vom 4. und 6. Dezember 1896, in: Freud (wie Anm. 14), S. 182–192.
17   Sigmund Freud, »Weitere Bemerkungen über die Abwehr-Neuropsychosen« (1896), in: ders., *Gesammelte Werke* (wie Anm. 11), Bd. 1, S. 377–403; ders., »Zur Ätiologie der Hysterie« (1896), in: ders., *Gesammelte Werke* (wie Anm. 11), Bd. 1: »Es macht ja den Eindruck, als blieben bei den Hysterischen alle alten Erlebnisse wirkungskräftig [...], als seien diese Personen unfähig, psychische Reize zu erledigen. [...] Vergessen Sie nicht, daß die alten Erlebnisse der Hysterischen bei einem aktuellen Anlasse als *unbewußte Erinnerungen* ihre Wirkung äußern« (S. 456); ders., »L'hérédité et l'étiologie des névroses« (1896), in: ders., *Gesammelte Werke* (wie Anm. 11), Bd. 1, S. 419 (Hervorhebung G. D.-H.): »[...] le souvenir agira comme s'il était un événement actuel. Il y a pour ainsi dire *action posthume* d'un traumatisme sexuel« (»die Erinnerung wird agieren, als ob sie ein aktuelles Ereignis wäre. Es liegt hier sozusagen eine *posthume Aktion* eines sexuellen Traumas vor«).
18   Freud (wie Anm. 14), S. 185 und 187 f. »Fueros« sind ältere Lokal- und Sonderrechte vor der Durchsetzung einer zentralen Gesetzgebung, die in einigen spanischen Provinzen in Geltung geblieben sind.
19   Vgl. Pierre Fédida, »Passé anachronique et présent réminiscent: *Épos* et puissance mémoriale du langage«, in: *L'Écrit du temps* 10 (1985), S. 23–45. Vgl. auch Jacques Lacan, *Écrits*, Paris 1966, S. 447: »[...] wir finden hier die konstitutive Bedingung wieder, die Freud dem Symptom auferlegt, damit es diesen Namen im analytischen Sinne verdiene; es handelt sich darum, daß ein Erinnerungselement einer vorangegangenen bevorzugten Situation wiederaufgegriffen wird, um die gegenwärtige Situation zum Ausdruck zu bringen, das heißt daß es hier unbewußt als Bedeutungselement verwendet wird, mit dem Ergebnis, daß die Unbestimmtheit des Erlebten in eine tendenziöse Bedeutung verwandelt

erscheint er als *zeitlicher Modus der Überdeterminierungen*, die in jeder
Bildung des Unbewussten am Werk sind. Freud schreibt, dass sich im
Symptom »die Stammbäume verflechten«; sie überkreuzen sich an bestimmten bevorzugten »Knotenpunkten«[20], die man also als »Anachro-
nismusknoten« bezeichnen könnte. Doch wären diese Verflechtungen
eher als *Netze von Öffnungen* zu denken, als seismische Risse, die sich
bei jedem Schritt im Boden der Geschichte auftun. Freud selbst floss das
erstaunliche Bild eines *Netzes von Kränkungen* aus der Feder – als wäre
die symptomatische Geste im anachronistischen Moment ihrer Entla-
dung für sich selbst eine ganze Bibliothek à la Borges oder à la Warburg,
in der jeder neue Saal ein neues leidendes, unerledigtes Gedächtnis wäre:

> »Die Reaktion der Hysterischen ist eine nur scheinbar übertriebene; sie
> muß uns so erscheinen, weil wir nur einen kleinen Teil der Motive ken-
> nen, aus denen sie erfolgt. [...] Nicht die letzte, an sich minimale Krän-
> kung ist es, die den Weinkrampf, den Ausbruch der Verzweiflung, den
> Selbstmordversuch auslöst, mit Mißachtung des Satzes von der Propor-
> tionalität des Effekts und der Ursache, sondern diese kleine aktuelle
> Kränkung hat die Erinnerungen so vieler und intensiverer früherer Krän-
> kungen geweckt und zur Wirkung gebracht, hinter denen allen noch die
> [unbewußte] Erinnerung an eine schwere, nie verwundene Kränkung im
> Kindesalter steckt.«[21]

Diese Analyse hat für uns insofern exemplarischen Wert, als sie eine
Intensität (die pathetische Übertreibung der Geste) durch eine *Komplexität* (die zeitliche Überdeterminierung des Nachlebens) erklärt: Im
Grunde genommen liegt hier die ganze Dialektik der *Pathosformeln**
vor. Später wird Freud erklären, dass die Erinnerung sich genau da entzieht, wo das Gedächtnis arbeitet, und dass die Geste genau da in die
Gegenwart des Symptoms eintritt, wo die Erinnerung sich entzieht:
»[...] so dürfen wir sagen, der Analysierte erinnere überhaupt nichts von
dem Vergessenen und Verdrängten, sondern er agiere es. Er reproduziert
es nicht als Erinnerung, sondern als Tat.«[22]

---

wird. Ist damit nicht alles gesagt?« (in den vorliegenden deutschen Auswahlbänden *Schriften* I, II und III nicht enthalten – Anm. d. Ü.)
20 Freud 1896 (wie Anm. 17), S. 434.
21 Ebd., S. 454.
22 Sigmund Freud, »Erinnern, Wiederholen, Durcharbeiten« (1914), in: ders., *Gesammelte Werke* (wie Anm. 11), Bd. 10, S. 129. Zur Verbindung zwischen der Theorie des Gedächtnisses und der Theorie der leidenschaftlichen Geste bei Freud siehe M. Maslyczyk,
»La troisième phase de l'attaque hystérique à l'origine de la théorie du souvenir de Freud«,
in: *Revue française de psychanalyse* 4 (1990), S. 1079–1091.

Das Erinnerungsmoment – das Warburg in den Bildern in Form der *Pathosformel** suchte – stellt sich also als wesentlich anachronistisch dar: Es handelt sich um eine Gegenwart, in der die Nachleben wirken, sich auswirken. Anachronistisch, weil *intensiv* und eindringlich, anachronistisch, weil *komplex* und sedimentiert. Auf nur wenigen Seiten seiner »Studien über Hysterie« glaubte Freud eine ganze Reihe von Motiven vereinen zu müssen: die geologische Schichtung; die zeitliche Umkehrung; die konzentrische Diffusion von Wellen; die verschlungene Verkettung; das Zickzack, das der Springer im Schachspiel vollführt; zu einem Netz verzweigte Linien; Knoten oder Kerne; Fremdkörper und »Infiltrate«; der verlegte Engpass; das Geduldspiel; Fäden; verwirrte oder lückenhafte Spuren, usw.[23]

Damit wird zum Ausdruck gebracht, in welchem Maße der Anachronismus des Symptoms die positiven Modelle der Kausalität und der Historizität durchkreuzt. Alles geschieht hier »in Umkehrung des Satzes: *cessante causa cessat effectus*«[24]. Alles geschieht in Umkehrung der faktischen Hierarchien von Groß und Klein, Vorher und Nachher, Bedeutend und Unbedeutend.[25] Alles geschieht also genau umgekehrt, als man von der historischen Erzählung und ihren vertrauten Modellen der kausalen Determination oder Entwicklung erwarten würde:

> »[...] daß von den infantilen seelischen Formationen trotz aller späteren Entwicklung beim Erwachsenen nichts untergeht. Alle Wünsche, Triebregungen, Reaktionsweisen, Einstellungen des Kindes sind beim gereiften Menschen nachweisbar noch vorhanden und können unter geeigneten Konstellationen wieder zum Vorschein kommen. Sie sind nicht zerstört, sondern bloß überlagert, wie die psychoanalytische Psychologie in ihrer räumlichen Darstellungsweise sagen muß. Es wird so zum Charakter der seelischen Vergangenheit, daß sie nicht, wie die historische, von ihren Abkömmlingen aufgezehrt wird; sie besteht weiter neben dem, was aus ihr geworden ist, entweder bloß virtuell oder in realer Gleichzeitigkeit. [...] In der Stärke, welche den infantilen Resten im Seelenleben verblieben ist, sehen wir das Maß der Krankheitsdisposition, so daß uns diese zum Ausdruck einer Entwicklungshemmung wird.«[26]

23 Sigmund Freud, »Studien über Hysterie«, in: ders., *Gesammelte Werke* (wie Anm. 11), Bd. 1, S. 291–297.
24 Ebd., S. 86.
25 Sigmund Freud, »Das Interesse an der Psychoanalyse« (1913), in: ders., *Gesammelte Werke* (wie Anm. 11), Bd. 8, S. 412 f.
26 Ebd., S. 412 f.

Hier wird die ganze Schwierigkeit des Projekts einer »historischen Psychologie« der Kultur, wie Warburg es in Angriff genommen hat, verständlich. Denn in einem solchen Projekt bringt die *psychische Zeit* die gängige Vorstellung von der *historischen Zeit* selbst ins Wanken. Wenn das Gedächtnis unbewusst ist, wie soll man dann sein Archiv erstellen?[27] Wie sollte es uns da wundern, dass die *Kulturwissenschaftliche Bibliothek Warburg* kaum einer historischen Standardbibliothek ähnelt? Und dass die Tafeln des *Mnemosyne*-Atlas kaum denen in einem Geschichts- oder Geografie-Atlas ähneln? Wie sollte es aber gleichfalls verwundern, dass eine Definition des unbewussten Gedächtnisses wie die seither klassische Definition Lacans ihr gesamtes Vokabular um eine Liste von Archiven herum organisiert[28] – figurative und defigurierte, symbolische und triebhafte, sprachliche und unausgesprochene, gebildete und folkloristische Archive, usw. –, um all das herum also, was Warburg in die seelische Schatzkammer seiner Bibliothek einbringen wollte?

(Aus dem Französischen von Markus Sedlaczek)

---

27 Sigmund Freud, »Zum psychischen Mechanismus der Vergeßlichkeit« (1898), in: ders., *Gesammelte Werke* (wie Anm. 11), Bd. 1, S. 526: »Die Funktion des Gedächtnisses, welches wir uns gerne wie ein allen Wissbegierigen geöffnetes Archiv vorstellen, unterliegt so der Beeinträchtigung durch eine Willenstendenz«. Vgl. Jacques Laplanche, »La psychanalyse: histoire ou archéologie?« (1981), in: *Le Primat de l'autre en psychanalyse: Travaux 1967–1992*, Paris 1997, S. 209: »So gibt es wohl in der menschlichen Psyche anachronistische, rätselhafte Objekte, die einer vollständigen Historisierung widerstehen.«
28 Vgl. Lacan (wie Anm. 19), S. 259 (deutsch: »Funktion und Feld des Sprechens und der Sprache in der Psychoanalyse«, übers. von Klaus Laermann, in: ders., *Schriften I*, Olten / Freiburg im Breisgau 1973, S. 98 f.), wo vom Unbewussten in den Paradigmen der Geschichte (zensiertes Kapitel), des Denkmals (hysterisches Symptom), des Archivdokuments (Kindheitserinnerung), der semantischen Entwicklung (Bedeutungsvorrat), der Traditionen und Legenden (mythisch Imaginäres) und schließlich der stets verzerrten und entstellten »Spuren« die Rede ist.

Michael L. Geiges

Streiflichter

Aus der Moulagensammlung des Universitätsspitals
und der Universität Zürich

Die Moulage war ein wichtiges Lehrmittel für das Studium der Hautkrankheiten. Kurz nachdem sich die Dermatologie und Venerologie, die
Lehre von den Haut- und Geschlechtskrankheiten, als Spezialfach etabliert hatten, wurden Moulagen in den meisten größeren dermatologischen Kliniken Europas hergestellt. Zum eigentlichen Durchbruch der
naturgetreuen Wachsnachbildungen kam es 1889, anlässlich des ersten
internationalen Kongresses für Haut- und Geschlechtskrankheiten im
Hôpital St-Louis in Paris. Die über tausend Moulagen von Jules Baretta,
die an den Wänden des Kongresssaales ausgestellt waren, hinterließen
bei den angereisten Spezialisten einen tiefen Eindruck.[1]

In Zürich bemühte sich Prof. Bruno Bloch gleich nach der Eröffnung
der Dermatologischen Klinik im Jahr 1916 darum, Moulagen herstellen
zu lassen. 1918 wurde Lotte Volger als Moulageuse angestellt; sie brachte
die Moulagentechnik und das Rezept der Moulagenmasse aus Berlin mit.
Seither konnten in Zürich die klassischen und auch die außergewöhnlichen Hauterscheinungen der Patienten der Dermatologischen Klinik
als dreidimensionale Nachbildungen aus Wachs und Harz festgehalten
werden. 1927 schrieb Bloch über die Dermatologische Klinik in Zürich,
die damals als eine der modernsten und schönsten in Europa galt: »Eine
Dermatologische Klinik ohne eigene Moulagensammlung und ohne die
Möglichkeit, die in ihr vorkommenden, praktisch oder theoretisch wichtigen Fälle moulagieren zu lassen, ist daher nicht vollständig.«[2]

Innerhalb von fünfzig Jahren entstand durch die Tätigkeit von Lotte
Volger und ihren Schülerinnen und Nachfolgerinnen Ruth Beutl-Willi

---

1 Urs Boschung, »Medizinische Wachsbildnerei und Moulagenkunst«, in: Urs Boschung / Elsbeth Stoiber (Hgg.): *Wachsbildnerei in der Medizin* (Ausstellungsbroschüre),
Zürich 1979.
2 Bruno Bloch, *Die Dermatologische Universitätsklinik Zürich*, New York 1929.

und Elsbeth Stoiber eine der umfangreichsten Sammlungen Europas, von der heute noch über 1300 dermato-venerologische Moulagen erhalten sind. Diese werden ergänzt durch über 500 chirurgische Moulagen von Adolf Fleischmann, ebenfalls ein Schüler von Lotte Volger, der in den 1920er Jahren im Auftrag der Chirurgischen Klinik lehrreiche und außergewöhnliche Befunde von chirurgischen Krankheiten moulagierte.

Moulagentechnik

Zur Herstellung einer Moulage muss von der ausgewählten Körperober-fläche ein Abdruck aus Gips oder Silikon gegossen werden, ohne dabei durch Druck an weichen oder zum Beispiel blasig veränderten Haut-stellen das natürliche Bild zu verändern. Mit einer bereits vorgefärbten Mischung aus Bienenwachs und Harz wird die Moulage aus dem Ab-druck gegossen und mithilfe eines Modelliereisens korrigiert und er-gänzt. Die größte Herausforderung stellt das Bemalen der Moulage durch Auftupfen von in Terpentinöl gelösten Ölfarben dar. Der Unter-grund aus Wachs wird dabei ebenfalls aufgeweicht, sodass die Farben leicht einziehen können, wodurch ein durchscheinender, realistischer Effekt erzielt wird. Es hat sich bewährt, nur die Farben Krapplack, Kobalt, Bitumen und Gummigutt zu verwenden und schichtweise zu mischen, andere Farben wirken künstlich und aufgemalt. Da die Mou-lage direkt beim Patienten bemalt wird, denn nur so kann sie wirklich-keitsgetreu werden, steht der Moulageur unter Zeitdruck. Auch sind die meisten Hautkrankheiten sehr dynamisch. Zudem befinden sich die Patienten ja in ärztlicher Behandlung, und durch die Therapie können Rötungen oder Schwellungen schon innerhalb von Stunden oder Tagen vollständig verschwinden. Um Schuppen, Krusten, Blasen, Haare und weitere Details zu ergänzen, stehen diverse Materialien und dann auch mehr Zeit zur Verfügung. Traditionellerweise wird die Moulage zuletzt mithilfe von wachsgetränkter Watte auf einem schwarzen Holzbrett be-festigt, mit einem weißen Leinentuch abgegrenzt und mit der Diagnose, einer Moulagennummer und dem Namen des Herstellers versehen. Bis heute ist diese Technik der dreidimensionalen Nachbildung von Haut-erscheinungen an Realitätsnähe und Dauerhaftigkeit wohl unüber-troffen.

Renaissance der Moulagen

Weltweit wurden die Moulagen im Laufe der 1960er Jahre durch die verbesserten Möglichkeiten der Farbdiaprojektion und Fernsehbildübertragung aus dem Hörsaal verdrängt und drohten in Vergessenheit zu geraten. Auch in Zürich wollte man die platzraubenden Objekte weggeben oder vernichten. Es ist dem Einsatz und der Initiative von Einzelpersonen, besonders der Moulageuse Elsbeth Stoiber, zu verdanken, dass dies verhindert wurde.

1979 leitete schließlich eine Sonderausstellung im Medizinhistorischen Museum Zürich mit dem Titel »Wachsbildnerei in der Medizin« eine Renaissance der Moulagen ein.[3] Ziel war es, die Bedeutung der Moulagenkunst in Erinnerung zu rufen. In der Begleitbroschüre stellte der damalige Konservator des Medizinhistorischen Museums, Urs Boschung, die Frage: »Untergang oder Renaissance der Moulage?«

Tatsächlich weckte diese Ausstellung wieder ein neues Interesse an den Moulagen, das seither auch international stetig wächst. Höhepunkt dieser Renaissance war die Eröffnung eines für die Öffentlichkeit zugänglichen Museums mit den durch Prof. Urs W. Schnyder und Prof. Heinz Eberle neu geordneten Moulagen, die Herausgabe des Kataloges der Moulagensammlung[4] und schließlich die Schaffung eines Kuratoriums aus Mitgliedern des Universitätsspitals und der Universität Zürich[5] in den Jahren 1993 und 1994. Bei dieser Wiedergeburt oder Wiederentdeckung hat sich die Bedeutung der Objekte nicht nur erhalten, sondern im Laufe der Zeit auch gewandelt. Nach der »Renaissance der Moulagen« ist nun ein neues Zeitalter angebrochen. Heute geht es darum, die vielen Möglichkeiten dieser einmaligen, nun auch musealen Objekte zeitgemäß zu präsentieren und zu nutzen.

---

3 Ausstellung des damaligen Konservators des Medizinhistorischen Museums, Urs Boschung, und der Moulageuse Elsbeth Stoiber mit der Unterstützung des neuen Direktors der Dermatologischen Klinik, Prof. Urs W. Schnyder.
4 Urs Boschung u. a., *Moulagensammlungen des Universitätsspitals Zürich*, Zürich 1993.
5 Kuratoriumsmitglieder im Jahr 2002: Vorsitzender des Kuratoriums: Prof. Günter Burg, Direktor der Dermatologischen Klinik des Universitätsspitals. Mitglieder: Prof. Dr. Victor Meyer, Direktor der Klinik für Wiederherstellungschirurgie des Universitätsspitals; Prof. Dr. Beat Rüttimann, Direktor des Medizinhistorischen Instituts und Museums der Universität; Dr. Othmar Gehrig, Verwaltungsdirektion Universitätsspital, Dr. Michael L. Geiges, Konservator der Moulagensammlung.

Lehrsammlung

Die ursprüngliche Funktion der Moulagen als Lehrmittel, welche das Studium der Morphologie von Hauterscheinungen aus nächster Nähe, im dreidimensionalen Raum, ohne zeitlichen Druck und ohne Belastung des Patienten ermöglichen, hat sich erhalten. Spätestens vor dem Staatsexamen in Dermatologie studieren die angehenden Ärztinnen und Ärzte intensiv die Effloreszenzen und Differentialdiagnosen der prüfungsrelevanten Krankheitsbilder anhand der Moulagen im Museumsraum. Neben den häufigsten Hautkrankheiten wie Ekzemen, Psoriasis und Hautkrebs sind auch seltenere Bilder, zum Beispiel aus der Gruppe der Autoimmun- oder Verhornungsstörungen, zu finden. Heute bei uns fast verschwundene Spätformen der Syphilis sind einprägsam dargestellt, denn obwohl die wenigsten Ärzte je Gelegenheit haben, diese Hautveränderungen am Patienten kennen zu lernen, müssen diese Raritäten immer noch in der Differentialdiagnose vieler Krankheiten berücksichtigt werden.

Dokumente

Eindrücklich ist in Zürich zu sehen, wie die Moulagen nicht nur als Lehrmittel, sondern auch als Dokumente in der Forschung eingesetzt wurden. Tierversuche zur Erforschung des Teerkrebses wurden ebenso als Moulagen festgehalten wie Arzneimittelreaktionen und Ekzemversuche an Meerschweinchen und Menschen. Besonders beeindruckend sind natürlich die Moulagen von Selbstversuchen des ersten Klinikdirektors der Dermatologischen Klinik in Zürich, Prof. Bruno Bloch, zur Erforschung des Ekzems.

Heute ist diese dokumentarische Funktion verloren gegangen. Sie wurde aber durch die Bedeutung der Moulagen als medizinhistorische Dokumente ersetzt. Kein anderes Medium vermag es, so anschaulich Krankheitsbilder aus vergangener Zeit heute noch fast wie »live« zu demonstrieren. Krankheitserscheinungen der Tuberkulose auf der Haut oder an Gelenken, welche in Europa heute zu Raritäten geworden sind, illustrieren im Museum die Alltagssorgen der Menschen in der Zeit vor 1950, und die seit 1979 für ausgerottet erklärten Pocken mit der dadurch obsolet gewordenen Pockenschutzimpfung und ihren Komplikationen sind im Museum immer noch hautnah zu sehen.

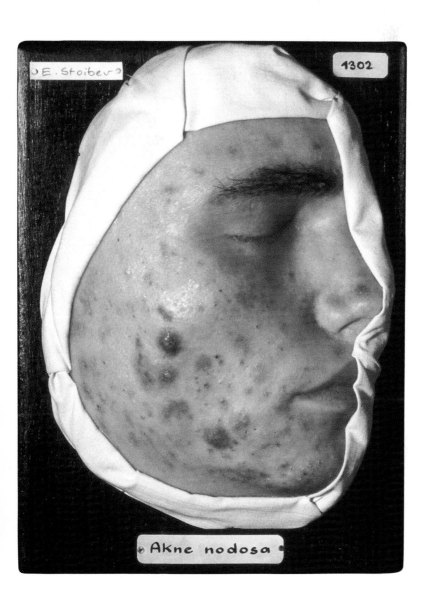

Moulage Nr. 1302: *Akne vulgaris*

193

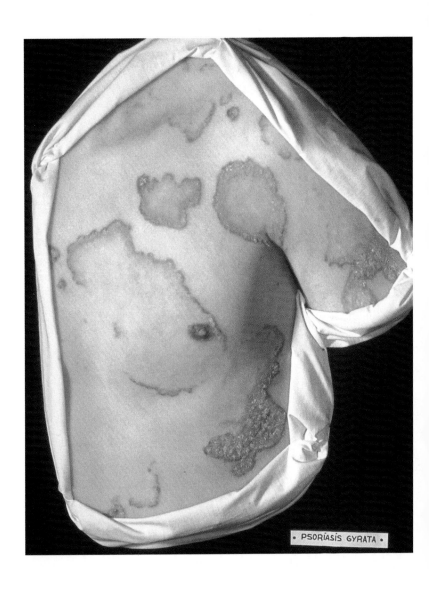

PSORIASIS GYRATA

Moulage Nr. 1275: *Psoriasis gyrata*

194

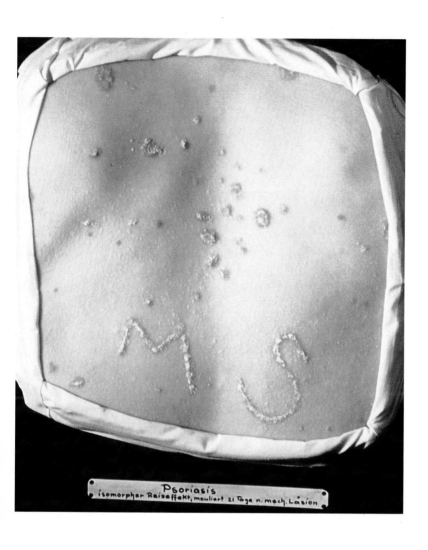

Moulage Nr. 791: *Psoriasis*, isomorpher Reizeffekt

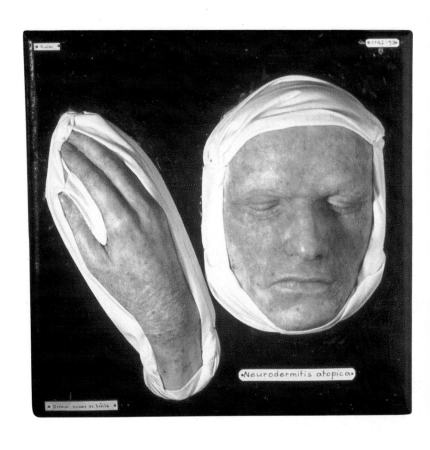

Moulagen Nr. 1192 und 1193: *Neurodermitis atopica*

196

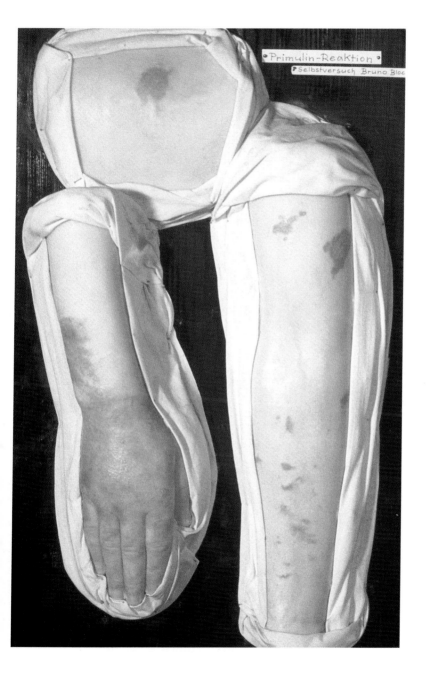

Moulagen Nr. 347, 348 und 349: Primelekzem

197

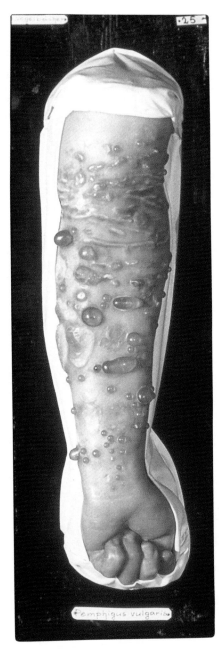

Moulage Nr. 25: *Pemphigus vulgaris*

198

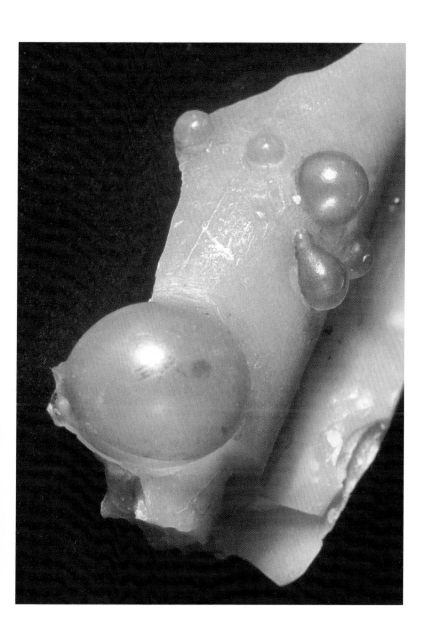

Bruchstück der Moulage Nr. 25

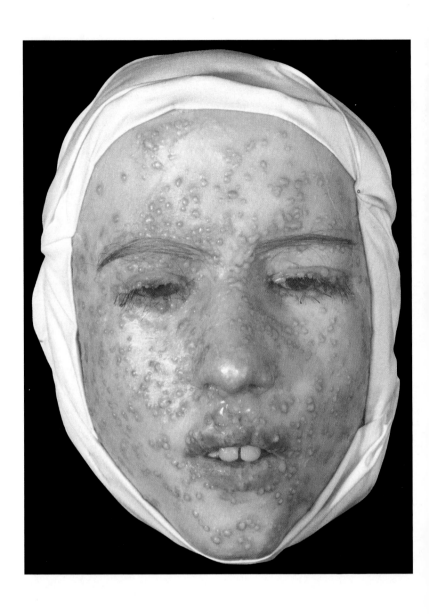

Moulage Nr. 297: Pocken

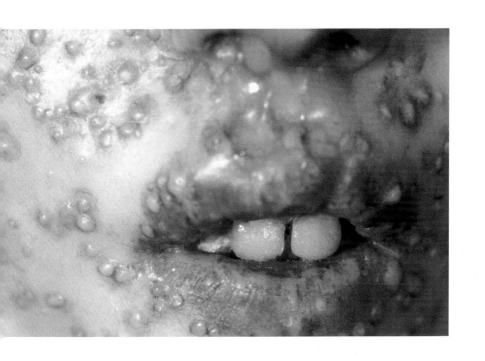

Detailaufnahme der Moulage Nr. 297

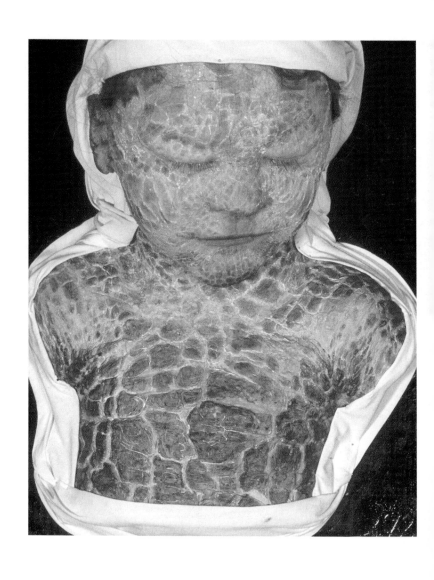

Moulage Nr. 272: *Ichthyosis congenita*

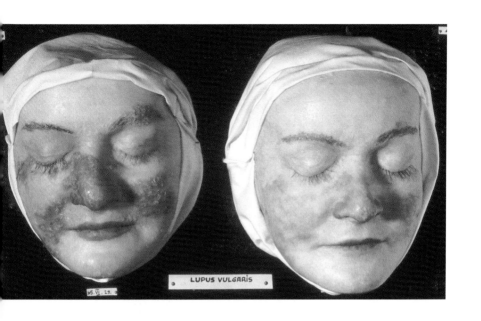

Moulage Nr. 476: *Lupus vulgaris*

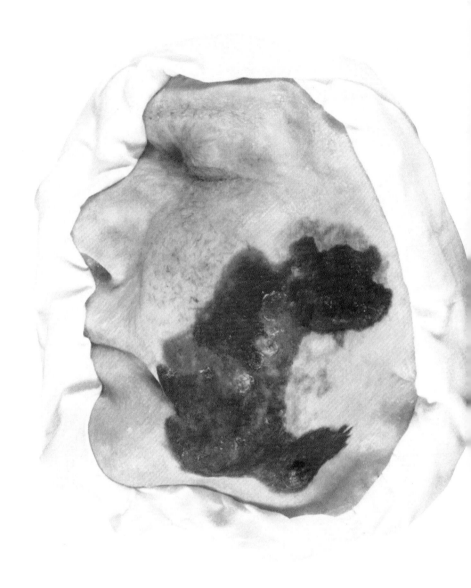

Moulage Nr. 1118: *Lentigo maligna Melanom*

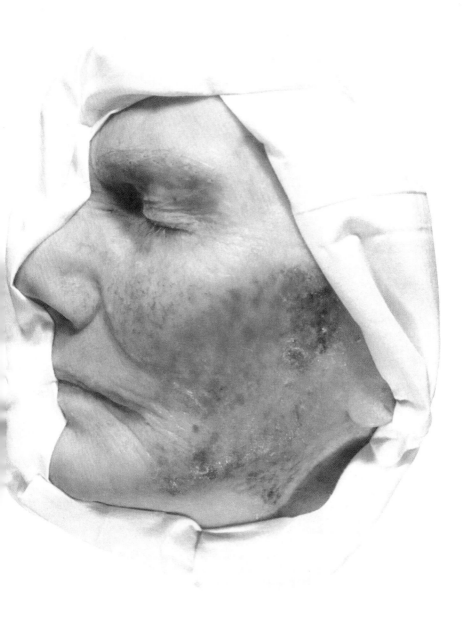

Moulage Nr. 1118a: *Lentigo maligna Melanom* nach Röntgentherapie

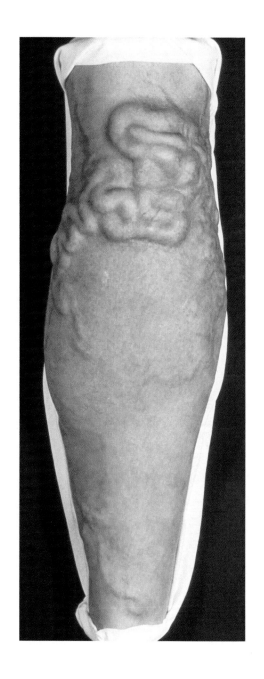

Moulage Nr. 70: Unterschenkelvarizen

206

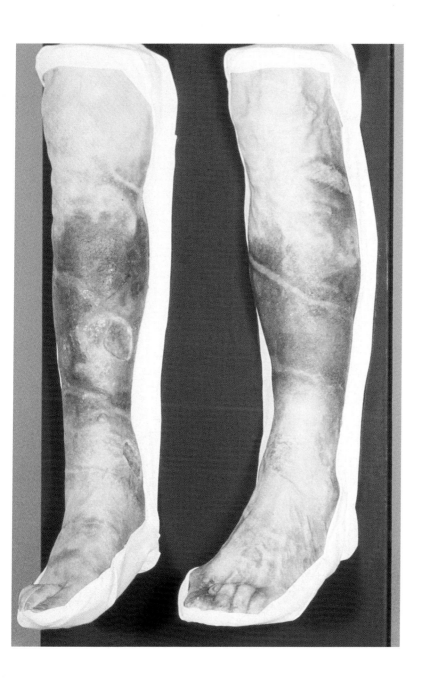

Moulage Nr. 40: *Ulcera cruris*, Operation nach Rindfleisch

207

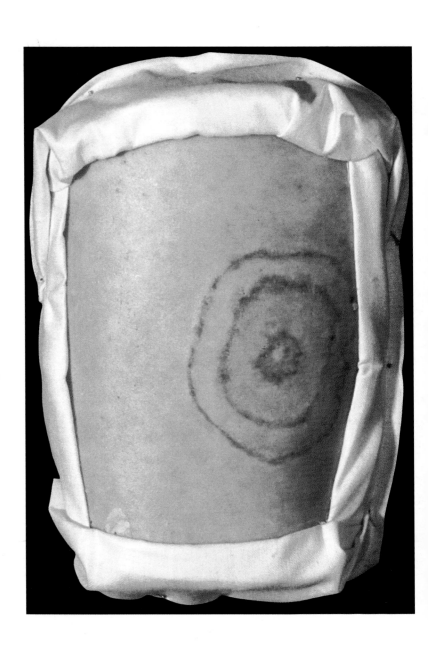

Moulage Nr. 920: *Trichophytia*, Herpes-Iris-artig

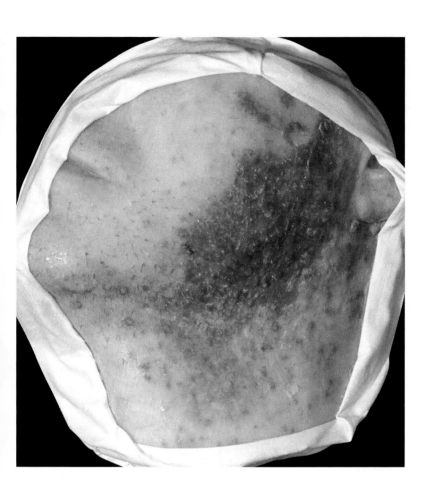

Moulage Nr. 1233: *Sykosis barbae*

209

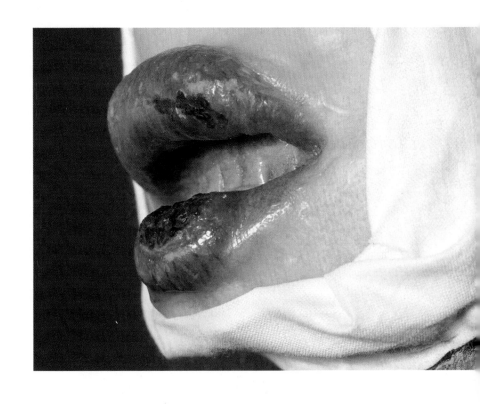

Moulage Nr. 495: Primäraffekt

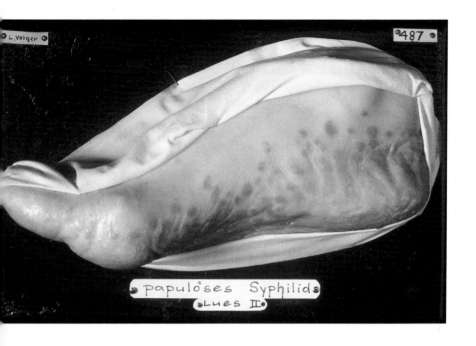

Moulage Nr. 487: papulöses Plantarsyphilid, *Lues II*

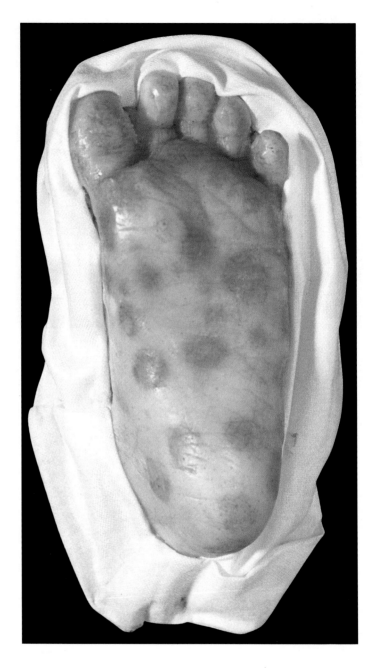

Moulage Nr. K 46: *Lues connata*, Plantarsyphilid

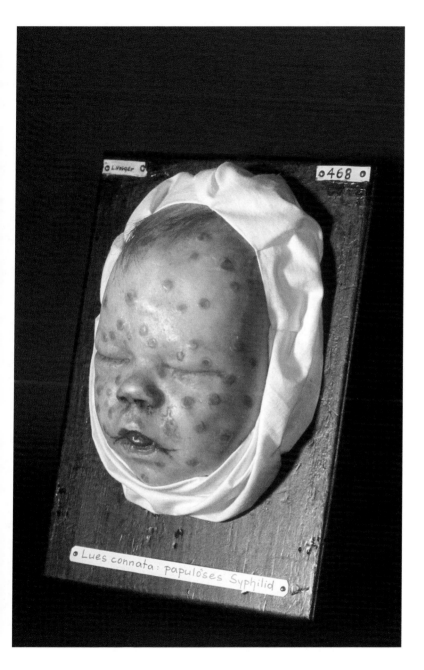

Moulage Nr. 468: *Lues connata*, papulöses Syphilid

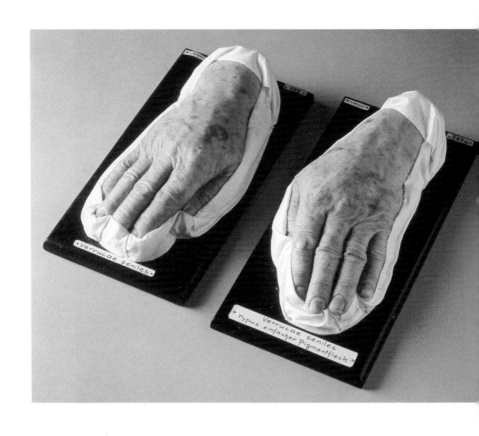

Moulage Nr. 989 und 989a: *Verrucae seniles*

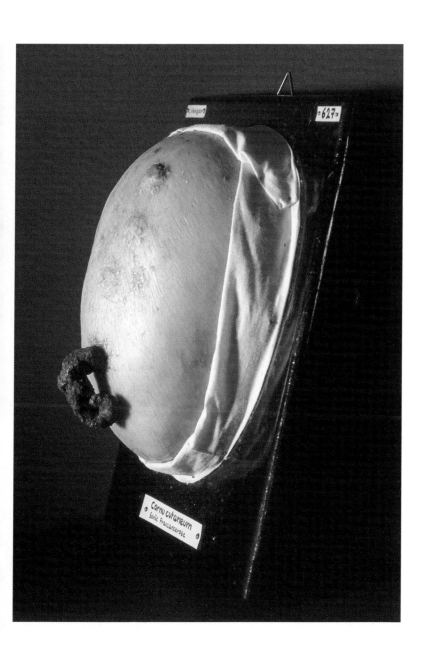

Moulage Nr. 627: *Cornu cutaneum*

215

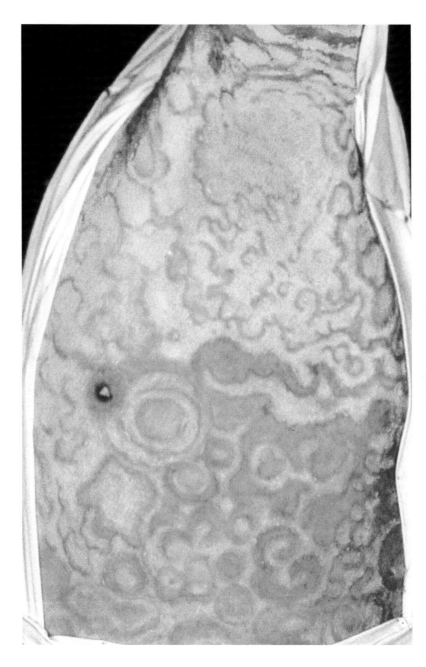

Moulage Nr. 638: *Erythema gyratum repens*

Emotionen im Museum

Heute ist die Moulagensammlung als eines der Zürcher Museen bekannt; es ist an zwei Nachmittagen in der Woche für die Öffentlichkeit frei zugänglich. Moulagen und andere medizinische Wachsmodelle in Museen zu zeigen, ist keine Erfindung des 20. Jahrhunderts. Wachsmodelle und Wachsfiguren wurden in Wachsfigurenkabinetten und Panoptika bereits im 19. Jahrhundert gezeigt – ein einträglicher Erwerbszweig der Unterhaltungsbranche. Wie die anatomischen Wachsmodelle waren auch die Moulagen wegen ihrer Nähe zum Gruselkabinett nie unumstritten.[6] Krankheitsbilder aus der Gruppe der figurierten Erytheme, eine schwere angeborene Form der Fischschuppenkrankheit oder ein grotesk großer Leistenbruch wecken heute genauso wie früher die Neugierde der Menschen. Moulagen haben eine intensive emotionale Wirkung, die zum Beispiel bei der Bekämpfung der Geschlechtskrankheiten eingesetzt wurde. Damals allerdings mit dem fragwürdigen Ziel, zu schockieren und abzuschrecken.

Das Museum soll den Besuchern, die mit medizinischen, historischen oder technischen Interessen und Fragen kommen, Informationen und Eindrücke anbieten. Es fesselt und fasziniert aber auch diejenigen, die ohne Vorwissen, aus Neugierde oder zufällig, einen Blick in den Museumsraum werfen. Die verblüffende Realitätsnähe der Darstellung macht betroffen, die Auswahl der Moulagen und der informative und gestalterische Rahmen sorgen dafür, dass die Krankheitsbilder auch die »ungeübten« Betrachter nicht in ihrem ästhetischen Empfinden verletzen oder emotional überfordern.

Seit zwei Jahren werden im Museum Moulagen zusätzlich in Sonderausstellungen präsentiert. Die Ausstellung »Vom Erbgrind zum Fußpilz – Moulagen dokumentieren den Wandel der Krankheit Hautpilz« demonstrierte die Bedeutung der Wachsobjekte als medizinische und medizinhistorische Dokumente. In der aktuellen Sonderausstellung mit dem Titel »Feind im Blut – Moulagen und Medien im Kampf gegen die Geschlechtskrankheiten« steht weniger die Beschreibung der Krankheitsbilder im Vordergrund als vielmehr die emotionale Wirkung der dreidimensionalen Wachsnachbildungen und deren Verwendung als

---

6 Rainer Micklich, »Louis Castan und seine Verbindungen zu Rudolf Virchow: Historische Aspekte des Berliner Panoptikums in Wachs«, in: Susanne Hahn / Dimitrios Ambatielos (Hgg.): *Wachs-Moulagen und Modelle* (Internationales Kolloquium, 26. und 27. Februar 1993), Dresden 1994.

Medium zur Information und Abschreckung der Öffentlichkeit im Kampf gegen die Syphilis.

Noch heute können Moulagen Hinweise auf Gesundheitsvorsorge und Prävention liefern, nicht mehr mit der Absicht abzuschrecken, aber auch im Museum mit dem Hintergedanken, Fragen aufzuwerfen, zu erinnern und zu informieren.

Akne vulgaris

Moulage Nr. 1302: *Akne vulgaris.*
Hergestellt von Elsbeth Stoiber.
ABB. S. 193

Die »unreine« Haut bei Akne ist auf eine anlagebedingte Störung der Talgdrüsen mit erhöhter Talgproduktion und einer Verhornungsstörung der Haut zurückzuführen. Auf diesem Boden kommt es zusätzlich zu Veränderungen der bakteriellen Besiedlung der Haut. Kurzfristig sind daher Antibiotika und desinfizierende Substanzen wirksam. Langfristig muss die Störung der Talgdrüsen und der Verhornung zum Beispiel mit Vitamin-A-ähnlichen Präparaten angegangen werden. Da die Aktivität der Talgdrüsen von Hormonen abhängig ist, tritt die Akne überwiegend in der Pubertät auf und kann in ihrer Ausprägung von wenigen »Pickeln«, die kaum stören, bis zu einer schweren, vernarbenden und entstellenden Entzündung mit Knoten und Zysten reichen.[7]
Die von Elsbeth Stoiber hergestellte Moulage zeigt neben den typischen Komedonen (Mitesser) auch chronisch entzündliche tiefe Knoten mit Tendenz zur Vernarbung. Auch die kosmetische und soziale Belastung durch dieses Krankheitsbild wird durch die Darstellung der ganzen Gesichtshälfte sichtbar gemacht.

---

7 Monika Harms, *Akne: Ein Ratgeber für Patienten,* Basel / Freiburg / Paris 1997.

Psoriasis vulgaris
Moulage Nr. 1275: *Psoriasis gyrata.*
Hergestellt von Ruth Beutl-Willi, ca. 1954.
ABB. S. 194
Moulage Nr. 791: *Psoriasis,* isomorpher Reizeffekt,
21 Tage nach mechanischer Läsion.
Hergestellt von Lotte Volger, 1928; Duplikat von Elsbeth Stoiber, 1962.
ABB. S. 195

Die Schuppenflechte ist eine der häufigsten Hauterkrankungen. Ungefähr zwei Prozent der Bevölkerung, das heißt etwa 150 000 Schweizerinnen und Schweizer, sind davon betroffen. Sie ist nicht ansteckend. Vermutlich etwa fünf Prozent der Bevölkerung trägt die Veranlagung zur Psoriasis in sich. Zusätzlich zur genetischen Veranlagung sind verschiedene, größtenteils unbekannte Auslösefaktoren (zum Beispiel Infektionen, mechanische Reize) nötig, um das Vollbild der Erkrankung zu provozieren.[8] Die Psoriasis kann von einer leichten Schuppung und Rötung der Kopfhaut oder der Ellbogen bis zum Befall der gesamten Haut unter Einbezug und Zerstörung der Gelenke reichen.

Die Moulage Nr. 1275 wurde von Ruth Beutl-Willi hergestellt und zeigt das Bild einer so genannten *Psoriasis gyrata.* Durch die zentrifugale Ausbreitung der Entzündung und das Abheilen in der Mitte entstehen ring- und bogenförmige Muster, die an Girlanden oder an eine Landkarte erinnern können.

Bei der hier photographierten Moulage Nr. 791 aus dem Jahr 1962 handelt es sich um ein Duplikat einer Moulage aus dem Jahr 1928. Damals moulagierte Lotte Volger den Rücken eines Patienten mit Schuppenflechte, 21 Tage nachdem ihm der amerikanische Gastarzt Marion Sulzberger seine Initialen auf den Rücken gekratzt hatte.

Nach drei Wochen ist die Entzündung mit der typischen silbergrauen Schuppung der Psoriasis an der mechanisch gereizten Stelle erschienen und hat die Buchstaben MS »psoriasiform« in die Haut geschrieben. Dieser so genannte isomorphe Reizeffekt, also das Aufblühen einer Hautkrankheit am Ort einer mechanischen Belastung, wurde erstmals 1872 von Heinrich Köbner in Breslau beschrieben und wird seither auch »Köbner-Phänomen« genannt.

---

8 Frank O. Nestle, »Schuppenflechte«, in: Günter Burg / Michael L. Geiges (Hgg.): *Die Haut in der wir leben,* Zürich 2001.

Marion Sulzberger, der auf diese Weise seine Spuren in der Moulagensammlung hinterlassen hat, war für seine Ausbildung zum Hautarzt
in den Jahren 1926 bis 1929 in Zürich. Er wurde später zu einem der
bekanntesten Professoren für Dermatologie in New York und San Francisco und hat 1952 die lokal anwendbare Cortisonsalbe entwickelt – ein
Therapeutikum, dank dem Betroffene bereits innerhalb weniger Wochen
die stigmatisierenden Hautveränderungen zurückdrängen und sich wieder unter die Leute begeben können, auch wenn die Neigung zur Schup-
penflechte damit nicht geheilt wird. Die Originalmoulage wurde übrigens Prof. Marion Sulzberger zu
seinem 70. Geburtstag als Geschenk nach Amerika geschickt.

Ekzeme

Moulagen Nr. 1192 und Nr. 1193: *Neurodermitis atopica.*
Hergestellt von Ruth Beutl-Willi.
ABB. S. 196
Moulagen Nr. 347, 348 und 349: Primelekzem.
Hergestellt von Lotte Volger, 1925.
ABB. S. 197

Die Unverträglichkeitsreaktion der Haut auf äußerlich einwirkende irri-
tierende Stoffe – direkt oder über immunologische Mechanismen – mit
Rötung, Juckreiz, Bläschenbildung, Schuppung und schließlich einer
Verdickung der Oberhaut, wird als Ekzem bezeichnet.[9]
   Ein Ekzem kann verschiedene Ursachen haben. Am häufigsten und
im Zunehmen sind Ekzeme bei Veranlagung zu Allergien (Atopie, Neu-
rodermitis). Menschen mit dieser Veranlagung haben eine Neigung zu
trockener und empfindlicher Haut. Die Moulage Nr. 1192 zeigt einen
Patienten mit einem ausgeprägten chronischen Ekzem bei atopischer
Veranlagung. Die Therapie besteht in erster Linie aus fettender Pflege
und gutem Hautschutz. Entzündungshemmende Salben und Cremes,
zum Beispiel mit Cortison, helfen gegen die sichtbaren und durch den
Juckreiz plagenden Hautveränderungen. An der Veranlagung zu dieser
Reaktion ändert sich durch diese Therapie aber noch nichts, und ohne
intensive weitere Pflege der Haut droht oft ein rascher Rückfall.

9 Peter Fritsch, *Dermatologie und Venerologie: Lehrbuch und Atlas,* Berlin / Heidelberg / New York 1998.

Kontaktallergien können auch ohne spezielle Veranlagung zu anderen Allergien auftreten. Die Ekzeme der Moulagen Nr. 347–349 zeigen die Haut des damaligen Klinikdirektors Prof. Bruno Bloch und sind durch den direkten Kontakt mit dem Extrakt der Becherprimel ausgelöst worden. Durch wiederholte Berührung mit gewissen Substanzen (Allergenen) scheint jeder Mensch mit einem kontaktallergischen Ekzem reagieren zu können. Andere Substanzen lösen nur bei wenigen Menschen eine allergische Ekzemreaktion aus. Die Voraussetzung ist aber immer ein wiederholter Kontakt der Haut mit dem Allergen meist über längere Zeit.

Einige Moulagen sind heute wertvolle medizinhistorische Dokumente. Moulagen wurden aber in Zürich schon in den ersten Jahrzehnten der Dermatologischen Klinik auch zur Dokumentation von Forschungsergebnissen benützt. Die Erforschung der oben beschriebenen Ekzemreaktion durch eine Überempfindlichkeitsreaktion interessierte Bruno Bloch besonders. Unter den Studienprotokollen findet man auch Angaben zu den moulagierten Selbstversuchen.

Die Experimente mit dem Primelextrakt hatten für Bloch allerdings auch weiter reichende Folgen, wie dieser Protokollauszug zeigt:»Juckreiz, ausserordentlich heftig, stört den Schlaf, macht nervös. [...] Von diesem Zeitpunkt an erweist sich diese Versuchsperson,[10] die vorher lange Zeit [Jahre] hindurch ohne irgend welche Reaktion mit Primeln hantiert hatte, als hochgradig überempfindlich gegen dieses Antigen, so dass auch die flüchtigste Berührung von akuten, lang dauernden und scheusslich juckenden Ekzemeruptionen gefolgt werden. Der Zustand dauert bis heute unverändert an. So hat noch vor kurzem ein Aufenthalt im Laboratorium, in dem vorher trockener Primelextrakt pulverisiert worden war, ein ausserordentlich schweres und lästiges Gesichtsekzem hervorgerufen.«[11]

10 Im Protokoll wird die Versuchsperson als »B.B.« bezeichnet. Es handelt sich dabei um den Autor Bruno Bloch selbst.
11 Bruno Bloch / P. Karrer, »Chemische und biologische Untersuchungen über die Primelidiosynkrasie«, in: *Vjschr Naturforsch Ges Zürich* 13 (1927).

Pemphigus vulgaris
Moulage Nr. 25: *Pemphigus vulgaris.*
Hergestellt von Otto Vogelbacher, ca. 1910 in Freiburg im Breisgau.
ABB. S. 198
Bruchstück der Moulage Nr. 25.
ABB. S. 199

Otto Vogelbacher, Moulageur in Freiburg im Breisgau, moulagierte um 1910 diesen Arm mit den Blasen bei *Pemphigus vulgaris.* Die gleiche Moulage ist auch im *Atlas der Hautkrankheiten* von Eduard Jacobi aus Freiburg im Breisgau abgebildet mit der Legende: »maligner Pemph. Vulg., innerhalb weniger Wochen zum Tode führend«.

Der Hautatlas von Eduard Jacobi war durch den Dreifarbendruck und das Rasterverfahren bahnbrechend für die Darstellungen in der Dermatologie, wobei in der Erstauflage 159 Farbphotographien von Moulagen, statt Öl- oder Aquarellbilder wie bisher, verwendet werden konnten. Dadurch war das qualitativ hoch stehende Werk ausgesprochen preiswert zu kaufen und seit der ersten Auflage 1903 bis in die 1920er Jahre ein »dermatologischer Bestseller«.[12]

Der *Pemphigus vulgaris* ist eine blasenbildende Autoimmunerkrankung. Aus bisher unklaren Gründen bilden sich im Körper Abwehrstoffe (Antikörper) gegen Strukturen der Haut. Bevor eine Unterdrückung des Immunsystems (Immunsuppression) durch Medikamente wie Cortison möglich war, konnte der *Pemphigus vulgaris* innerhalb weniger Jahre durch Befall der Schleimhäute und der Atemwege und durch Infektionen der zerstörten Haut zum Tod führen.

Für die Nachbildung der Effloreszenzen (Hautveränderungen) wurde kein Aufwand gescheut. Die in der ursprünglichen Moulagenmasse gegossenen Blasen sind nicht transparent. Sie müssen sorgfältig herausgeschnitten werden und durch neu angefertigte Blasen gleicher Größe ersetzt werden. Vogelbacher nahm dazu feine gläserne Kugeln, die er mit einer dünnen eingefärbten Wachsschicht überzog. Andere wiederum wurden aus Harz geschliffen oder mit Paraffin nachgebildet.

12   Karl-Heinz Leven, *100 Jahre klinische Dermatologie an der Universität Freiburg im Breisgau 1890–1990,* Freiburg im Breisgau 1990.

Pocken

Moulage Nr. 297: Pocken, Zürcher Epidemie 1921.
Hergestellt von Lotte Volger, 1921.
ABB. S. 200
Detailaufnahme der Moulage Nr. 297.
ABB. S. 201

Eine Urkunde der Weltgesundheitsorganisation (WHO) vom 9. Dezember 1979 dokumentiert den Zeitpunkt, an dem die Pocken weltweit ausgerottet wurden. Die Pocken waren eine hochansteckende, durch Viren verursachte Infektionskrankheit, welche nur den Menschen befiel und an der ein Fünftel der Erkrankten starb. Nach einem Beginn mit Kopfschmerzen, Fieber und Rückenschmerzen traten vor allem im Gesicht und an den Extremitäten Bläschen auf, welche zu eitrigen Pusteln wurden und im Gegensatz zu Windpocken Narben hinterließen. Eine wirksame Therapie war nicht bekannt. Durch die Variolation oder Inokulation, die geplante Ansteckung mit »Pockenmaterie« von genesenden Patienten, konnte die Sterblichkeit bereits deutlich gesenkt werden. Die Vakzination, die Impfung mit Kuhpocken, welche sich seit dem ausgehenden 18. Jahrhundert zunehmend durchsetzte, und die planmäßige Isolierung der Pockenkranken ermöglichten schließlich die Ausrottung dieser schweren Krankheit.[13]

Heute werden Pockenviren noch in Hochsicherheitslabors aufbewahrt, und die Impfung wird immer wieder einmal im Zusammenhang mit biologischer Kriegführung und Terrorismus erwähnt.

Im Kanton Zürich brach 1921 die letzte Pockenepidemie aus, bei der bis 1923 über 650 Personen erkrankten. Der Verlauf in Zürich war außergewöhnlich mild. Im Gegensatz dazu starben beim Ausbruch der Pocken in Basel im gleichen Jahr 15 Prozent der Erkrankten.[14]

Lotte Volger stellte fünf Moulagen mit den Hauterscheinungen der echten Pocken her. Sie ermöglichen es uns heute, das ausgerottete Krankheitsbild immer noch »wie echt« anzuschauen und kennen zu lernen. Es sind dies wohl die medizinhistorisch gesehen wertvollsten Moulagen der Zürcher Sammlung.

13 Karl-Heinz Leven, *Geschichte der Infektionskrankheiten*, Landsberg am Lech 1997.
14 Otto Naegeli, »Ueber die Zürcher Pockenepidemie 1921–1923«, Vorwort zur Arbeit von Dr. Leuch, in: *Schweiz Med Wschr.* 19 (10. Mai 1923).

Ichthyosis congenita
Moulage Nr. 272: *Ichthyosis congenita.*
Hergestellt von Lotte Volger, 1918.
ABB. S. 202

In der Moulagensammlung sind die Besucher von der Wirklichkeitsnähe der Wachsnachbildungen beeindruckt. Besonders medizinische Laien beschreiben ein leichtes Schaudern beim Betreten des Moulagenmuseums. Ihre früher in Kuriositätenkabinetten und anatomischen Museen kommerziell genutzte Wirkung auf die Schaulust der Besucher haben die Moulagen teilweise auch heute noch.

Die Darstellung der schweren angeborenen Verhornungsstörung, der so genannten Fischschuppenkrankheit, erinnert an Fantasievorstellungen von Echsenmenschen. Das harte Los der Marie B., welche von Lotte Volger moulagiert wurde, weckt Mitleid und Erstaunen.

Lupus vulgaris
Moulage Nr. 476: *Lupus vulgaris.*
Hergestellt von Lotte Volger, 1929 und 1930.
ABB. S. 203

Seit in der Schweiz die Tuberkulose (Tbc) zu einer Rarität geworden ist, geriet die seltene Hauttuberkulose bei den meisten Menschen, ja sogar bei Ärzten, in Vergessenheit. Das Krankheitsbild des *Lupus vulgaris,*[15] der »fressenden Flechte«, stigmatisierte nicht nur den Patienten, sondern zu gewissen Zeiten sogar die ganze Familie, da von einer schwächlichen angeborenen Konstitution (Degeneration) ausgegangen wurde.[16]

Typischerweise zeigte sich diese Form der Hauttuberkulose im Gesicht und drohte dieses durch die chronische Entzündung zu entstellen (zum Beispiel durch »Wegfressen« der Nase). Erst zu Beginn der 1950er Jahre standen gegen Tbc wirksame Antibiotika zur Verfügung.[17] Vorher konnte durch Bestrahlungen mit Licht oder Röntgenstrahlen eine Besserung, eventuell sogar eine Abheilung erzielt werden. Die Therapie dauerte Monate bis Jahre und konnte in der Klinik mit speziellen Lampen

15 Lat. *lupus:* Wolf.
16 Julius Bauer, *Die konstitutionelle Disposition zu inneren Krankheiten*, Berlin 1917.
17 Heinz Schott (Hg.), *Die Chronik der Medizin*, Dortmund 1993.

durchgeführt werden. Eine Alternative war ein Kuraufenthalt in einem Sanatorium in der Höhe oder im Hochgebirge, zum Beispiel in Davos. Sehr wahrscheinlich führte eine Lichttherapie bei der in der Moulage Nr. 476 dargestellten Patientin zur Besserung innerhalb von acht Monaten (die erste Moulage wurde am 5. Juni 1929 hergestellt, die zweite am 25. Februar 1930).

Lentigo maligna Melanom

Moulage Nr. 1118: *Lentigo maligna Melanom.*
Hergestellt von Ruth Beutl-Willi, 1950.
ABB. S. 204
Moulage Nr. 1118a: *Lentigo maligna Melanom* nach Röntgentherapie.
Hergestellt von Ruth Beutl-Willi, 1950.
ABB. S. 205

Das Melanom ist der gefährlichste aller Hautkrebse. In der Schweiz werden zurzeit 1200 Neuerkrankungen pro Jahr geschätzt. Etwa 20 Prozent aller am Melanom erkrankten Patienten sterben daran.[18] Bei frühzeitiger Diagnose und vollständiger operativer Entfernung ist der Patient in der Regel geheilt. Andere Therapieformen wie Chemotherapie, Röntgentherapie oder Immuntherapien werden nur bei Ausbreitung des Krebses eingesetzt und zeigen nur eine beschränkte Wirksamkeit.

Eine Sonderform stellt das langsam und oberflächlich wachsende *Lentigo maligna Melanom* bei älteren Personen an belichteten Hautarealen dar. Diese Sonderform lässt sich auch mit Röntgenstrahlen behandeln.

Prof. Guido Miescher war von 1933 bis 1958 als Nachfolger von Bruno Bloch Klinikdirektor. Er gilt als Pionier der Röntgentherapie von Hautkrebs. Bereits als Oberarzt unter Bloch hatte er eine Röntgenabteilung in der Dermatologischen Klinik aufgebaut.

Als Ruth Beutl-Willi die erste Moulage der Patientin mit einem großflächigen *Lentigo maligna Melanom* herstellte, war eine chirurgische Therapie nur noch mit deutlich sichtbarem, kosmetisch unbefriedigendem Resultat möglich.

18 Nationales Krebsbekämpfungsprogramm der Schweizer Krebsliga und des Bundesamtes für Gesundheit:»Guideline zur Therapie und Nachsorge des kutanen Melanoms«, in: *Schweizerische Ärztezeitung* 21 (2001), S. 1080–1086.

Die Röntgentherapie über acht Wochen mit Röntgenstrahlen, welche nur fünf bis zehn Millimeter in die Haut eindringen, führt zwar zu einer heftigen Entzündungsreaktion und kann Farbveränderungen und Gefäßerweiterungen auf der Haut hinterlassen. Wie die zweite Moulage zeigt, konnte das Melanom dadurch aber behandelt werden, ohne dass an den Gesichtskonturen ein Schaden entstand.[19]

Varizentherapie nach Rindfleisch
Moulage Nr. 70: Unterschenkelvarizen.
Hergestellt von Adolf Fleischmann, Chirurgische Klinik.
ABB. S. 206
Moulage Nr. 40: *Ulcera cruris.* Status nach Operation nach Rindfleisch.
Hergestellt von Adolf Fleischmann, Chirurgische Klinik.
ABB. S. 207

Auch die Diagnose und Therapie von Krampfadern (Varizen) gehört in die Domäne des Hautarztes, in Zusammenarbeit mit dem Chirurgen.

Etwa die Hälfte der Erwachsenen bekommt Krampfadern, nur ein Zehntel hat aber auch Beschwerden deswegen. Durch die ausgedehnten, gekrümmten Venen mit den defekten Venenklappen wird das verbrauchte Blut nicht mehr richtig aus den Beinen zum Herz zurücktransportiert. Der Name Krampfader leitet sich vom althochdeutschen »Krimpfan« = Krümmen ab, aus dem später die »Krummader« wurde.[20] Diese Krümmung ist am Bein des 69-jährigen Joseph W., das von Adolf Fleischmann moulagiert wurde, schön zu sehen (Moulage Nr. 70). Als Folge kommt es außer zu geschwollenen, »schweren« und müden Beinen nach langem Stehen mit der Zeit auch zu sichtbaren Veränderungen an der schlecht versorgten Haut und selten sogar zu »offenen Beinen« mit Geschwüren.

Um den falsch gerichteten Blutstrom in den Krampfadern zu stoppen und die Schwellung aus den Beinen wegzupressen, damit wieder Nährstoff und Sauerstoff durch die Kapillaren transportiert werden können, sollten Kompressionsstrümpfe getragen werden. Wenn keine zusätz-

19   R. Alber, *Vergleichende Untersuchung zur Behandlung der Lentigo maligna und des Lentigo maligna Melanoms: Röntgenweichstrahlentherapie und chirurgische Behandlung* (Inaugural-Dissertation), Zürich 1991.
20   Peter Fritsch, *Dermatologie und Venerologie: Lehrbuch und Atlas,* Berlin / Heidelberg / New York 1998.

lichen Störungen in der Tiefe des Beines bestehen, werden die defekten Venen, welche ihre eigentliche Funktion nicht mehr erfüllen und der Haut und den noch gesunden Venen schaden, heute durch eine relativ einfache Operation entfernt.

Bereits 1908 wurde die Idee des Chirurgen Prof. W. Rindfleisch publiziert, bei der durch chirurgische Maßnahmen die Krampfadern ausgeschaltet werden können.[21] Beim empfohlenen »Spiralschnitt nach Rindfleisch« wurde ein lang gezogener und tiefer Schnitt in mehreren Touren um den Unterschenkel bis an den Fußrücken gelegt, wodurch alle äußeren Venen auf mehreren Höhen durchtrennt wurden. Wenn auch durch die schnittbedingte Narbenbildung – zumindest für gewisse Zeit – die Varizen verschwanden, so konnte sich diese »heroische« Methode aus einfühlbaren Gründen nicht halten.[22]

Neben den Venen wurden auch die Hautnerven und Lymphgefäße des Unterschenkels gründlich zerstört. Durch den Wegfall der Lymphgefäße kam es innerhalb von Tagen oder Wochen zu einem Rückstau von Gewebsflüssigkeit, zu einem so genannten Lymphödem, das ungleich schwieriger zu beherrschen ist als eine Beinschwellung wegen Krampfadern.

Der Langzeitverlauf wird in der Moulage Nr. 40 gezeigt. Sie wurde 20 Jahre nach erfolgter Therapie nach Rindfleisch hergestellt. Die Braunverfärbung und die zwei Geschwüre am rechten Bein zeugen von den chronischen Problemen, welche durch diese Therapie nur noch verschlimmert wurden. Die sowieso nur in hartnäckigen Fällen praktizierte Methode nach Rindfleisch erwies sich aber dennoch in einigen Fällen als effizient und wurde immerhin bis 1935 immer wieder angewendet.[23]

---

21 G. Friedel, *Operative Behandlung der Varicen, Elephantiasis und Ulcus cruris*, Berlin 1908, S. 143–159.
22 Heinz Eberle, »Chirurgische Moulagen«, in: *Moulagen-Sammlung des Universitätsspitals Zürich*, Zürich 1993.
23 Gerhard G. Hohlbaum, »Pathogenetische Theorien und chirurgische Therapie der Varizen im 19. und 20. Jahrhundert, Teil 2«, in: *Phlebologie* 27 (1998), S. 171–179.

Hautpilz

Moulage Nr. 920: *Trichophytia*, Herpes-Iris-artig.
Hergestellt von Lotte Volger, 1940.
ABB. S. 208
Moulage Nr. 1233: *Sykosis barbae.*
Hergestellt von Ruth Beutl-Willi.
ABB. S. 209

Pilzinfektionen zählen zu den häufigsten Infektionskrankheiten der Haut und sind in der Regel von mildem Verlauf. Die Pilze besiedeln lediglich die Hornschicht oder selten die Haarfollikel und führen zu einer ekzemähnlichen Abwehrreaktion, gelegentlich auch zu einer Eiterung. Ringförmige Rötungen wie auf der Haut von Klara B. in der Moulage Nr. 920 entstehen durch das Ausheilen der Infektionsherde im Zentrum und das Fortschreiten der Pilzinfektion am Rande. Die oberflächliche und milde Abwehrreaktion, erkennbar an der entzündlichen Rötung, genügt zwar, um die Pilze zu bekämpfen, es kommt aber nicht zu einer länger dauernden Immunität gegenüber dem Erreger. Daher können sich die Pilze nach Abklingen der Abwehrantwort im Zentrum des Herdes wieder ausbreiten und eine neue Entzündung hervorrufen. Dadurch entstehen die ineinander liegenden, nach außen wandernden roten Ringe der Moulage Nr. 970.

Der Fußpilz ist die bei uns wohl am besten bekannte Pilzinfektion der Haut. Im feuchten Milieu der Zwischenzehenräume, unterstützt durch das Tragen luftdichter Leder- und Gummischuhe, können Pilze hervorragend wachsen. Zwar sind Pilze an den verschiedensten Orten anzutreffen, besonders geeignet für die Verbreitung sind aber feuchtwarme Umkleidekabinen von Turnhallen und Schwimmbädern. Dies mögen Gründe sein, warum Fußpilzerkrankungen vor hundert Jahren noch eine kuriose Seltenheit waren und nach der epidemischen Ausbreitung um 1920 auch als »Zivilisationskrankheit des 20. Jahrhunderts« bezeichnet wurden.[24]

Vor dieser Zeit war dagegen die Bartflechte noch gefürchtet – eine Pilzinfektion der Barthaare, welche früher nur schwer zu behandeln war und zu hässlichen Narben führen konnte. Ein Krankheitsbild, dass wir heutzutage als Rarität bezeichnen dürfen. Angesteckt hatte man sich in

24 Guido Miescher, *Trichophytien und Epidermophytien*, in: Joseph Jadassohn (Hg.), *Handbuch der Haut- und Geschlechtskrankheiten*, Bd. XI, Berlin 1928, S. 378–564.

der Regel beim Barbier, der sein Rasierbesteck nicht genügend gereinigt und desinfiziert hatte. Um die Verbreitung dieser Infektion zu verhindern, wurden spezielle Rasierstuben für Männer mit Bartflechte eingerichtet. Besonders nachlässige Barbiere, bei welchen es wiederholt zu Ansteckungen kam, mussten sogar mit Haftstrafen von bis zu einem Monat rechnen.

Die Wende wurde 1901 durch die Erfindung der kleinen, handlichen, auswechselbaren Wegwerfklinge von King Camp Gillette eingeleitet. Durch die Selbstrasur entfiel die Möglichkeit der Pilzübertragung durch Rasierpinsel und Rasiermesser. Heute können die verschiedenen Formen der Bartflechte in der Schweiz nur noch in der Moulagensammlung direkt betrachtet und studiert werden.

Syphilis

Moulage Nr. 495: Primäraffekt.
Hergestellt von Lotte Volger, 1922.
ABB. S. 210

Moulage Nr. 487: papulöses Plantarsyphilid, *Lues II.*
Hergestellt von Lotte Volger, 1927.
ABB. S. 211

Moulage Nr. K 46: *Lues connata,* Plantarsyphilid.
Hergestellt von Lotte Volger, Kinderspital Zürich.
ABB. S. 212

Moulage Nr. 468: *Lues connata,* papulöses Syphilid.
Hergestellt von Lotte Volger, 1918.
ABB. S. 213

Die Geschlechtskrankheiten, im Speziellen die Syphilis und der Tripper, galten neben dem Alkohol und der Tuberkulose als dritte Geißel der Menschheit. Soziale Veränderungen als Folge der Industrialisierung und Verstädterung sowie Erkenntnisse der Bakteriologie und Mikrobiologie weckten große Befürchtungen über die verheerenden Folgen der Geschlechtskrankheiten für die Gesellschaft und den Staat.

Am Anfang des 20. Jahrhunderts, das auch »das Goldene Zeitalter der Geschlechtskrankheiten« genannt wird, wurde zunehmend in der Öffentlichkeit über die Bedrohung durch Geschlechtskrankheiten aufgeklärt. Neben den Sittlichkeitsvereinen wandten sich besonders die Fachärzte mit Merkblättern, Broschüren, Vorträgen und Wanderausstellungen an die Bevölkerung. Dabei dienten die Moulagen als Medien zur Darstellung der verheerenden Folgen dieser »Lustseuchen«. Es galt, die Jugend und jungen Erwachsenen abzuschrecken und vor den Gefahren des vor- oder außerehelichen Geschlechtsverkehrs zu warnen.[25] Das Bakterium *Treponema pallidum*, der Verursacher der Syphilis, wird in der Regel durch Geschlechtsverkehr übertragen und führt zu einem schmerzlosen Geschwür mit nachfolgender Schwellung der Lymphknoten am Ort der Infektion (so genannter Primäraffekt). Typischerweise tritt dieser so genannte »Harte Schanker« an den Genitalien auf. Da es aber unsittlich war, Moulagen von Genitalien zu zeigen – auch wenn gerade diese Moulagen bei Wanderausstellungen zur Aufklärung über die Gefahren der Geschlechtskrankheiten als Publikumsmagneten wirkten –, wurden vor allem die viel selteneren Primäraffekte von Lippen, Brust oder Finger moulagiert.[26] In Zürich zum Beispiel 1922 die Lippen von Elise S. Interessanterweise stammt die einzige Moulage, welche einen Primäraffekt am Penis zeigt, nicht aus Zürich, sondern wurde in Dresden eingekauft.

Eine gut wirksame Therapie gegen die Syphilis war in der Schweiz erst nach dem Zweiten Weltkrieg mit dem Penicillin erhältlich. Über Jahrhunderte wurde zuvor Quecksilber in Dosierungen, welche teils schwere Vergiftungen verursachten, und nach 1910 das Arsenpräparat Salvarsan eingesetzt.

Auch ohne Therapie heilt das Geschwür ab. Nach etwa zwei Monaten kann sich das zweite Stadium der Syphilis mit einem masernähnlichen Ausschlag am ganzen Körper bemerkbar machen. Typisch ist dabei der Befall von Handinnenflächen und Fußsohlen (Moulage Nr. 487). Auch dieser Ausschlag verschwindet nach einer Weile, kann aber in den folgenden Monaten, meist abgeschwächt, wieder aufflackern. Manchmal kommt es zu Eiterpusteln und vielfältigsten anderen Erscheinungen, sodass eine Diagnose nur mithilfe von Blutuntersuchungen zu stellen ist. Nach jahrelangem symptomlosem Verlauf droht schließlich der Befall des Gehirns, des Rückenmarks und von inneren Organen mit Gedächtnisstörungen, Lähmungen und Tod.

25 Lutz Sauerteig, »Krankheit, Sexualität, Gesellschaft – Geschlechtskrankheiten und Gesundheitspolitik in Deutschland im 19. und frühen 20. Jahrhundert«, in: *MedGG-Beihefte* 12 (1999).
26 Lutz Sauerteig, »Lust und Abschreckung: Moulagen in der Geschlechtskrankheitenaufklärung«, in: Susanne Hahn / Dimitrios Ambatielos (Hgg.), *Wachs-Moulagen und Modelle* (Internationales Kolloquium, 26. und 27. Februar 1993), Dresden 1994.

Schon lange ist die Übertragung der Syphilis durch die infizierte schwangere Mutter auf das Kind bekannt. Bei Ansteckung während der Schwangerschaft kommt das Kind mit einer Syphilis im Stadium II mit einem Ausschlag am ganzen Körper auf die Welt. Die Beobachtung einer angeborenen »Erbsyphilis« durch Übertragung von der Mutter führte zu Spekulationen über die Möglichkeit einer Vererbung auch durch den Vater und über mehrere Generationen. Gemäß dieser falschen Theorie drohte der Gesellschaft eine zunehmende Degeneration.

Altershaut
Moulagen Nr. 989 und 989a: *Verrucae seniles,*
Typus einfacher Pigmentfleck.
Hergestellt von Lotte Volger.
ABB. S. 214
Moulage Nr. 627: *Cornu cutaneum.*
Hergestellt von Lotte Volger, 1933.
ABB. S. 215

Sonnenlicht, Alkohol und Nikotin unterstützen die Hautalterung, die wir in Form von Falten und Fältchen, »Altersflecken« und vermehrter Brüchigkeit der feinsten Blutgefäße der Haut wahrnehmen. Besonders die Einwirkungen von UV-Licht führt auch zu Defekten im genetischen Material von Hautzellen und damit zu einem erhöhten Risiko der Entstehung von Hautkrebs. Geschädigte Haut, so genannte Krebsvorstufen oder Präkanzerosen, imponieren als gerötete, schuppige, krustige Areale mit schlechter Heilungstendenz.

Besonders an der lichtexponierten Haut der Hände und im Gesicht sind die untrüglichen Zeichen der lebenslangen Strapazen, denen die Haut durch die Umwelt ausgesetzt ist und vor denen sie den Rest des Körpers schützt, deutlich zu sehen. Die Störungen der zunehmend defekten Zellen kann sich mit grotesken Verhornungsstörungen wie in der Moulage Nr. 627 bemerkbar machen. Das Hauthorn *(Cornu cutaneum)* ist auf dem Boden eines Spindelzellkrebses oder einer Vorstufe davon entstanden.

232 Michael L. Geiges

Erythema gyratum repens

Moulage Nr. 638: *Erythema gyratum repens.*
Hergestellt von Lotte Volger, 1933.
ABB. S. 216

Die Moulage zeigt eine sehr seltene Hautveränderung, die beim Patienten Franz S. als Begleiterscheinung eines bösartigen Tumors zum Beispiel der Lunge oder des Darmes aufgetreten ist. Die Rötung mit einer diskreten Schuppung wandert täglich in bizarren konzentrischen Formen und Figuren und erinnert an eine Holzmaserung oder an die Streifen eines Zebras. Wenn der Tumor behandelt werden kann, dann verschwindet auch die Hautrötung.[27] Leider wurden die Krankengeschichten der Patienten aus jener Zeit vernichtet, sodass keine weiteren Angaben über den Verlauf des Leidens von Franz S. erhalten sind.

27 Otto Braun-Falco / Gerd Plewig / Helmut H. Wolff: *Dermatologie und Venerologie,* Berlin / Heidelberg / New York 1997.

Moulagensammlung des Universitätsspitals und der Universität Zürich
Haldenbachstrasse 14, 8091 Zürich, Tel. 01-255 56 85, Fax 01-255 44 03
www.moulagen.ch, geiges@derm.unizh.ch
Öffnungszeiten: Mi 14–18 Uhr, Sa 13–17 Uhr, Führungen nach Absprache jederzeit

Irene Nierhaus

Super-Vision

Eine Geschlechterfigur
von Blick und Raum

Visualisierung und Verräumlichung gehören zu den intensiv debattierten, paradigmatisch verstandenen postmodernen Strategien, und ihre geschlechtliche Strukturierung ist ebenso in den verschiedenen damit befassten Disziplinen – von der Film- bis zur Architekturtheorie – in Diskussion, sodass sich die Frage stärker auf die Gegenseitigkeit und das Ineinander von Raum- und Blickerzeugen richten kann. Wenn der neue italienische Ministerpräsident nicht nur durch Bildschirmpräsenz, sondern auch durch Bildschirmbesitz den öffentlichen Diskurs und damit das, was öffentlichen Raum bekommen und ins Bild gesetzt werden soll, massiv reguliert und er in seiner medialen Inszenierung als Kapitän am Führerstand in Azurblau oder als Lehrer-Manager vor der Tafel der Regierungsaufgaben agiert, und er dennoch inquirierte Geschäftspraktiken ganz offensichtlich unsichtbar machen kann, dann erscheint er als ein »Meister« im transgressiven Umgang mit Raum- und Blickmächtigkeit. Und nicht erst, wenn die Künstlerin Laura Horelli bei der Biennale 2001 in Venedig, in der Nachfolge von Hannah Höch und ihrer Landkarte des Frauenwahlrechts, auf einer Karte die sechs Länder der Welt mit weiblichen Präsidenten einzeichnet, wird einsichtig, dass es sich im Raum- und Bildgefüge von Politik und Mediatisierung auch um Geschlechterwelten handelt. Die Konstruktion von Geschlechteridentitäten verfügt über komplexe Vorgänge der Verräumlichung und Visualisierung, sie sind gesellschaftspolitische Verfahren der Aus- und Eingrenzung, der sozialen Territoriumsbildung, der Regulierung und Ausstattung mit Kompetenzen oder von Einschränkungen und ordnen soziale Sichtbar-, Unsichtbar- und Nichtsichtbarkeit. Beide wirken als visuell räumliche Kultur, die ein »dauernd bewegliches Gefüge sozialer Interaktion«[1]

1   Nicholas Mirzoeff, *An Introduction to Visual Culture*, London / New York 1999, S. 4 (sinngemäße Übersetzung d. Verf.).

233

ist, das auf Identitäten von Ethnien, Klasse und Geschlecht bezogen
ist.

Im Folgenden soll es um einen historisch männlich kodierten, mit
dem Konzept von Autorenschaft verbundenen Blick gehen und diese
Anwendung des Autorenauges auf die Kolonisierung des Raumes durch
Planer, Architekt und Pilot. Diese Figuren verbinden in ihren Berufs-
mythen auf unterschiedliche Weise Technologiebeherrschung, Pionier-
geist und Schöpferkraft als navigatorische und kreative Kompetenz in
einem immer als großer und äußerer gedachten Raum. Das wissende
Auge des Autors zur Herstellung von Bild und Raum als Geschlechter-
struktur hat Albrecht Dürer 1525 in dem Blatt »Der Zeichner des liegenden Weibes« vorgeführt. Es zeigt einen konsequent zweigeteilten
und oppositionell gedachten Raum, links eine liegende Frau als Modell,
rechts einen sitzenden Mann als Zeichner. Der Raum wird von einem
Rahmen mit Fadennetz geteilt, der die Perspektivkonstruktion erleichtert. Bildräumlich ist dieser Sichtrahmen, der das Gesehene sehtechnisch
verobjektiviert, dem Zeichner zugeordnet. Der Raum des Bildkonstruk-
teurs wird als männlicher Raum des Denkens und Logos visualisiert: Der
aufrechte Zeichner mit den Instrumentarien des Messens und der Geo-
metrie, selbst das Bäumchen am Fensterbrett ist zu einer Kugel geschnit-
ten und damit den anderen auf geometrische Grundformen anspielenden
Gegenständen angeglichen. Dem Auge des Zeichners gegenüber ist
durch die Perspektivkonstruktion der Fluchtpunkt im weiblichen Material angelegt und die Sexualisierung dieses Blicks ist durch den phalli-
schen Sehstab, der den Augpunkt des Zeichners stützt, verschärft. Dem
Raum des Wissens und der analytischen Techniken gegenüber ist der
Raum des liegenden Modells als weiblicher Körper- und Naturraum
definiert: Der Körper füllt fast die Bildhälfte, dringt vor, überbordet die
Tischgrenzen, der Fensterausschnitt zeigt eine dem Körper analogisier-
bare Landschaft, und auch Polster und Stoffdraperien vermitteln als Gegensatz zum Raum des Logos ungeordnete, wachsende und natürliche
Masse. Der Körperraum wird als haptischer Nahraum simuliert. Auch
das ist dem Raum des Logos gegenläufig, denn da ordnet strikte Ortho-
gonalität, weicht der Raum zurück, liegt der entfernte Fluchtpunkt des
Gesamtblattes, sodass er als visiver Distanzraum erscheint. Nah- und
Fernraum gehören zu den wenig modifizierten Stereotypen einer geschlechtlichen Raumdifferenz. Es gibt unendlich viele Filmszenen in
denen der männliche Protagonist im großen Fernraum (Westernwüste
mit einsamem Reiter), hingegen die weibliche Protagonistin im kleinen

Nahraum agiert (Hausinneres), so im 70er-Jahre-Film *Du oder Beide*, in dem auf dem Höhepunkt der Ehekrise das Paar eine Reflexionsphase einlegt. Die Frau wird im Halbportrait im Wohnzimmer gezeigt, von Gegenständen wie Tisch, Fenster umfasst und in dieser familiären Referenz von der Tochter assistiert. Der Mann erscheint zunächst als winziger Punkt in einem großen, weiten Raum, der sich beim langsamen Heranzoomen als abgewandte Rückenfigur im schaukelnden Boot auf einem weiten, einsamen und nebelumzogenen See erklärt. Solche Raum-Figur-Differenzierungen zeigen Verräumlichung und Visualisierung auch als effektive Verfahren der Naturalisierung, die soziale Politiken als natürliche Gegebenheiten erscheinen lassen. Das Blatt von Dürer, das die wissenschaftliche Konstruktion von Perspektive und Sehen ikonisiert, zeigt die Positionierung des Autors als Subjekt, das sein künstl(er)i(s)ches Produkt aus der verobjektivierenden Verarbeitung von Natur herleitet und es zur sozialen Natur formuliert. Diese Subjektzentrierung definiert Herrschaft und Macht hier klar als patriarchal[2] und erzeugt eine illusionäre Einheit von Autor und Leser. Das Objekt des weiblichen Körpers im Bildrahmen wie das gesamte Blatt sind aus einem panoptisch hegemonialisierten Zentrum entwickelt, was Julia Kristeva[3] mit einem Schauspiel auf einer italienischen Bühne verglichen hat, in dem der Autor sein Tun verschleiert und gleichsam aus dem Off das Publikum davon zu überzeugen versucht, dass dieses und er selbst identisch seien.

Mich interessiert im Weiteren die Konstellation von Geschlecht, Bild und Raum vom Standort des Mannes hinter dem Fadennetz und Sehschirm. Im Konkreten der Blick auf den städtischen Raum und seine visuelle Ordnung und das Autorenauge, das ein Sichtfeld als Bild-Totalität organisiert, was mit Erzählungen des Männlichen einhergeht.

Zwischen dem Phänomen der Supervision, ihres Einsatzes im 19. Jahrhundert (Städtebau, Panorama) und ihrer Neuerung durch das Fliegen im 20. Jahrhundert und den historischen, damit verknüpften Protagonisten der männlicher Autorenschaft (Architekt, Planer, Pilot) werden historisch ähnliche »Bildfiguren« ausfindig gemacht, die auf verschiede-

---

2 Zur geschlechtlichen Struktur der Autor-Position in der Kunstgeschichte vgl. Sigrid Schade / Silke Wenk, »Inszenierung des Sehens: Kunst, Geschichte und Geschlechterdifferenz«, in: Hadumod Bußmann u. a. (Hgg.), *Zur Geschlechterdifferenz in den Kulturwissenschaften*, Stuttgart 1995, besonders S. 346 ff. Eine Sektion der Kunsthistorikerinnentagung 1996 war diesem Thema gewidmet: *Mythen von Autorenschaft und Weiblichkeit im 20. Jahrhundert*, hg. von Kathrin Hoffmann-Curtius / Silke Wenk, Marburg 1997.
3 Julia Kristeva, *Le texte du roman*, Den Haag 1970, S. 185 ff.

nen Ebenen figurativ werden und damit neue Lektüren auslösen können. Ich gehe Verstrebungen von Texten (Bildern) und Kontexten nach,
das heißt ihren Ähnlichkeiten in verschiedenen Medien, die im kulturell
historischen Kontext »Figuren des Wissens« formulieren. Das bedeutet,
gerade über den Weg der versammelten Verstrebungen von Ähnlichkeiten und Entsprechungen strukturelle Einsichten in die Geschichte zu
erlangen und Verknüpfungen zu lesen, die durch den Prozess der Naturalisierung nicht gesehen werden. Solche Verstrebungen sind andere
Grenzziehungen, die Dinge und Phänomene näher zueinander bringen,
die vielleicht gewöhnlich auseinander liegen und umgekehrt, so wie
Foucault als Ausgangspunkt zur »Ordnung der Dinge« ein »Netz von
Analogien deutlich werden [sah], das die traditionellen Nachbarschaften
überschritt«.[4] Die Ähnlichkeits-Verstrebungen enthalten die Vorstellung
von Beziehungen zwischen scheinbar ganz unterschiedlichen Feldern
und Disziplinen. In den Prinzipien von Ähnlichkeiten liegt eine Unbestimmtheit und Vagheit, die, wenn nicht von einer einfachen Spiege-
lungstheorie ausgegangen wird, auch durch die überbordende Pluralität
an Möglichkeiten etwas Unbestimmtes (nicht Beliebiges) beibehält. Dieses Vage im temporalen Spatium sich ständig verändernder, verschieben-
der, trennender und wiederverknüpfender Relationen ist auch Ort der
Einschreibversuche des Subjekts und des Kollektiven, es ist ein historischer Richtungs- und Orientierungsraum des Sozialen. Ein Spatium, in
welchem dem Realen ein Virtuelles verbunden ist, eine Ähnlichkeit, die
keine natürliche, sondern eine immer gesellschaftlich formierte Korrespondenz ist.

Als Motto nehme ich einen 1999 für den Illusionskünstler und Zaube-
rer David Copperfield gedrehten Promotiontrailer, der in einer Society-
TV-Sendung gespielt wurde und bei dem es ausschließlich um Sehen und
Bildermachen ging. Situiert war der Bericht im Apartment von Copperfield im 54. Stockwerk eines New Yorker Wolkenkratzers, und obwohl
der Bericht als »Besuch bei ihm privat« ausgegeben wurde, kam ein
Wohninneres nie ins Bild. Der Magier wurde vor durchlaufende Glas-
scheiben gesetzt, die den Blick auf die nächtliche Stadt freigaben, und er
sprach von dem fantastischen Ausblick. Dazwischengeschaltet wurden
Ausschnitte seiner neuen Show, in der er unglaubliche Dinge zu sehen
gibt oder glaubhafte Dinge unsichtbar macht. Dann wurden drei Fern-

---

4 Michel Foucault, *Die Ordnung der Dinge: Eine Archäologie der Humanwissenschaf-
ten*, Frankfurt am Main 1988, S. 11.

rohre, die von seinem Wohnzimmer auf die Umgebung gerichtet sind, gezeigt und sein Kommentar dazu war: Bevor mich die anderen beobachten, beobachte ich sie lieber selbst. Bezeichnend bei diesem Trailer ist die Kategorie des Superlativen, die für das Hochhaus paradigmatisch ist und auf die beteiligten Personen übertragen wird: der weltgrößte Magier mit der weltbesten Show und damals noch der weltschönsten Frau in seinem allerhöchsten Wohnsitz.»So hoch«, wie Franz Kafka seine Hauptfigur im *Verschollenen* beim ersten Anblick von Manhattan bei seiner Ankunft in Amerika sagen lässt. Superlativ ist auch die mit dem Hochhaus verbundene Visualität. Der Trailer zeigt die Entscheidungsmacht über Sichtbarkeiten und führt die visuelle Inbesitznahme durch den panoramatischen Blick (der sich die Stadt als Ganzes) und den skopischen Blick (der sich die Stadt in ihren Details mit dem Fernrohr aneignet) vor. Diese Blicke sind an das Hochhaus gebunden, wodurch Urbanität und Visualität verkoppelt werden, in deren Zentrum ein Meister der Bildillusion sitzt.

Die bildliche Illusion formt das Gesehene zu einem Text um – die Stadt sei eine Schrift und der Benutzer eine Art Leser der Stadt, sagt Victor Hugo. Die Vertextung ventiliert auch die Vorstellung von Mächtigkeit. So beschreibt Le Corbusier den Passanten in der Hochhausstadt als »Laus«, die auf der Spitze des Wolkenkratzers jedoch zu »strahlen« beginnt, sie »kann den Ozean sehen und die Schiffe; sie steht über den anderen Läusen«.[5] Und die Mächtigkeit ventiliert Autorschaft, wie sie Michel de Certeau am Blick vom Hochhaus beschreibt, der die unübersichtliche Stadt lesbar, gleichsam zur Lektüre umwandelt:»Auf die Spitze des World Trade Centers emporgehoben zu sein, bedeutet, dem mächtigen Zugriff der Stadt entrissen zu werden. Der Körper ist nicht mehr von den Straßen umschlungen, die ihn nach einem anonymen Gesetz drehen und wenden [...]. Wer dort hinaufsteigt, verlässt die Masse [...]. Seine erhöhte Stellung macht ihn zum Voyeur. Sie verschafft ihm Distanz. Sie verwandelt die Welt, die einen behexte, von der man besessen war, in einen Text, den man vor sich unter den Augen hat. Sie erlaubt es, diesen Text zu lesen, ein Sonnenauge oder Blick eines Gottes zu sein. [...] das ist die Fiktion des Wissens. [...] Der Wille, die Stadt zu sehen, ist den Möglichkeiten seiner Erfüllung vorausgeeilt. Die Malerei des Mittelalters und der Renaissance zeigte die Stadt aus der Perspektive eines

---

5 Le Corbusier, zitiert nach Rem Kohlhaas, *Delirous New York: Ein retroaktives Manifest für Manhattan*, Aachen 1999, S. 269.

Auges, das es damals noch gar nicht gab. Die Maler erfanden gleichzeitig das Überfliegen der Stadt und den Panoramablick, der dadurch ermöglicht wurde. Bereits diese Fiktion verwandelte den mittelalterlichen Betrachter in ein himmlisches Auge. [...] Das alles überschauende Auge, das von den alten Meistern erdacht wurde, überlebt in unseren heutigen Errungenschaften. [...] Ist dieses gewaltige Textgewebe, das man da unten vor Augen hat, etwas anderes als [...] optisches Artefakt? So etwas ähnliches wie ein Faksimile, das Raumplaner, Stadtplaner und Kartografen durch eine Projektion erzeugen [...]. Die Panorama-Stadt ist ein ›theoretisches‹ (das heißt visuelles) Trugbild, also ein Bild.«[6] Diese Konstruktion von Sichtbarkeit leitet de Certeau im Sinn der Kritik des Sehens von Foucault her, der das zentrierte Überblicken und Erzeugen eines permanenten Sichtbarkeitszustandes als generelle Methode der Macht, Kontrolle und Disziplinierung der Neuzeit – am Beispiel des Panopticon – beschrieben hat.[7] Das Sichtbarkeitsprinzip spielt nicht nur in den eigentlichen Disziplinierungsarchitekturen wie Gefängnis oder Heimbauten eine Rolle, sondern ist insbesondere in die räumliche Organisation von Bevölkerungsmassen eingegangen, so in den Städtebau. Dieser direkte Bezug von Raum- und Blickordnung, in dem die Regeln des perspektivischen Sehens im Stadtraum angewandt werden, wurde seit dem 16. Jahrhundert in Ansätzen und im 19. Jahrhundert im Umbau der Städte zum modernen bürgerlichen Darstellungsraum durchgesetzt. Das geläufigste Beispiel dafür ist die Haussmannisierung von Paris, bei der die alte Stadtmasse mit linearen, kanalisierenden Blickachsen (Korridorstraßen) durchkreuzt und potenzielle Übersichtlichkeit hergestellt wurde. Zu der visuell räumlichen Formierung von Handel, Industrie, Militär, Kultur und politischer Verwaltung der neuen Stadt gehört die gleichzeitige »Entdeckung« ihrer Gefährlichkeit als unregulierter Raum, der als Ort von proletarischen, rebellischen Massen und Verbrechern argwöhnisch beäugt wurde. Mit Polizeirazzien, Verbrechensberichten und -statistiken, Reportagen über Proletariat und Kriminalität bis zu Kriminal- und Horrorgeschichten wurde das Leben der Unterschichten durchleuchtet und eine sozialmoralische Topografisierung von Urbanität erzeugt: »But peering through holes, penetrating houses and inspecting the ›natives‹, beasts or humans, with the help of the police officer's

---

6 Michel de Certeau, *Kunst des Handelns*, Berlin 1988, S. 180 f.
7 Michel Foucault, *Überwachen und Strafen: Die Geburt des Gefängnisses*, Frankfurt am Main 1992, S. 256 ff.

torch can but momentarily satisfy the demands of inspection and control in middle-class ›specular morality‹.«[8] Skopische Kontrolle und Surveillance, wozu unter anderem Straßenführung, künstliches Licht und Polizeipatrouillen gehören, verräumlichen die bürgerliche Mythisierung der Transparenz als Wahrhaftigkeit. Die ungezähmte, wilde und vor allem nächtliche Stadt ist in der Figuration der Hure Babylon meist weiblich konnotiert. Und auch dafür findet sich ein Navigator im Dickicht der Städte, der Detektiv. Bei der TV-Serie *Ein Mounty in Chicago*[9] werden zum Fassen von Verbrechern Techniken der Jagd und des Fallenstellens auf die »Wildnis« Stadt angewandt. Zum Planer und Architekten gesellt sich der Detektiv im perspektivischen Apparat der Stadt, er ist das bewegliche *mastering eye*. Sherlock Holmes macht aus jeder winzigen Spur einen Tatzusammenhang sichtbar.

Der Über-Blick im Städtebau braucht neben der horizontal auch die vertikal organisierte Sichtbarkeit. Im Turm des gräflichen Renaissancepalastes von Fontanellato wurde im obersten Stock eine Camera ottica eingerichtet, mit der das Leben auf dem Stadtplatz via Spiegel auf einen großen Tisch projiziert werden konnte – der Blick produziert das Platzleben als Bild und ist gleichzeitig ein früher Vorläufer der Überwachungskamera. Die ersten Hochhäuser in Europa zu Beginn des 20. Jahrhunderts werden auch unter dem Begriff des Turms, der Einheits- und Ordnungsfigur in der Unübersichtlichkeit der Städte, diskutiert. So schreibt Peter Behrens 1912, dass es einer »Körperlichkeit« bedürfe, die nur in »kompakten vertikalen Massen«[10] zu finden sei. Die Referenz dafür ist der Turm, und nicht zufällig läuft die erste Diskussion in Deutschland unter dem Begriff »Turmhaus« – wobei die Verbindung zu den verschiedenen sakralen und profanen Türmen der europäischen Stadtgeschichte hergestellt wurde, den Ratshäusern, Kirchtürmen oder Geschlechtertürmen. Auch im Wiederaufbau der Städte nach 1945 erscheint das Hochhaus, das als Solitär in jede Stadt gestellt wurde, als Ordnungsfigur der wiederinstandgesetzten Stadt nach dem Kriegschaos. In den ersten Wiederaufbauvorschlägen Wiens nach 1945 taucht das Motiv des

---

8 Kurt Tetzeli v. Rosador, »Into Darkest England: Discovering the Victorian Urban Poor«, in: *Journal of the Study of British Cultures* 4 (1997), S. 135.
9 Den Hinweis auf die TV-Serie verdanke ich einer Wiener Studentin, an deren Namen ich mich leider nicht mehr erinnere, ebenso den Hinweis auf den später erwähnten Film *Sliver* (1993).
10 Zitiert in Jochen Meyer, »Die ›Macht der Raumbezwingung‹: Maßstabs- und Gestaltungsprobleme des Hochhauses«, in: *Daidalos* 61 (September 1996), S. 50.

Turms auf, es sollte Gelenkstellen zwischen Stadtquartieren bezeichnen.
In einem Zeitungsbericht zum Wiener Wohnhochhaus Matzleinsdorfer-
platz, das 1956 mit dem offiziellen Abschluss des Wiederaufbaus fertig
gestellt wurde, steht:»Von dieser Gaststätte aus bietet sich ein herrlicher
Rundblick über Wien. Man sieht bis zum Schneeberg und zu den Leit-
habergen. Blickt man aber senkrecht hinunter, wo vor wenigen Jahren
noch die ›Gstätten‹ [...] lag, erkennt man erst die Veränderung, die hier
in den letzten Jahren vor sich gegangen ist: inmitten des Häusermeeres
der Großstadt ist eine neue Stadt moderner Wohnhäuser entstanden, die
nach ihrer Fertigstellung [...] ein menschenwürdiges Obdach bieten
werden.«[11] Die Supervision bietet nicht nur den überraschenden Panoramablick auf die Umgebung, sondern konstruiert eine sinnvolle Stadt-
erzählung, die zur optimistischen Identifikation mit der eigenen Wie-
deraufbaugesellschaft und den Leistungen der Kommunalverwaltung
anregt. Darin zeigt sich, dass die moderne Supervision auf populäre Teilhabe am Supervisionären abzielt, die mit dem 19. Jahrhundert und der
zunehmend auf soziale Integration setzenden bürgerlichen Gesellschaft
paradigmatisch wird. Temporär kann das lustvolle panoramatische Zentrum eingenommen werden: Ein Blick vom Aussichtsturm, ein Gang zur
Aussichtswarte, eine Fahrt über die Panoramastraße, ein Besuch im Kaf-
feehaus und der Aussichtsterrasse des obersten Geschosses des Hochhauses – in jeder Stadt gab und gibt es solche Besucherräume. Diese neue
Form der Horizonterfahrung ist auch eine politische:»Ohne Supervision, also ohne Vorstellung und modellhafte Instrumentierung von
Welt als Totalität, lassen sich Ansprüche auf Führung, Orientierung und
Erkenntnis nicht legitimieren. [...] In der Entwicklung solcher Super-
visionen spielt der panoramatische Blick eine entscheidende Rolle als
umfassender Blick vom fixierten Standpunkt in die Welt und aus der
Ortlosigkeit auf die Welt als Modell einer Totalität. Der panoramische
Blick bestätigt in einem seine utopische Dimension (die Überschreitung
aller sichtbaren Grenzen in die gedachte Ganzheit) und seine weltbil-
dende Dimension (die immer notwendige Eingrenzung der Welt in Hori-
zonte, die Einrahmung des Blickes, seine Fixierung auf die konkreten
Bestandteile des Ganzen).«[12]
　　Zu den spektakulärsten Einrichtungen der Supervison des 19. Jahrhunderts gehörte das Panorama, das aus der Theater- und Prospektmale-

---

11　*Arbeiter Zeitung* (18. Oktober 1956).
12　Bazon Brock, »Supervision und Miniatur«, in: *Sehsucht: Über die Veränderung der
visuellen Wahrnehmung*, Göttingen 1995, S. 68.

rei kommt. Es ist ein Zentralraum mit umlaufenden Bild, in dem sich die um die eigene Achse drehenden Besucher in historische Szenen, Landschaften und Stadtbilder versetzen konnten – so wurden in Wien die Städte Salzburg, Prag, Kairo und Wien selbst zu sehen gegeben. Das Panorama vermittelt den Autorenblick, ermöglicht die Stadt als Bild zu lesen, führt moderne, an Technologie und Ökonomie gekoppelte Wahrnehmungsveränderungen als Kunsterlebnis vor. Das Panorama ist eine popularisierende Schule des Blicks (oft in Vergnügungsparks), welche die Horizontverschiebungen der neuen Stadterzählungen mit der Lust am Überschreitungsgestus und an der Mächtigkeit des Blicks etabliert. »Spectacle and surveillance become increasingly merged in populare culture«, und das Spektakel ist eine grundlegende »reorganization of the observer as a precondition for the development of a consumer society«.[13] Noch im 20. Jahrhundert werden Panoramen konstruiert, so wurde etwa der österreichische Pavillon bei der Expo 2000 in Hannover mit rundumlaufenden Bildern von Österreich ausgestattet. Allerdings sind Weltausstellungen ihrerseits supervisiv – im enzyklopädischen Selbstverständnis, den Über-Blick über die Produkte der ganzen und nun endgültig kolonisierten Welt zu geben. Auf den Ausstellungsgeländen wurden auch die ersten großen Aussichtsbauten für den massenhaften Blick verankert: 1889 der Eiffelturm in Paris oder 1892 das Riesenrad in Wien. Zum perspektivischen Stadtapparat gehören neben Städtebau, Hochhäusern, Aussichtstürmen also verschiedene Medien, wie Panoramen, aber auch Postkarten und Darstellungen in Photographie oder Malerei. Die impressionistische Malerei entwickelte Perspektiven von Überblick und Einblick als neue Blickweisen des Städtischen. Die »Avenue d'Opéra« von 1897 zeigt Camille Pissarro als Blick auf eine Straße mit Mitteln der lang gezogenen Tiefenführung, Überdehnung, der Expansion des Horizonts. Es ist eine ausufernde, entgrenzende Sichtbarkeit, die dann doch zum Bildganzen geschlossen wird. Und auch Bilder, die aus der Straße vom Niveau des Passanten entwickelt sind, arbeiten häufig mit monumentalisierender Überdehnung (Weitwinkeleffekt). Solche Blickweisen formulieren in der Malerei das neue Großstadtleben auf Straßen und in Cafés und stellen gemeinsam mit dem real Gebauten Images von Metropolitanem her – die unübersichtliche, ungleichzeitige, heterogene Stadt wird zu einer vereinheitlichenden Erzählung, die dann

---

13 John S. Turner, »Collapsing the Interior / Exterior Distinction: Surveillance, Spectacle, and Suspense in Popular Cinema«, in: *Wide Angle* 4 (Oktober 1998), S. 95. Den Hinweis verdanke ich Eva Warth.

als wahre Korrespondenz von wirklichem und erzähltem Raum verstanden wird.

In der panoramatischen Überdehnung, dem Ausufern der Blicke ist so etwas wie eine Verunsicherung des Bildlichen zu spüren bzw. ein Wissen um die Grenzen des Bildfeldes. Es ist eine Instabilität und Fragilität, die der Bedrohung der geordneten Stadt durch die chaotische gleicht. Der Überschreitungsgestus, der etwas Unheimliches birgt, erhält mit der klassischen Moderne ein Gegenkonzept, das sowohl in Malerei (Kubismus, Futurismus…) wie in Architektur und Städtebau (weniger zentralaxiales, auf einen Punkt orientiertes Raumganzes) das hierarchische Verhältnis des allmächtigen, Zeit und Raum homogenisierenden Auges zu zerstreuen und den einheitlichen Bildraum zugunsten von Vielansichtigkeit und Diskontinuität zu zerlegen versucht – um ihn mit Montage und Rapport zu re-konstruieren. Dabei kommt das Kaleidoskopartige der Stadt, das in der Konvention des 19. Jahrhunderts das Negativ-Gegensätzliche war, positiv zum Tragen. Dieses Interesse an Zerstreuung des fixen Zentrums bedeutet jedoch nicht einfach seine Aufhebung und sein Verschwinden, sondern auch seine Modernisierung. Die an das zentrierende Auge geknüpfte Supervision wird mobilisiert, wie im Blick aus dem Flugzeug, der für Planer, Architekten und Künstler zum Instrument und Faszinosum wird. Flugzeuge gehören im Übrigen zu den beliebtesten Begleitern von Hochhausdarstellungen. Es treffen sich mobile Luftgehäuse und hohe Häuser im gemeinsamen, nun als Luftraum erfahrenen Raum. Mit dem Ersten Weltkrieg, dem ersten modernen, mediatisierten Krieg, kommt der neue Blick der senkrechten Sicht der Aufklärungsflieger hinzu. Das Flugzeug war – nach Paul Virilio – zunächst eine Maschine zum Sehen, seine »Augen, das waren vor allem die Bordkameras«, und es wurde »zum Wahrnehmungsorgan der Oberkommandos«.[14] Eine aktuelle Steigerung der Kombination von Mobilität und Zentrierung sind die im Jugoslawienkrieg eingesetzten Nato-Kampfhubschrauber, die durch die Blickrichtung bzw. die Bewegung des Helmes des Piloten steuerbar sind. Der Pilotenblick ist seit den 20er Jahren ein popularisierbares Signum für Innovation und Vision. In der futuristischen Malerei entwickelte sich eine eigene Ausprägung als Aeropittura (Flugmalerei), bei der es um die bildnerische Vermittlung des rasanten Perspektivwechsels während des Fliegens ging. »Jedes Werk der Flugmalerei [vereint in

---

14 Paul Virilio, *Krieg und Kino: Logistik der Wahrnehmung,* Frankfurt am Main 1989, S. 157.

sich] zwei Vorgänge, die der Bewegung des Flugzeuges einerseits und die den Stift, den Pinsel oder Zerstäuber führende Hand des Künstlers andererseits.«[15] Künstler und Pilot werden als kongenial neue Sichtweisen Entwickelnde aufgefasst. Und Guillaume Apollinaire erhoffte sich für die künstlerische Avantgarde, dass die Ästhetik der modernen Maschinen sie mit dem »Volk« versöhnen könne. Le Corbusier handelt das Konzept des Hauses als Wohnmaschine am Vorbild des Flugzeuges ab und illustriert den zwanzigseitigen Text mit fünfzehn Fotos von Flugzeugen, wobei der Zusammenhang Funktionalität, Planbarkeit und Präzision ist.

Seit Ende der 20er Jahre orientiert sich die Produktgestaltung generell immer stärker an der Stromlinie, die genuin mit dem Flugzeugbau verbunden ist: »Die Stromlinie ist zugleich auch eine Chiffre für den dynamischen Fluss aller Dinge, ihre Einpassung in den Prozess der Zirkulation [...] als widerspruchslose Verschmelzung«.[16] Heute nutzt Frank Gehry für manche Projekte ein Computerprogramm, das für Mirage-Kampfflieger entwickelt wurde und besonders von Auto- und Flugzeugfirmen für ihr Design verwendet wird.

Auch in Darstellungen von Architektur und Stadtplanung wird die räumlich-visuelle Erfahrung des Pilotenblicks mit der Weite des Horizonts, der Vermittlung eines Schwebezustandes oder der Verortung des Blicks in einem Flugzeug integriert. Richard Neutra präsentiert die Stadtanlage von »Rush City-Reformed« Mitte der 20er Jahre als einen Tiefflug über Hochhausreihen, wobei der Tiefflugeffekt durch die Ausschnitthaftigkeit des Gesehenen verstärkt wird. J. J. P. Oud zeigt in einer Darstellung der Wohnanlage Blijdorp 1931 einen Flugzeugflügel und vermittelt damit den Blick von oben als einen real einnehmbaren. Der abstrakte Über-Blick wird durch einen empirischen Ort ersetzt, der mobil ist und sich gegenüber allen anderen (Über-)Blicken als Bewegung definieren kann.

Die Verbindung zwischen Fliegendem und Architekt bestand bereits in der antiken Erzählung des Dädalus, der als mythischer Ahne der Architekten gilt. Dädalus erfindet mit Flügeln aus Holz und Wachs die Flugtechnik, um sich aus dem von ihm selbst gebauten Labyrinth zu befreien. Viele Architekten (Carlo Moleno) und Künstler (Arnold Böcklin, Robert Delaunay) beschäftigten sich selbst mit Fliegen und Flug-

15 *Italiens Moderne*, hg. von Lucia Caramel u. a., Kassel / Mailand 1990, S. 184.
16 Christof Asendorf, *Super Constellation – Flugzeug und Raumrevolution: Die Wirkung der Luftfahrt auf Kunst und Kultur der Moderne*, Wien / New York 1997, S. 96.

technik, so betrieb zum Beispiel Gustave Eiffel eine aerodynamische
Forschungsanstalt.

Fliegen als Fiktion des Innehabens eines totalen Über-Blicks reproduziert mit neuer Technologie den alten panoramatischen Blick:»Das
Schweifen dieses Blicks ist nur scheinbar ziellos: Er geht aufs Ganze, ist
imperialistisches Sehen. [...] ist in erster Linie Zugriff. Zugriff, der das in
den Blick Genommene objektiv betrachtet, es nur deshalb unbeschädigt
lässt, um es ganz vereinnahmen zu können.«[17] Die Geschichte der perspektivischen Blickformen hängt mit militärischen Techniken der Trup-
penführung und Beobachtung zusammen (zum Beispiel so genannte
Militär- oder Kavaliersperspektive), was um 1930 auch für Städtebau
und Architektur relevanter wird. Le Corbusier bringt 1929 bei einem
Vortrag über den »Plan Voisin« von Paris den damals diskutierten Bezug
zwischen Stadtplanung und Kriegsführung zur Sprache:»In dem Augenblick, in dem dieses Buch in Druck geht, legt mir Oberleutnant Vauthier
das Manuskript [...] vor [...]: ›Die Luftgefahr und die Zukunft von
Paris‹. In dieser Abhandlung aus der Feder eines Luftfahrtspezialisten
vom Stab der Luftabwehr wird nachgewiesen, dass der Plan Voisin mit
seinen Hochbauten, seinen riesigen freien Flächen, seinen Stützpfeilern,
seinen Parks mit Teichen Punkt für Punkt die drohenden Gefahren eines
künftigen Krieges, der ein Luftkrieg, ein Gaskrieg sein wird, pariert.«[18]
Die ans Fliegen gekoppelte technoeuphorische Faszination der Mächtigkeit des Abhebens von der Erde vermittelt wohl ihr endgültiges
Beherrschen, was selten relativiert, aber für autoritative politische
Machtdemonstration nutzbar gemacht wurde. So wurden Gründungs-
akte der italienischen Neu-Städte des Faschismus gern mit dem Über-
flug von Flugzeugstaffeln als Fortschrittszeichen begleitet (zum Beispiel
Sabaudia 1934). Die Darstellung von Flugzeug und Territorium wird zur
Geste des Einnehmens, wie das italienische Plakate anlässlich der Erobe-
rung Äthiopiens vorstellen. Im Manifest der italienischen Architettura
aerea (Flugarchitektur) – welche die Prinzipien des Futurismus durch
Flugtechnik und deren utopische Faszination erweitert – steht der
Schlusssatz:»Im Nachtflug, bei erloschener Sonne, werden wir sie [die
Flugstraßen] wie sternengleißende Milchstraßen von den Alpen bis

---

17 Stephan Oettermann, »Das Panorama – Ein Massenmedium«, in: *Sehsucht* (wie
Anm. 12), S. 80.
18 Le Corbusier, »Der Plan Voisin von Paris: Kann Buenos Aires zu einer der meister-
haftesten Städte der Welt werden?«, in: ders., *Feststellungen zu Architektur und Städtebau*,
Berlin / Frankfurt am Main / Wien 1964, S. 179.

Mogadischu das Wort ›Italien!‹ schreiben sehen.«[19] Und das häufig publizierte Bild eines deutschen Kampfflugzeuges über der athenischen Akropolis visualisiert nun im politischen Kontext der Okkupation das Postulat von Le Corbusier, dass dem Parthenon als antiker kultureller Spitzenleistung das Flugzeug als jene der Moderne gegenüberstünde. Im Amalgam von Flugbegeisterung, Technikeuphorie, Fortschrittsvision, ökonomischer Potenz und staatlich-militärischer Macht ist eine Virilisierung der Beteiligten enthalten, die als Subtext flüstert oder auch direkt vom prometheischen Subjekt spricht – was insbesondere in den 30er Jahren und dem internationalen Regress auf autoritäre Politik auffällt. Planer, Architekt, Pilot und der zuvor genannte Detektiv (Rosalyn Deutsche fügt den Städtebautheoretiker der 90er Jahre hinzu[20]) sind männlich mythisierte Figurinen von Autorschaft, Originalität und Autorität. In der Ursprungslegende der Schöpferkraft von Joseph Beuys ist der tragische Pilot enthalten, als abgestürzter, in Fett und Filz geborgener Ikarus.

Die Supervision bzw. der Akt, sich die Welt als Bild zu (er)schaffen, ist immer auf ein Zentrum hin gedacht. In der Architektur sind Türme solche Zentren und stellen damit so etwas wie eine Mittelpunktsfantasie dar. Der einzelne Turm repräsentiert mythologisch eine Weltachse oder Weltsäule, welche die Kommunikation mit dem Transzendenten herstellen kann. So war der Turmbau zu Babel – auf den nicht nur durch die laufenden Ausgrabungen deutscher Archäologen am Beginn der europäischen Hochhaus-Debatte oft Bezug genommen wurde – als Weltenberg gedacht, als jene Stelle, wo die Götter die Erde betreten, als Tor Gottes. Erst durch die biblische Überlieferung ist der Turmbau zum Gottesfrevel verkommen und spielt damit in die angstbesetzten Seiten der Stadt als pessimistischer Raum sozialer Ungerechtigkeit, Ausbeutung und Rebellion. Ein dem biblischen Frevel vergleichbares unerlaubtes Einnehmen der höchsten, zentralen Stelle thematisiert der Film *King-Kong und die weiße Frau* von 1933. Da bemächtigt sich der Riesenaffe der Spitze des Empire State Buildings und setzt damit an die Stelle des zivilisierten, ordnenden Auges die wilde ungezähmte Natur. In der Folge wird er aus Flugzeugen von weißen Piloten bekämpft und schließlich

19 »Manifesto Futurista dell'architettura aerea«, Februar 1934, von F. T. Marinetti, Angiolo Mazzoni, Mino Somenzi und anderen verfasst; gekürzte sinngemäße Übersetzung der Autorin. Abgedruckt in: Ezio Gogoli, *Futurismo*, Rom / Bari 1997, S. 196.
20 Rosalyn Deutsche, *Evictions: Art and Spatial Politics*, Cambridge / London 1996, S. 246 ff.

abgeschossen. Das ist ein Diskurs um Chaos und Ordnung, von recht-
mäßigem Zentrum und Peripherie. Die Verräumlichung des Sozialen und
Geschlechtlichen ordnet den höchsten Platz und das Zentrum weißer
Männlichkeit zu, einem gottähnlichen Auge gleich. Der Blick aus der
Mitte des panoptischen Zentrums macht sich politische Herrschaft zu
Eigen, wie der amerikanische Politiker Newt Gingrich sagte: »I raise
my eyes and I see America«.[21] Einen solchen totalisierenden Blick versuchen die »Big Boards« in Filmen zu reproduzieren. Sie sind mit Land-
karten und Monitorensembles ausgestattete Kontrollräume, die zum
»empowered eye« werden, das einen »screen with the ability to scan the
globe and command its functions«[22] bietet. Frauenfiguren nehmen die
Stelle des konstruierten Zentrums nicht ein. Im King-Kong-Film gerät
die Frau nur als Opfer des Affen auf den Turm; im Film *Ein Wochenende
im Waldorf* steigt die Protagonistin am Filmschluss auf die Spitze des
Gebäudes, doch nur um dem männlichen Protagonisten nachzuwinken,
der im Flugzeug mit dem Blick auf sie und New York in einer großen
Runde aus dem Bild fliegt.

Diese obersten Orte der Transzendierungssehnsucht, wo die Figur
des Individuellen souverän erscheint, bieten Türme, wie der in der ersten
Hälfte des 20. Jahrhunderts zum Synonym für den kontemplativen
Rückzug gewordene »Elfenbeinturm«. So verstandene Türme haben
beispielsweise C. G. Jung, Gerhart Hauptmann, Paul Hindemith oder
Bertrand Russell bezogen.[23] Der Turm als souveränes Ganzes wird auch
direkt mit dem Subjekt analogisiert, was sich figurativ im anthropomor-
phisierenden Bild vom Hochhaus oder Turm als menschliche (männliche) Figur oder Körperteil zeigt. Beispielsweise hat der deutsche Architekt Mossdorf für den *Chicago Tribune*-Wettbewerb 1921 das Hochhaus
als aufgerichteten Indianer entworfen. Auch soll die Bezeichnung des
Hochhauses als Wolken- oder Himmelskratzer vom italienischen *gratta-
cielo* als Synonym für Riese oder Hüne stammen. Im Linzer Ars Electro-
nica Center spielt sich im Boden des Aufzug während der Fahrt in die so
genannte Skyloft ein Film ab, der einen von Fuß bis Kopf aufsteigenden
Schnitt durch einen Körper zeigt (ein zweiter Film zeigt einen Abschuss
einer Rakete in den Weltraum). Die mit dem Turm und dem Hochhaus

21   Zitiert nach Irit Rogoff, *Terra infirma: Geography's Visual Culture*, London 2000,
S. 34.
22   Turner (wie Anm. 13), S. 102.
23   Theodore Zielkowski, *The View From the Tower: Origins of an Antimodernist Image*,
Princeton 1998.

signifizierte Aufrichtung des männlichen Subjekts führt auch der New Yorker Kunstakademieball von 1931 vor, bei dem sich die führenden amerikanischen Hochhausarchitekten als ihre eigenen Hochhäuser verkleidet haben.

Im Roman *The Fountainhead* hat Ayn Rand 1943 die Verkleidung von Van Alen, dem Architekten des Chrysler Buildings, beschrieben: »Man konnte sein Gesicht nicht sehen, aber seine leuchtenden Augen guckten aus den Fenstern des Obergeschosses; und die krönende Dachpyramide wuchs über seinen Kopf; die Kolonnade versetzte ihm irgendwo beim Zwerchfell einen Schlag; und er drohte mit dem Finger durch die Portale der großen Eingangstür hindurch.«[24] Rem Kohlhaas bemerkte unter den 44 Hochhausmännern auch eine Frau, Miss Edna Cowan, das »Basin-Girl«: »Sie trägt ein Waschbecken vor sich her, das wie die Fortsetzung ihres Bauchs wirkt; zwei Wasserhähne scheinen auf noch direktere Weise mit ihrem Inneren verbunden. Eine Erscheinung geradewegs aus dem Unterbewusstsein der Männer, steht sie dort auf der Bühne, um die Eingeweide der Architektur zu symbolisieren.«[25] Das Becken-Fräulein wird zur Allegorie häuslicher und körperlicher Hygiene und zum Gegenstück aufgerichteter Männlichkeit. Der bildgelehrte Hans Hollein legt 1958 das »Projekt für Chicago« (wohl als Paraphrase auf das Superzeichen der Säule als Wettbewerbsbeitrag von Adolf Loos zur *Chicago Tribune*) in zwei Zeichnungen vor, einmal eine aufgerichtete, geballte Faust und einmal einen erigierten Penis. Beide Entwürfe sind auf eine Schriftseite aus einem Buch gezeichnet, welches das Produzieren von (photographischen) Bildern anhand eines Babys beschreibt, das auch in der Blattbordüre als Ornament erscheint. Die spielerische Kombination von Turm, Geschlechtskörper und (Er-)Zeugen eines (Bild-)Kindes greift geschlechterbezogene und sexualisierende Vorstellungen auf, die mythologisch Türme, das Subjekt und phallische Fantasien verknüpfen. So wird Danae aufgrund einer Weissagung in einem bronzenen Turm verwahrt und wird dennoch mit Perseus schwanger, da es Zeus in Form eines Goldregennebels gelingt, sich ihr zu nähern. Das Märchen von Rapunzel erzählt, dass ihr Geliebter sie über die heruntergelassenen Zöpfe erreicht. Die Sexualisierung von Gebäuden als Geschlechtskörper ist ein Weiterschreiben der Anthropomorphisierung in der Architektur, so wie in Proportionslehre, Säulenordnung, Grundrissen als Stadt oder Gebäude seit der Antike immer wieder ein

24 Ayn Rand, zitiert nach Johann N. Schmidt, *William van Alen – Das Chrysler-Building: Die Inszenierung eines Wolkenkratzers*, Frankfurt am Main 1995, S. 45.
25 Kohlhaas (wie Anm. 5), S. 131.

Bezug zwischen menschlichem Körperbau und architektonischem Baukörper ikonisiert wurde. Das Verwandlungsspiel zwischen Naturkörper und Architekturkörper ist im Architektenmythologem des Dinokrates enthalten, in dem ein Berg zur Kolossalfigur umgearbeitet wird. Hochhäuser werden wiederholt zu solchen superlativen menschlichen (und somit geschlechtlichen) Figuren. So schrieb auch Salvador Dalí 1937: »Jeden Abend nehmen New Yorks Wolkenkratzer die anthropomorphen Gestalten der vervielfachten, ins Riesenhafte gewachsenen, in die Tertiärzeit zurückversetzten bewegungslosen Figuren aus Millets Angusläuten an, bereit, den Geschlechtsakt zu vollziehen und einander zu verschlingen, wie Schwärme von Gottesanbeterinnen vor der Paarung.«[26] In der Verfilmung des Romans The Fountainhead von 1949 spielt Gary Cooper einen kompromisslosen Architekten, der aller Widrigkeiten zum Trotz seine Bauten durchsetzt und »the world's tallest building« errichtet. Cooper wird in seinem Habitus, seiner körperlichen Präsenz dem Gebäude ähnlich, als omnipotenter Architekt und potenter Liebhaber inszeniert, dessen künstlerische Kreativität und sexuelle Kraft praktisch eins sind: »great lovers make great buildings«.[27] Das aufgerichtete Subjekt, die phallische Fantasie, der panoramatische und skopische Blick und das große Gebäude im großen Raum (in den 60er Jahren kommt der Weltraum dazu) bilden Erzählstränge hegemonialer Männlichkeit mit dem Instrument des zentrierten Auge des Meisters.

Welche Stelle dieses Panoramas zeigt einen Bruch der Repräsentation? Sind es die Blattränder der Überdehnung bei Pissarro? Sind es die Momente zwischen den Szenen im Film Sliver von 1993, in denen die Protagonistin das geheime »Big Board« des geliebten Voyeurs im Hochhaus zerschlägt, um eigentlich ihrer Repräsentation idealer Weiblichkeit, der geschlechtergeordneten Ethik der Liebe zu entsprechen? Ist es dauernd in der Lektüre der Lektüre enthalten, dem Nichtidentisch-Sein von Autor- und Leserschaft?

26 Salvador Dalí, Das geheime Leben des Salvador Dalí, München 1984, S. 412.
27 Nancy Levinson, »Tall Buildings, Tall Tales: On Architects in the Movies«, in: Architecture and Film, hg. von Mark Lamster, New York 2000, S. 38.

Judith Mayne

Eingesperrt und gerahmt

»Frauen im Gefängnis«-Filme

Es gibt viel Liebenswertes und viel Hassenswertes in »Frauen im Gefängnis«-Filmen. Viel Liebenswertes in dem Sinn, dass diese Filme ein Schauspiel weiblicher Bündnisse, weiblicher Wut und weiblicher Gemeinschaften zeigen, und das mit einer starken Dosis *camp* und Ironie. Viel Hassenswertes in dem Sinn, dass Vergewaltigungs- und Folterszenen fester Bestandteil des Genres sind, und ganz egal wie *camp* die Filme sind, spielen sie doch mit der Hilflosigkeit und der Opferrolle von Frauen. Nicht alle »Frauen im Gefängnis«-Filme sind gleich, aber ungeachtet der großen Bandbreite an Beispielen von »Frauen im Gefängnis«-Filmen ist die Formel ziemlich einfach. Eine junge Frau hat ein Verbrechen begangen, entweder unwissentlich oder weil sie unsterblich in einen Mörder oder Dieb verliebt ist, oder sie war nicht wirklich an dem Verbrechen beteiligt, sondern hielt sich nur zufällig zur falschen Zeit am falschen Ort auf, oder ihr wurde ein Verbrechen angehängt, das sie nicht begangen hat. Sie kommt ins Gefängnis. Dort begegnet sie Frauen (oft in der obligatorischen Duschszene), die sie herausfordern, sie zu verführen suchen und ihr Leben zur Qual machen. Darunter die Gefängnisaufseherin, die entweder freundlich und hilfreich oder bitter und rachsüchtig ist, die Wärterin(nen), die auch entweder nett oder bitter sind, je nach dem Charakter der Aufseherin, und natürlich die anderen Gefangenen. Unter den Gefangenen sind gewisse Typen immer präsent: eine *butch*-Lesbe, eine ältere Mutterfigur, eine geistig behinderte Frau, mehrere Prostituierte. Einteilungen werden stark markiert; Prostituierte beispielsweise stehen in der Gefängnishierarchie niedriger, während die wegen Raubüberfall und Mord Verurteilten beträchtliches Ansehen genießen.

Die Heldin entdeckt, dass es im Gefängnis Verbrechen und Korruption gibt, ob das nun ein von der Aufseherin organisierter Prostitutions-

ring ist, um für Privatpartys bei Kriminellen zu Hause Frauen bereitzustellen, oder ein Drogenring oder eine verbrecherische Organisation, die
als eine Art Schwesterorganisation einer ähnlichen Organisation außerhalb funktioniert, oder einfach Misshandlung der Gefangenen. Gegen
Ende des Films hat die Heldin eine bittere Lektion über das Leben gelernt; sie ist nicht mehr unschuldig. Sie verlässt das Gefängnis, aber ihr
steht ein kriminelles Leben bevor (insbesondere wenn sie überhaupt kein
Verbrechen begangen hatte), oder sie ist entschlossen, ihre Schwestern
aus dem Gefängnis zu befreien, oder sie hat ihre Lektion gelernt und ist
entschlossen, eine gute und normale Frau zu werden. Oft trifft ein weiteres junges, unschuldiges Opfer ein, wenn sie das Gefängnis verlässt.

Meine eigene Einführung in den »Frauen im Gefängnis«-Film begann
vor mehreren Jahren, als ich mehr durch Zufall mit einer Gruppe von
Freunden im Fernsehen *Chained Heat I* (1993) sah. In *Chained Heat I*
wird einer jungen Frau ein Verbrechen angehängt, und sie kommt ins
Gefängnis, wo sie den Launen der lesbischen Dominatrix-Aufseherin
Brigitte Nielsen unterworfen ist und ihre Zelle mit einem Transvestiten
teilt, der das Maskottchen der anderen Insassen ist. Die junge Frau entdeckt ein weit gespanntes Netz von Verbrechen und Korruption; es gibt
einen Aufstand, und sie wird freigelassen. Der Film hatte eine Art rohe
Energie (mir fehlt ein besseres Wort); es war eine Feier weiblicher Re-
volte. Im Gegensatz zu dem, was ich immer über »Frauen im Gefängnis«-Filme gehört hatte, gab es wesentlich weniger Homophobie, als ich
erwartet hatte. *Chained Heat I* zu sehen war ein *camp*-Vergnügen. Mein
Interesse an dem Genre war geweckt, und ich entdeckte bald, dass selbst
dann, wenn man die strikteste Definition des Genres anlegt, die Zahl der
»Frauen im Gefängnis«-Filme wahrhaft atemberaubend ist. Man verwechselt ihre Titel leicht, da viele von ihnen Variationen und Kombina-
tionen des Folgenden sind: Mädchen, Frauen, Ketten, angekettet, Hitze,
Gitterstäbe; es gibt beispielsweise *Caged Heat, Caged Hearts,* von
Caged ganz zu schweigen, *Chained Heat I* und *II, Girls in Chains, Girls
on a Chain Gang* usw.

In der Filmgeschichte gab es Perioden der Ebbe und der Flut in der
Popularität von »Frauen im Gefängnis«-Filmen. Das Genre war in den
5oer Jahren populär, weniger in den 6oer Jahren; es kam in den 7oer Jahren wieder und dann nochmals in den späten 8oer und 9oer Jahren. Das
»Frauen im Gefängnis«-Genre reicht über den Film hinaus. Es gab in
Australien eine erfolgreiche Seifenoper über Frauen im Gefängnis mit
dem Titel *Prisoners Cell Block H,* die in manchen Filmmärkten immer

noch in Wiederholungen gezeigt wird und bis heute eine loyale Fangemeinde hat (Zalcock & Robinson). Die Verbindung zur Seifenoper ist nicht zufällig; die »Frauen im Gefängnis«-Geschichte ist ein festes Element in US-amerikanischen Seifenopern, das Diva-Heldinnen wie Dorian Lord (in *One Life to Live*) oder Erica Kane (in *All My Children*) die Chance bot, mit entschieden anderen Arten von Frauen zusammenzutreffen, insbesondere mit Prostituierten. So unterschiedliche Fernsehsendungen wie *Charlie's Angels* und *The Andy Griffith Show* haben Episoden über Frauen im Gefängnis gezeigt.

Insbesondere seit den 7oer Jahren, als Roger Cormans Produktionsfirma New World das Genre revitalisierte, ist der »Frauen im Gefängnis«-Film als Ausbeutung definiert worden. Das Genre führt um einiges verstärkt die Art von Überwachung des weiblichen Körpers vor, die für das feministische Verständnis des Kinos zentral ist. Tatsächlich bieten die »Frauen im Gefängnis«-Filme eine übertriebene Repräsentation von Charakteristika, die in so genannten respektableren Filmgenres entweder naturalisiert oder verdrängt werden. In ihrer Einführung zu einem frühen Band feministischer Filmtheorie und -kritik mit dem Titel *Re-vision* bemerken Mary Ann Doane, Patricia Mellencamp und Linda Williams die Wichtigkeit von Michel Foucaults Werk für die Entwicklung des feministischen Verständnisses der Beziehung zwischen Blick und Macht. Die Autorinnen bemerken, dass »das historische Konzept eines stets anwesenden Blicks, der alle Bilder und Selbstbilder reguliert, für ein Verständnis der diskursiven Netzwerke der Macht zentral« ist (S. 13), und zitieren Foucaults Aneignung von Jeremy Benthams Plan des Panopticons in *Überwachen und Strafen* als besonders einflussreich. Das Panopticon ist ein Gefängnissystem, in dem die Gefangenen um einen zentralen Turm herum verteilt sind, von dem her sie immer in einem Zustand potenzieller Überwachung durch die Autoritäten im Turm sind. Foucault schreibt, dass »das Panopticon eine Maschine zur Dissoziation der Sehen/Gesehen-Werden-Dyade ist: im Ring an der Peripherie wird man total gesehen, ohne jemals zu sehen; im zentralen Turm sieht man alles, ohne jemals gesehen zu werden« (S. 201 f.). Im Anschluss an Foucault folgern Doane, Mellencamp und Williams:

»Die Dissoziation der Dyade ›sehen/gesehen werden‹ und das Gefühl permanenter Sichtbarkeit scheinen nicht nur die Situation der Insassen in Benthams Gefängnis, sondern auch die der Frau zu beschreiben. Denn wenn man sie in Begriffen der Sichtbarkeit beschreibt, dann trägt sie ihr

eigenes Panopticon bei sich, wo immer sie hingeht: ihr Selbstbild ist eine
Funktion ihres Seins für einen anderen.« (S. 14)

Wenn die Frau im Allgemeinen »ihr eigenes Panopticon trägt«, dann
thematisiert der »Frauen im Gefängnis«-Film auf sehr explizite Weise die
Fähigkeit des Kinos, nicht nur den weiblichen Körper zu objektifizieren,
sondern auch Dramen der Überwachung und der Sichtbarkeit zu schaffen.

Man könnte argumentieren, dass der Zuschauer die Position der
Autoritätsfigur im zentralen Turm des Panopticons einnimmt, insbesondere wenn man, wie das in einem großen Korpus feministischer Filmtheorie geschieht, annimmt, dass der ideale Zuschauer im Kino männlich
ist.

Aber der »Frauen im Gefängnis«-Film porträtiert nicht nur die
»Objektifizierung« des weiblichen Körpers, wie sie in feministischen
Filmstudien theoretisiert worden ist; das Genre beruht vielmehr auf der
Möglichkeit, dass Frauen andere Frauen beobachten. Sicher, es gibt fast
immer männliche Figuren in »Frauen im Gefängnis«-Filmen, ob Ärzte,
Aufseher oder Gefangene, und sie dienen oft ziemlich stereotyp dazu,
patriarchale Autorität zu verleihen. Manchmal wird das Konzept patriarchaler Autorität in »Frauen im Gefängnis«-Filmen zu einem Oxy-
moron gemacht, denn häufig sind diese Bastionen männlicher Überlegenheit Tölpel, die unfähig sind, geradeaus zu schießen, und deren
sexuelles Begehren nach den Insassen sie besonders idiotisch und verwundbar macht. In der Tat fällt bei den »Frauen im Gefängnis«-Filmen
auf, wie marginal männliche Figuren tatsächlich in vielen Plots sind und
wie durchgängig Überwachung bedeutet, dass Frauen andere Frauen beobachten, dass Frauen andere Frauen überwachen, dass Frauen andere
Frauen objektifizieren.

Und das »Frauen im Gefängnis«-Genre ist eines der wenigen etablierten Genres – wenn auch in der Kategorie der B-Movies –, in denen
Lesbentum nicht ein nachträglicher Einfall oder eine Anomalie ist. Es
gibt fast immer eine lesbische Figur im »Frauen im Gefängnis«-Film,
und lesbisches Begehren wird über ein weites Spektrum von Aktivitäten
repräsentiert, von schmachtenden Blicken zwischen weiblichen Figuren
über besondere Freundschaften (die einen interessanten Blickwinkel auf
romantische Freundschaft bieten), über sexuelle Aktivitäten bis hin zu
sexuellem Zwang. Es stimmt, dass viele »Frauen im Gefängnis«-Filme
nahe am Softporno sind, und es mag durchaus in diesen Repräsentationen von Lesbentum einen impliziten männlichen Betrachter geben. Aber
ich meine, dass es um mehr geht, dass der »Frauen im Gefängnis«-Film

eine Gelegenheit bietet, über die strikte Dichotomie des Mannes, der Frauen überwacht, hinauszusehen und die Komplexität der Arten und Weisen zu verstehen, wie Frauen über die Trennlinien von Sexualität und Rasse hinweg andere Frauen sehen.

Genealogien der »Frauen im Gefängnis«-Filme führen üblicherweise *Caged* (1950) als Prototyp des Genres an (Zalcock, S. 19; Kerec, S. 2; Morton, S. 151). Verfolgt man die Geschichte des »Frauen im Gefängnis«-Films, so gibt es eine interessante Spannung zwischen dem respektablen Sozialproblemfilm und dem ausbeuterischen B-Movie. *Caged* ist ein respektabler Sozialproblemfilm, der für Academy Awards nominiert wurde. Er kann als direkt verantwortlich angesehen werden für Filme wie *I Want to Live!* (Regie: Robert Wiese, 1958), für den Susan Hayward einen Academy Award gewann, der aber als Todesstrafenfilm bekannter ist denn als »Frauen im Gefängnis«-Film, und sogar für *Last Dance* (Regie: Bruce Beresford, 1996), Sharon Stones Film über eine Frau, der ebenfalls die Todesstrafe bevorsteht. Aber *Caged* teilt auch den Grund-Plot und die elementaren Figurenkonstellationen mit den etwas roheren, weniger respektablen und in ihrem Lesbentum deutlich expliziteren »Frauen im Gefängnis«-Filmen.

Es lohnt sich, *Caged* etwas tiefer gehend zu untersuchen, nicht nur um zu sehen, was er über das »Frauen im Gefängnis«-Genre aussagt, sondern auch, wie er sich von den Filmen davor und danach unterscheidet. Marie Allen, gespielt von Eleanor Parker, ist zu einem Jahr bis fünfzehn Jahren Gefängnis verurteilt worden. Sie war die unwissende Komplizin, als ihr Ehemann einen Raubüberfall beging. Er starb in der anschließenden Schießerei; Marie ist schwanger. Zu Anfang des Films ist sie eine unschuldige 19-Jährige, und der Film folgt ihrer Transformation zu einer verhärteten, verbitterten Frau. Im Gefängnis verfängt Marie sich im Netz von zwei Machtkämpfen: erstens zwischen der freundlichen Aufseherin Mrs. Benton (gespielt von Agnes Moorehead) und der sadistischen, brutalen Matrone Evelyn Harper (gespielt von Hope Emerson), und zweitens zwischen zwei Gefangenen, die mit Verbrechensringen in der Welt außerhalb des Gefängnisses (der »freien Seite«, wie sie im Film durchgängig genannt wird) verbunden sind: Kitty, die Organisatorin eines Ladendiebstahlrings, die weiblichen Gefangenen eine zukünftige Karriere bietet, und Elvira, ihre Erzrivalin, die später im Film ins Gefängnis kommt und Marie für ihren eigenen Verbrechensring zu rekrutieren sucht, vermutlich als Prostituierte, obwohl das nie ausdrücklich gesagt wird. Als Marie schließlich auf Bewährung entlassen wird (arrangiert von Elvira), wird sie von einer Gruppe junger Männer abgeholt, die sie, wie wir annehmen, ihrem kriminellen Leben zuführen. Inzwischen hat der Konflikt zwischen der Aufseherin und der Matrone einen öffentlichen Skandal verursacht; die brutale Taktik der Matrone hat schließlich zu ihrem Tod durch Kitty geführt, und die Hoffnungen der Aufseherin auf Gefängnisreformen sind vergebens, soweit Maries Leben betroffen ist.

Der Film beginnt mit Maries Ankunft im Frauengefängnis, und die ersten Worte, die in dem Film gesprochen werden, sind:»Rauskommen, ihr Penner! Ans Ende der Schlange!« – die Worte des männlichen Polizeibeamten zu den Frauen im Polizeibus. Maries Andersartigkeit gegenüber den anderen weiblichen Gefangenen wird unmittelbar angekündigt, denn sie ist nicht nur zum ersten Mal im Gefängnis (anders als einige der Mehrfachtäter, die mit ihr sind), sondern sie starrt ihre neue Umgebung voller Furcht und Unglauben an. Das Thema der Überwachung, sowohl der Strafüberwachung wie auch der sexuellen Überwachung, wird unmittelbar etabliert, denn sobald der Polizeibeamte (der die»Penner« zum Rauskommen aufgefordert hatte) die Frauen hineingebracht hat, grinst er anzüglich und sieht sie prüfend von oben bis unten an. Die Überwachung wird schnell auf die Frauen übertragen, die für die weiblichen Gefangenen zuständig sind. Marie wird von einer Beamtin ins Gefängnis aufgenommen, die nach den Details des Verbrechens fragt und als kontrollierende Präsenz über Marie schwebt, während diese spricht. Marie versucht, ihre Geschichte zu erzählen – davon, wie sie und ihr Mann als Neuvermählte gezwungen waren, bei ihrer Mutter und ihrem Stiefvater zu leben, wie ihr Mann sich nicht mit dem Stiefvater vertrug, wie ihr Mann Schwierigkeiten hatte, einen Job zu finden. Die Beamtin drängt Marie ungeduldig,»zu ihrem Verbrechen zu kommen«, und als Marie ihr die Details erzählt, droht der Lärm ihrer Schreibmaschine, Maries Worte zu übertönen. Die Überwachung durch andere Frauen setzt sich fort, als Marie während ihrer körperlichen Untersuchung von einer Krankenschwester herumgestoßen und gestichelt wird (wobei ihre Schwangerschaft –»noch eine Schwangere!« – enthüllt wird), als sie von einer anderen Beamtin photographiert wird und als sie von einer anderen Wächterin zu ihrer Isolationszelle geführt wird.

Sobald Marie aus der Isolation entlassen wird, hat sie ihr erstes Treffen mit der Aufseherin Mrs. Benton, die tröstend und freundlich ist, als Marie in Tränen ausbricht. Die Freundlichkeit der Aufseherin dient vielleicht dazu, den offensichtlichen Kontrast zwischen den beiden Frauen auszustellen. Agnes Moorehead ist zwar eine Aufseherin, aber sie wird auch als eine Art *butch*-Kontrastfigur zu der feminineren Marie porträtiert, und diese Betonung auf dem Mütterlichen dient dazu, die Betonung auf der *butch* zu überschatten. Wenn der Kontrast zwischen *butch* und *femme* in dem Treffen zwischen der Aufseherin und der Gefangenen suggeriert und verschoben wird, dann wird dieser Kontrast nicht nur übertrieben, sondern fast flamboyant, als Marie der Matrone Harper vorgestellt wird, die für ihre Zelle zuständig ist. Marie wird in Harpers Zimmer gebracht, das eine merkwürdige Mischung aus kitschig und sentimental ist; sie besitzt Souvenirkissen, und an der Wand hängt eine große Nadelarbeit mit den Worten »Für unsere Matrone«. Hope Emerson ist eine große Frau, und ihr schieres Volumen scheint in ihrer winzigen Umgebung ziemlich fehl am Platz. Sie scheint zunächst freundlich zu Marie zu sein und fordert sie auf, sich auf einen Stuhl zu setzen, der »irgendwie geräumig« ist. Aber sie grinst Marie auch anzüglich an, als sie sie zum Sitzen auffordert. Harper bietet den Insassen im Austausch gegen Gefälligkeiten Dinge (Süßigkeiten, Kosmetika) und Dienstleistungen (Besuche bei Familienmitgliedern), und während sie enttäuscht ist, als sie erfährt, dass Maries Familie arm ist, bleibt doch die genaue Natur der Gefälligkeiten offen.

Ein Teil von Maries Reifen ist die Art, wie sie lernt, nicht nur mit den Begegnungen mit anderen Frauen umzugehen, sondern auch mit den Doppelbödigkeiten des Plots. Sie wird unmittelbar in eine feindliche Beziehung zu Harper gestellt, die von nahezu allen Insassen aktiv gehasst und gefürchtet wird. Maries Beziehung zu Harper ist daher emblematisch für die Beziehung aller weiblichen Gefangenen zu der *butch*-Matrone. Trotz Maries Schüchternheit fordert sie Harper heraus, als die Frau sie dazu auffordert, den Boden zu schrubben, indem sie darauf besteht, Mrs. Benton habe ihr gesagt, dass sie in der Wäscherei arbeiten würde. Andere Gefangene geben das an Mrs. Benton weiter, und so entsteht eine ewige Feindschaft zwischen Marie und Harper. Harper ragt fast wörtlich bedrohend über die Frauen im Gefängnis hinaus, und ihre *butch*-Natur wird immer wieder betont. Sie befehligt die Frauen mit einem gebellten »Rauskommen, ihr Penner!«, ein Echo der von dem männlichen Polizeibeamten gesprochenen Eingangsworte des Films.

Harper und Mrs. Benton bieten zwei sich vermutlich gegenseitig ausschließende, aber doch verbundene Sichtweisen von Frauen in Autoritätspositionen, und der Film inszeniert schließlich einen Showdown zwischen ihnen. Das vorgebliche Gesprächsthema ist der Selbstmord einer Insassin, den die Aufseherin Harper zur Last legt. In der Repräsentation der Konfrontation nimmt Harper offensichtlich mehr Raum ein, eine Funktion nicht nur ihrer beträchtlichen Größe, sondern auch ihres bossigen Charakters im Film. Aber eine Photographie vermittelt buchstäblich auf der Schwelle zwischen den beiden Frauen – ein Mann, vermutlich Mr. Benton. Die Blicke, welche die beiden Frauen wechseln, werden durch dieses Porträt eines Mannes vermittelt (Patricia White sagt von diesem Porträt, dass es »leicht durch und durch als eine Charade gelesen« werden könne [S. 107]). Die Bedeutsamkeit dieser Situierung ist zweifach – sicher soll die Photographie in dieser potenziell extrem verwirrenden Szene zwischen zwei *butch*-Frauen patriarchale Autorität repräsentieren, aber sie ist auch ein Zeichen dafür, dass das Bild des Mannes wenig Autorität hat. Anders gesagt bedeutet das Treffen der beiden *butch*-Frauen sowohl die Grenzen wie auch die Möglichkeiten des »Frauen im Gefängnis«-Genres; Grenzen insofern, als das Verhalten der Frauen in einer fast rein weiblichen Umgebung immer wie überschattet ist von Figuren männlicher Autorität; Möglichkeiten insofern, als dass dann, wenn Figuren männlicher Autorität in einem Porträt auf einem Schreibtisch eingefroren sind, die Beziehungen zwischen Frauen das reflektieren, aber auch übersteigen, was in einem von Männern dominierten Universum möglich ist.

Nach der Geburt ihres Kindes (eines Jungen) weigert Maries Mutter sich, es zu sich zu nehmen (ihr Mann, Maries Stiefvater, will das Kind nicht in seinem Haus haben). Von ihrer Mutter im Stich gelassen zu werden, markiert einen entscheidenden Moment in Maries Wandel von einer unschuldigen 19-Jährigen zu einer verhärteten Frau von Welt. Sie hat eine Anhörung zu ihrem Bewährungsantrag, und am selben Tag kommt die »Lasterkönigin« Elvira Powell ins Gefängnis. Elvira ist eine Feindin von Kitty, der »Bienenkönigin« der Gefängnisbevölkerung, die Marie eine Arbeitsgelegenheit in einer von einer Bande organisierten Ladendiebstahlaktion angeboten hat, sobald sie entlassen sein würde. Bei der Anhörung entscheiden drei Männer über ihr Schicksal, und die Szene ist ein Echo der früheren Szene, in der Marie ins Gefängnis aufgenommen wurde. Wieder trifft Maries Geschichte auf taube Ohren – im Fall des einen Mannes, der Probleme bei der Einstellung seines Hörgerätes hat, wörtlich. Die Bewährung wird ihr verweigert. Marie versucht verzweifelt den Ausbruch.

Elvira Powell wird eingeführt, als sie mit Harper durch den Gefängnishof spaziert. Powell ist eine weitere zähe *butch*-Frau. Sie sagt Harper, dass sie Komfort gewohnt sei, und so wird Elvira für die Matrone zu einer größeren Einkommensquelle. Powell ist ein Mitglied der Bande und hat es so arrangiert, dass sie sechs Monate ins Gefängnis muss, um zu vermeiden, vor einem Geschworenengericht aussagen zu müssen. Powell sieht Kitty, ihre alte Feindin, und sagt ihr, dass sie ihren Ladendiebstahlplan nicht mehr ausführen kann, solange sie, Powell, im Gefängnis sei. Die Inszenierung dieser Begegnung ist sehr auffällig. Harper wendet dem Zuschauer den Rücken zu und ragt im Hintergrund der Aufnahme Elviras auf, wobei ihr großer Körper einigen Raum einnimmt. Elvira sieht auf Kitty nieder, die auf dem Boden sitzt. Elviras Augen bewegen sich hoch, als sie Marie sieht. Sie und der Zuschauer sehen nun eine neue Marie, eine, die genauso zäh aussieht wie die anderen Insassen. »Wie heißt du? Wie hast du dir die Hand verletzt?«, fragt Elvira (Marie hat sich die Hand bei ihrem fehlgeschlagenen Ausbruchsversuch verletzt). Nachdem Marie ihr die Information gegeben hat, sagt sie cool: »Wenn ich Kitty nein gesagt habe, werde ich dir jetzt gewiss nicht ja sagen.« Elvira lacht herzlich, und in der Einstellung auf ihre Reaktion hat Harper sich umgedreht, um Maries Blick zu begegnen. »Sie ist ein süßes Ding«, sagt Elvira, während sie und Harper Maries Exit beobachten. In jedem anderen Film wäre dies ein klassischer Aufbau von sexueller Anziehung und Flirt. Während die Dynamik des Verbrechensrings der vorgebliche Kontaktpunkt zwischen den beiden Frauen ist, bleiben doch die Schattierungen der Attraktion in der Luft liegen.

Die beiden Machtkämpfe, die den Film durchziehen, spitzen sich zu, als Marie ein Kätzchen im Gefängnishof findet und es in der Gemeinschaftszelle versteckt. Als Harper das Kätzchen entdeckt, kommt es zu einem Aufruhr; Maries emblematischer Status als Harpers Opfer wird zur Anstiftung des Aufruhrs. Das Kätzchen wird getötet. Harper behauptet, dass Marie ausbrechen wollte, und Marie wird von Mrs. Benton zu Isolationshaft verurteilt. Mithilfe einer anderen Wächterin übt Harper ihre offenste sadistische Kontrollhandlung aus: Sie bringt Marie auf ihr Zimmer und schneidet ihr alle Haare ab. Dieses mächtige Symbol weiblicher Schmach und Erniedrigung ist zweifellos eine symbolische Vergewaltigung. Während Mrs. Benton darauf besteht, dass Marie als Strafe für ihren Ausbruchsversuch in Isolationshaft kommt, ist sie entsetzt über Harpers rituelle Erniedrigung der Insassin, und sie ersucht um die Entlassung der Matrone. Als Rache ruft Harper eine Freundin mit Informationen an, die zu dem Zeitungstitel führen: »Matrone klagt Gefängnis der Immoralität an«. Kitty, die in Isolationshaft gesteckt worden ist, weil Elvira die Autoritäten über ihre Ladendiebstahlpläne informiert hatte, bricht zusammen und bringt später Harper um. Marie nimmt schließlich Elviras Angebot an, ihr »Arbeit« zu finden – wieder wird die genaue Natur dieser Arbeit nicht erklärt, aber als Marie das Gefängnis verlässt, streichelt einer der Männer, die sie geleiten, suggestiv ihr Knie. Der Film endet damit, dass Mrs. Benton machtlos zusieht, wie Marie das Gefängnis verlässt. Mrs. Benton hat den von Harper initiierten Skandal überlebt, aber sie kann nichts für Marie tun.

Auch wenn Männer in der einen oder anderen Form in *Caged* erscheinen, ist dies doch ein Film – und ein Genre –, in dem Beziehungen zwischen Frauen im Mittelpunkt stehen. Unterschiede zwischen Frauen werden betont, als sollten sie den Ort einnehmen, der üblicherweise von Gender-Differenzen eingenommen wird – Unterschiede zwischen *butch*- und *femme*-Figuren, Altersunterschiede, Unterschiede in der Art des Verbrechens – insbesondere Prostitution versus alles andere –, körperliche Unterschiede. Spätere Beispiele des »Frauen im Gefängnis«-Films weisen oft – fast immer sehr problematisch – einen Unterschied auf, der in *Caged* nirgendwo präsent ist: Rasse. Doch die Aufmerksamkeit auf Rasse ist nicht notwendig die Funktion einer Epoche in der Filmgeschichte, die, wie man annimmt, Rassenkampf und rassische Diversität reflektiert. Denn wenn wir uns ansehen, wie das »Frauen und Gefängnis«-Motiv in früheren Filmen aus den 30er Jahren fungiert – insbesondere in denen, die vor der Verhängung des Produktionscodes gedreht wurden –, dann entsteht ein sehr anderes Bild von »Unterschieden«.

Bev Zalcock identifiziert 1929 als Beginn des »Frauen im Gefängnis«-Genres, als nämlich *The Godless Girl* (Regie: Cecil B. DeMille) und *Prisoners* (Regie: William A. Seiler) herauskamen (S. 19 f.). Zalcock bemerkt, dass das Genre über zwei Jahrzehnte hindurch bis zum Kinostart von Warner Brothers *Caged* 1950 durch eine »Reifungszeit« (S. 19) hindurchging. Man kann in dieser »Reifungszeit« nicht nur das Auftreten von »Frauen im Gefängnis«-Filmen als solchen sehen, sondern die »Frauen im Gefängnis«-Film-Plots sind Indikatoren für viele der Themen, die in späteren Filmen angesprochen und manchmal verdrängt werden. Betrachten wir etwa den Film *Paid* von 1931 (Regie: Sam Wood), in dem Joan Crawford Mary Turner spielt, eine Frau, die fälschlich ins Gefängnis gesteckt wird, nachdem sie wegen Diebstahl von ihrem Chef angezeigt worden war. Nachdem sie photographiert und ihre Haare geschoren wurden, geht Crawford in die Gemeinschaftsduschen des

Gefängnisses. Aufnahmen von den Beinen der Frauen werden gezeigt, als sie in die Duschen gehen, und die Wächterin befiehlt Crawford, sich auszuziehen, wobei die Nahaufnahme einer anzüglich grinsenden Frau einen bedrohlichen Kontext liefert. Die Frauen, die wir beim Betreten der Duschen sehen, sind mit Ausnahme einer Gefangenen, die von Lousie Beaver gespielt wird, alle weiß. Als Crawford voller Abscheu die Füße der Frauen anguckt, wie sie von Wasser und Seifenflocken umgeben sind, zeigt eine Aufnahme der Füße der Frauen die Ankunft von Beavers schwarzen Beinen im Kontrast zu der Weißheit der anderen Gefangenen. Ein kurzer, rätselhafter Blick wird zwischen den beiden Frauen ausgetauscht, und Beavers sagt scherzend: »Mach dir keine Sorgen, Süße, es geht alles denselben Bach hinunter.« Nun ist diese Szene sehr kurz, und Beaver spielt im Folgenden keine weitere Rolle in dem Film. Die Szene suggeriert dennoch, wie inkohärent auch immer, eine Verbindung zwischen den Komponenten, die für die homoerotische Qualität des »Frauen im Gefängnis«-Genres am charakteristischsten sind – Duschen, Überwachung, zweideutige Blicke zwischen Frauen, Rasse. Obwohl Crawfords Abscheu Beavers Eintreten vorangeht, scheint die Ankunft der schwarzen Frau doch als Quelle von Crawfords Abscheu eher »Rasse« als »Lesbentum« anzukündigen, allenfalls beides zusammen.

Als Jean Harlow als Ruby Adams in *Hold Your Man* (Regie: Sam Wood, 1933) zur Frauenbesserungsanstalt verurteilt wird, teilt sie das Zimmer mit einer Kommunistin und einer Prostituierten und begegnet einer Schwarzen, die auf demselben Flur lebt. Es ist, als sei die Besserungsanstalt signifikant genau der Ort, an dem die sonst im Film abwesenden Rassenunterschiede zwischen Frauen inszeniert werden können. Der Film *Ladies They Talk About* von 1933 (Regie: Howard Bretherton und William Keighley) weist ein multirassisches Ensemble von Frauen in einer Strafanstalt auf, zu der Barbara Stanwyck als Nan Taylor verurteilt wird. Doch keine der schwarzen Frauen ist individualisiert, vielmehr sind sie Teil der komplexen Frauenwelt, die das Gefängnis ausmacht, inklusive einer stereotypen »männlichen Lesbe«, die Zigarre raucht und »gerne ringt«. Die Welt des Frauengefängnisses mag vielleicht mit beschränkten Stereotypen handeln, aber sie erschafft auch einen Raum, in dem, wie kurz auch immer, eine Bandbreite von Unterschieden repräsentiert wird.

Die Produktion von »Frauen im Gefängnis«-Filmen in den 60er und 70er Jahren identifizierte das Genre mit Ausbeutung, insbesondere aufgrund der Aktivitäten von Jesse Franco in Italien und Roger Cormans

New World Pictures (Zalcock, S. 25–31). Cormans Firma produzierte Filme billig und schnell, und sie ist legendär dafür, vielen Filmemachern ihren ersten Erfolg ermöglicht zu haben, darunter einer Frau, Stefanie Rothman, die 1973 ebenfalls bei einem »Frauen im Gefängnis«-Film *(Terminal Island)* Regie führte (Cook »Exploitation Films«; Cook »Authorship«, S. 199 f.). Insbesondere was Corman angeht, ist die Popularität des »Frauen im Gefängnis«-Films mit dem Entstehen einer Reihe von Faktoren in den 70er Jahren verbunden, darunter in Sachen Kino der Aufstieg unabhängiger Produktionsfirmen und das Entstehen des *blaxploitation*-Kinos und in Sachen Kultur und Politik die Bedeutsamkeit und Sichtbarkeit von politischen Bewegungen wie Feminismus, das Eintreten für Lesben- und Schwulenrechte, Black Power und Befreiungsbewegungen der Dritten Welt. Vor dem Hintergrund des Feminismus mag man versucht sein, die »Frauen im Gefängnis«-Filme der 70er Jahre als Rückschlag zu interpretieren, insbesondere wenn man bedenkt, wie viele der Filme in Vergewaltigungs- und Folterszenen schwelgen. Aber wie wir sehen werden, wird die gesamte Frage des »Rückschlags« problematisiert, wenn man bedenkt, auf welche Weisen Lesbentum und Rasse in diesen Filmen sowohl auseinander klaffen wie auch sich überkreuzen. Und in jedem Fall hat New World Productions, wie Pam Cook bemerkt, »einen gewissen Ruf als eine ›feministische Firma‹, weil sie sich konsequent des Stereotyps der aggressiven positiven Heldin bedient, die von Rache besessen ist« (»›Exploitation‹ Films«, S. 125). Zwei der Filme, die mit den Ausbeutungsfilmen der 70er Jahre verbunden sind – *Caged Heat* und *Black Mama, White Mama* – offerieren besonders interessante Weisen, die sich überkreuzenden Dynamiken von Rasse und Sexualität in den »Frauen im Gefängnis«-Filmen zu verstehen.

Caged Heat (1974) wurde von Roger Corman produziert, Drehbuch und Regie sind von Jonathan Demme (sein erster Film). Dieser Film verdient einen Platz neben *Caged* als einer der interessantesten und provokativsten »Frauen im Gefängnis«-Filme. In diesem Film kommt eine Frau ins Gefängnis, nachdem eine Verbrechensserie, an der sie und ihr Freund beteiligt waren, schief gegangen ist, und man sieht das Gefängnis aus ihrer Perspektive, als sie als »Fisch«, das heißt als Neuankömmling, das Gefängnis betritt. *Caged Heat* beinhaltet Standardelemente des »Frauen im Gefängnis«-Films: eine verstörte Aufseherin, hier an den Rollstuhl gefesselt, gespielt von der B-Movie-Königin Barbara Steele, Gefängniskorruption, eine Hierarchie unter den Gefangenen und schließlich ein Ausbruch. In *Caged Heat* steckt der Gefängnisarzt mit der Aufseherin McQueen (Steele) unter einer Decke und behandelt Gefangene, die sich danebenbenehmen, mit Elektroschocks. Seine Macht nutzt er auch sexuell aus. Mehrere Gefangene arrangieren einen Ausbruch, aber als sie entdecken, dass eine Gefangene, die drinnen geblieben ist, im Begriff ist, vom Arzt lobotomisiert zu werden, kehren sie ins Gefängnis zurück, um einen zweiten Ausbruch zu planen. Der Film endet triumphierend: Die Frauen fahren erfolgreich in den Sonnenuntergang, und die Bösewichte sind tot. Wie auch immer man dazu steht, Filme aus populären Genres als »feministisch« zu beschreiben, dies ist gewiss ein Schluss, der weibliche Solidarität feiert. Heißt das, dass *Caged Heat* kein Ausbeutungsfilm ist? Nein. Aber es ist genau diese Koexistenz von Ausbeutung und Feminismus – Schwesternschaft mit Selbstbewusstsein sozusagen –, die diesen Film wie viele seines Genres interessant macht. Denn der Film scheint in einer populären Form eine Art feministischer Rebellion gegen das Patriarchat auszuagieren, und dabei hält er dem Feminismus der 70er Jahre einen Spiegel vor, was »Schwesternschaft« angeht – zwischen schwarzen und weißen Frauen, zwischen Lesben und Heterofrauen, zwischen Frauen, die verschiedene Arten von Verbrechen gegen das Patriarchat verübt haben.

Caged Heat geht mit Lesbentum sehr locker um. Die Hauptfiguren des Films sind Belle (gespielt von Roberta Collins), eine weiße Frau, und Pandora (gespielt von Ella Reid), eine schwarze Frau. Belle und Pandora sind ein lesbisches Paar. Während einige der weiblichen Gefangenen in lesbischen Beziehungen über ihr heterosexuelles Leben draußen sprechen, tun sie dies doch nur sehr vage; und in jedem Fall ist der Film nicht gerade eine Werbung für Heterosexualität. *Caged Heat* ist auch expliziter in Bezug auf Beziehungen unter verschiedenen Rassen als andere Beispiele des Genres, auch expliziter als andere Corman-Produktionen, in denen Pam Grier tendenziell die einzige schwarze Frau ist. Belle und Pandora haben eine scherzende, freundliche Beziehung, aber sie sind sich einander auch sehr ergeben (Belle erhält einen Termin für ihre Lobotomie, nachdem entdeckt worden ist, dass sie Pandora Essen zugeschmuggelt hat, als diese im Loch saß). Eine der interessantesten Szenen in *Caged Heat* ereignet sich, als Belle und Pandora eine Show aufziehen. In diesem Spiel im Film werden Geschlecht und Geschlechterrollen theatralisiert, Sexualität wird diskutiert, präsentiert und dargestellt. Pandora und Belle ziehen sich als George und Bill Männerkleidung an und spielen ein Vaudeville-Paar, das Einzeiler über Sex austauscht. In einer ihrer Nummern fragt Pandora (George) Belle (Bill): »Was ist ein gutes Geschenk für ein Mädchen, das alles hat?«»Alles?«, antwortet Belle mit femininer Stimme – eine Frau, die einen Mann imitiert, der eine Frau imitiert.»Alles!«, antwortet Pandora mit einer tiefen *butch*-Stimme, aber ihre Augenlider blinzeln dabei etwas inkongruent.»Hey, das ist einfach, Dummchen«, antwortet Belle, wieder in ihrer pseudo-femininen Stimme,»Penicillin!« Die Nummern selbst sind nicht besonders witzig, aber die Aufführung ist spannend, denn die Beziehung zwischen Belle und Pandora wird als eine spielerische und fantasievolle Erkundung der verschiedenen Arten, männlich und weiblich zu spielen, dargestellt, und Lesbentum wird weniger als eine Art Rollenumkehr definiert, vielmehr als ein Experimentieren mit den Rollen. Ihre zweite Nummer ist eine Klassenfarce, in der Pandora ein reicher Mann und Belle sein Diener ist. Die Zuschauer – zu gleichen Teilen Schwarze und Weiße – lachen lauthals. Mittlerweile reagieren die Aufseherin und der Arzt charakteristisch: Er ist erregt, sie ballt die Fäuste und rollt wütend hinaus.

Pam Griers Filmkarriere begann ihren Höhenflug mit Roger Cormans erstem»Frauen im Gefängnis«-Film, *The Big Doll House* (Regie: Jack Hill, 1971). Der Film war ein enormer Massenerfolg, insbesondere in den Autokinos (Corman zufolge kamen zwei Drittel des Profits an diesem Film aus dem Autokino – Maltin 1997). In *Black Mama, White Mama* (Regie: Eddie Romero, 1973) spielt Griers die Rolle von Lee, einer Prostituierten, die in irgendeinem nicht identifizierten Dritte-Welt-Land im Gefängnis sitzt. Eine ihrer Mitgefangenen ist Karen, eine Revolutionärin aus Philadelphia mit blondem Haar bis zur Taille. Die beiden Hauptwärterinnen in diesem Frauengefängnis sind ein lesbisches Paar, von denen die eine eine Voyeurin und Sadistin ist. Sie sieht durch ein spezielles Schlüsselloch den Frauen beim Duschen zu und bietet den Gefangenen, die auf ihre sexuellen Avancen eingehen, besondere Gefälligkeiten. Lee weigert sich, aber Karen nimmt an, doch schließlich finden sich die beiden Frauen zusammen in der»heißen Schachtel«, der Isolationszelle, wieder. Als die beiden Frauen später zur Vernehmung mit dem Bus an einen anderen Ort gebracht werden, bietet ein Guerilla-Angriff von Karens Kameradinnen eine Gelegenheit, die Wärter umzubringen und zu fliehen; sie bleiben – eine Hommage an *The Defiant Ones* (den Film, in dem Sidney Poitier und Tony Curtis Gefangene auf der Flucht spielen) – den Großteil des Films über in Handschellen.

Die beiden Frauen verachten einander von Grund auf, aber im Laufe des Films werden sie einander ergebene Freundinnen. Sie entdecken sogar, dass sie trotz ihrer Unterschiede – die Gegenüberstellung einer

»politischen Gefangenen« und einer Prostituierten ist ein charakteristisches Schema der 7oer-Jahre-Filme des Genres – etwas gemeinsam haben. Wie Lee schließlich gegen Ende des Films zu Karen sagt: »Ich war eine Revolutionärin, seit ich 13 war, als ich das erste Mal Geld dafür bekam, es zu machen.« Karen wird am Ende des Films umgebracht, während Lee in die Freiheit segelt, und der Abschluss ist dem einer Romanze nicht völlig unähnlich. Aber natürlich gibt es einen radikalen Unterschied. Es handelt sich um zwei Frauen, und sie sind nicht Liebende; es mag zwischen ihnen Momente geben, die erotisch aufgeladen sind, aber die vorangegangenen Gefängnisszenen mit den lesbischen Wärterinnen bedeuten, dass man das Lesbentum ebenso sicher hinter sich gelassen hat wie das Gefängnis selbst. Anders gesagt, die Bedingung der Verbindung zwischen den beiden Frauen ist die Marginalisierung des Lesbentums. Ihre Beziehung hat auch rassistische Implikationen im Sinne der Geist / Körper-Unterscheidung: Die schwarze Frau wird an die stereotype Position des »Körpers« gesetzt, während die weiße Frau durch ihren »Geist«, das heißt durch ihre politischen Affiliationen, definiert ist.

In *Black Mama, White Mama* ereignet sich die Freundschaft zwischen verschiedenen Rassen zum Preis des Ausmerzens von Lesbentum: Die beiden Frauenpaare – Lee und Karen einerseits, die beiden Gefängniswärterinnen andererseits – werden in strikter Opposition zueinander aufgebaut. Man könnte sagen, dass hier zwei der Anliegen des Genres – multirassische Gemeinschaft von Frauen und Lesbentum – gegeneinander arbeiten. Sie verbiegen einander in dem Sinn, dass, um die Verbindung zwischen weißen und schwarzen Frauen möglich zu machen, die Unterscheidung zwischen ihnen und den lesbischen Gefängniswärterinnen getroffen werden muss. Dabei wird auf heitere Weise die Heterosexualität der beiden Heldinnen sichergestellt, indem auf Karens Romanze mit dem Guerillaführer angespielt wird (als Lee vorschlägt, dass Karen »Romeo«, wie sie ihn nennt, nach Philadelphia zurückbringen solle, lässt Karen sie förmlich wissen, dass das nicht revolutionär wäre).

Wenn *Black Mama, White Mama* eine Vision schwarz / weißer weiblicher Verbindung bietet, die sich vom Lesbentum des Gefängnisses stark unterscheidet, so arbeitet *Caged Heat* in die entgegengesetzte Richtung, denn hier ermöglicht die Repräsentation schwarzer und weißer Frauen zusammen die Suggestion von Lesbentum. Wenn wir Pandora und Belle in dem Film das erste Mal sehen, ist klar, dass sie ein Paar sind. Sie benehmen sich wie ein Paar, und sie verkörpern die klassische *butch/femme*-Unterteilung; Pandora ist vielleicht keine klassische *butch*, aber ihr Verbrechen bestand darin, einen Mann durch Kastration getötet zu haben, und in jedem Fall verkörpert Belle das Aussehen – langes blondes Haar, ultrafeminin – und das Verbrechen – Diebstahl –, das stärker mit den *femmes* der Gefängniswelt verbunden ist. Anders gesagt, in *Caged Heat* erleichtert und ermöglicht der Rassenunterschied das Erkennen des lesbischen Paares.

In beiden Filmen gibt es Rassenplots und Lesbenplots, und die Verbindung zwischen ihnen ist so, dass sie sich gegenseitig ermöglichen; mit anderen Worten, der Plot des »Frauen im Gefängnis«-Films beruht nicht nur auf der Koexistenz der Diskurse über Rasse und der Diskurse über Lesbentum, sondern auf den tief gehenden Verbindungen zwischen ihnen. In beiden Filmen wird die Gegenüberstellung zwischen schwarzen und weißen Frauen erotisiert, wenn auch auf unterschiedliche Weise. Der lesbische Plot erfordert den Rassenplot, und der Rassenplot erfordert den lesbischen Plot.

Viel von der Faszination des »Frauen im Gefängnis«-Film-Settings mag in der Tat mit der Vermischung von Rasse und Sexualität zu tun haben, und wiederum nicht einfach im Sinn einer verkehrten Welt, in der schwarze Frauen und Lesben – und schwarze Lesben – sichtbar sind, sondern in dem Sinn, das die eine Art Plot stark von der anderen abhängt. Dies ist keine neue Geschichte. Linda Nochlin hat beobachtet, dass die Konvention, in orientalistischen Gemälden des 19. Jahrhunderts eine schwarze und eine weiße Frau zusammen abzubilden, ein Code für Lesbentum war. Lynda Hart hat analysiert, wie in der sexualkundlichen Literatur bei schwarzen Frauen, Prostituierten, Lesben und armen weißen Frauen eine gemeinsame grundlegende Tendenz zur »Devianz« gesehen wurde – ein Begriff, der so codiert war, dass er eine weite Bandbreite von Möglichkeiten suggerierte, darunter sowohl Lesbentum wie auch Verbrechen. Kobena Mercer und B. Ruby Rich haben die komplizierten Überkreuzungen zwischen schwuler und lesbischer Sexualität und Rasse erkundet. Das »Frauen im Gefängnis«-Film-Setting bietet daher eine besonders intensive Repräsentation, die sozusagen von der Überkreuzung zwischen Geschlechterrollen, Sexualität und Rasse überdeterminiert ist.

Der »Frauen im Gefängnis«-Film ist selbst mit viel Fantasie keine akkurate Repräsentation der wirklichen Situation von inhaftierten Frauen. Der »Frauen im Gefängnis«-Film teilt jedoch einige Wendungen mit der Literatur über Frauen im Gefängnis, und in dieser Literatur funktioniert wiederum einiges sowohl als ernsthafte, auf Recherche beruhende Berichterstattung, manchmal für die tatsächliche Verbesserung der Gefäng-

nissituation entworfen, wie auch als provokative und manchmal aus-
beuterische Erzählungen, die zum Teil denselben Handlungsverläufen
folgen wie der »Frauen im Gefängnis«-Film.

Joan Henry versucht in
ihrem Bericht in der ersten Person über ihren Aufenthalt im Gefängnis
Holloway (in Großbritannien) 1952 zu beschreiben, wie die Erfahrung
von Gefängnis ist, und die Autorin spricht tatsächlich Lesbentum an. Sie
schreibt beispielsweise:

»Es gibt sehr viele Frauen, die stärkere homosexuelle Neigungen haben,
als die meisten sich vorstellen, stärker auch, als sie selbst es sich jemals
vorgestellt hätten. Sie sind reif für die Avancen der langfristigen Gefangenen, die entschlossen sein mögen, in irgendeiner Form ihre Sexualität
auszuleben, im Gefängnis oder außerhalb; und natürlich für die Avancen
wirklicher Lesben, von denen es in jeder großen weiblichen Gemeinschaft eine gewisse Zahl geben wird.« (S. 80 f.)

Als Henrys Buch in den Vereinigten Staaten als Taschenbuch erschien,
machte das Cover einen jedoch glauben, dass es sich um einen Bericht
vom Gefängnisleben handelt, der sich ausschließlich dem lesbischen
Drama widmet. Das Cover zeigt zwei Frauen, die einander provokativ
ansehen, und ist ziemlich nahe an den Covers der lesbischen Trivial-
romane der 50er Jahre.

Andere Literatur über Frauen und Gefängnisse beschäftigt sich
hauptsächlich mit den Überkreuzungen zwischen Rasse und Sexualität.
Schon der Titel von Sara Harris' Buch von 1967, *Hell Hole,* suggeriert
die Attraktion eines Crossover, denn während das Buch eine ernsthafte
Untersuchung der Bedingungen in einem Frauengefängnis ist, könnte
der Titel ein weiteres Beispiel von Ausbeutungsliteratur sein, ein Begleit-
band zu der Trivialversion von Henrys *Women in Prison.* Harris präsentiert eine Reihe von Fallgeschichten von Frauen, die im New York City
Detention Center for Women ihre Strafe abgesessen haben, und die meisten dieser Geschichten evozieren Lesbentum, und mehrere evozieren
zugleich Rasse und Lesbentum. Harris erzählt beispielsweise die Geschichte von Joyce, einer jungen weißen Frau, die sich der Prostitution
zuwendet. Als sie verhaftet wird und ins Gefängnis kommt, fängt sie
etwas mit einer schwarzen Frau an, und als sie aus dem Gefängnis
kommt, erfährt sie, dass es viel komplexer und schwieriger ist, »außerhalb« des Gefängnisses ein Leben mit Beziehungen zwischen verschiedenen Rassen zu führen als innerhalb (S. 67–100).

Die gleichzeitige Beschäftigung mit Rasse und Sexualität im Hinblick
auf Frauengefängnisse datiert mindestens auf 1913, als im *Journal of*

Abnormal Psychology ein Artikel mit dem Titel »A Perversion Not Commonly Noted« (Eine normalerweise nicht bemerkte Perversion) erschien. Die Autorin, Margaret Otis, beschreibt die leidenschaftlichen Liebschaften, die sich in Besserungsschulen und -anstalten für delinquente Mädchen zwischen jungen schwarzen und weißen Frauen entwickeln. Es überrascht nicht, dass der Artikel zur Vorsicht mahnt und öffentliche Stellen warnt, die Attraktionen über Rassengrenzen hinweg ernst zu nehmen, aber zugleich unsicher ist, was zu tun ist. Otis bemerkt, dass das »Problem« so ernst ist, dass einige Einrichtungen zur Segregation geschritten sind, die das Problem aber nur verschärft. Die Schwere des Problems werde, so Otis, dadurch angezeigt, dass eine weiße Insassin einen schwarzen Mann heiratete, als sie aus dem Gefängnis kam – mit anderen Worten, das Lesbentum an und für sich scheint kein Grund zur Beunruhigung zu sein, aber wenn es mit Begehren über Rassengrenzen hinweg gekoppelt ist, dann setzt eine verzweifelte Furcht vor Verschmutzung ein.

Alle diese Texte zeigen das Ausmaß, in dem der »Frauen im Gefängnis«-Film, insbesondere diejenigen Beispiele des Genres, in denen der lesbische Plot und der Rassenplot sich überkreuzen und/oder auseinander laufen, mit seit langem bestehenden Sorgen darüber spielt, wie Beziehungen zwischen Frauen die Grenzlinien kreuzen, die Rassen und sexuelle Identitäten trennen. Während es zwischen 1913 und den gewissermaßen besten Tagen des »Frauen im Gefängnis«-Films eine große zeitliche Kluft gibt, war doch die Repräsentation des Gefängnislebens von Frauen darin relativ konstant, dass sie eine Faszination des Begehrens von Frauen zeigte, die sich selbst überlassen sind.

Wie andere Arten von B-Movies beschäftigt sich der »Frauen im Gefängnis«-Film auf problematische, aber interessante Weise mit Fragen von Geschlechterrollen in ihrer Überkreuzung mit Rasse und Sexualität. In ihrer Studie über den »Rache für Vergewaltigung«-Film bemerkt Carol Clover, dass die beiden grundlegenden Plots von Filmen wie etwa *Ms. 45* oder *I Spit On Your Grave* – der Plot der Geschlechterrollen und der Plot der Klassenunterschiede – in diesen Filmen nicht einfach koexistieren. Vielmehr ermöglichen sie einander auf ähnliche Weise wie die Plots von Rasse und von Lesbentum in den »Frauen im Gefängnis«-Filmen. Und wie andere Arten von Ausbeutungsfilmen lädt der »Frauen im Gefängnis«-Film zu einer erneuten Betrachtung ein, wie solche Filme als eine Art Es zum Über-Ich des Filmemachens im Mainstream fungieren oder als eine Verhandlung von etwas weit Komplexerem als dem Frauenhass des vermeintlich idealen männlichen Zuschauers. Im Nachwort zu ihrem Buch *Men, Women and Chainsaws* beschreibt Clover, wie ihre lang andauernde Beschäftigung mit Slasher- und »Rache für Vergewaltigung«-Filmen ihre Sicht von Film für immer verändert hat, und sie beschreibt *Thelma and Louise* als einen letztlich sehr sicheren Film – das heißt, als einen Film, der viele Konventionen des »Rache für Vergewaltigung«-Films borgt, aber dies auf eine sehr viel weniger riskante Weise tut als das, was wir in früheren, weniger polierten Filmen sehen. Ich will *Thelma and Louise* nicht abtun, aber ich hatte eine ähnliche Reaktion auf Mai Zetterlings feministische Revision des »Frauen im Gefängnis«-Genres, *Scrubbers* (1983). Die neue Wendung der Standardgeschichte vom »neuen Fisch« ist interessant – eine junge Frau begeht absichtlich ein Verbrechen, um im selben Gefängnis zu sein wie ihre lesbische Geliebte; und der Film versucht insbesondere, die obligatorischen Duschszenen zu revidieren, indem eine Duschszene zum Schauplatz der Rebellion einer Gefangenen gemacht wird, eine andere zu einer Szene, in der die Hauptfigur von ihrer Geliebten ausgeschlossen wird. Aber letztlich bleibt man mit einem Film zurück, der in seiner Revision des Genres Frauen tendenziell als Opfer porträtiert.

Der »Frauen im Gefängnis«-Film von *Caged* bis *Caged Heat* bietet viel mehr, als die feministische Standardbeschreibung von Frauen im traditionellen Kino erwarten lassen würde. Aber der »Frauen im Gefängnis«-Film ist auch nicht gerade das »klassische« Kino, das feministische Beschreibungen des männlichen Blicks und der weiblichen Objektifizierung inspiriert hat. Carol Clover schlägt in ihrer Analyse des vermutlich heranwachsenden männlichen Zuschauers von Slasher-Filmen vor, dass diese Filme keine Affirmation patriarchaler Autorität bieten. In Clovers Analyse geht es diesen Filmen viel mehr um die Ambivalenz von Geschlechteridentifikationen und -identitäten als um eine Bestätigung der Macht des männlichen Blicks; sie mögen durchaus – insbesondere in ihrem Marketing und ihrer Vorführung – an männliche Zuschauer gerichtet sein, aber sie bieten diesem Zuschauer keine einfachen Bestätigungen seiner Macht oder Autorität. Das impliziert, dass weibliche Zuschauer durchaus ein ähnliches Vergnügen an den Filmen in Clovers Studie finden mögen, auch wenn sie nicht ihr primäres oder intendiertes Publikum sind. Clovers Analyse suggeriert für mich auch eine andere Art weiblichen Zuschauens, anders als das tatsächliche Sehen von Slasher-Filmen oder »Frauen im Gefängnis«-Filmen in Kinos. Clovers Studie enthält auch Anekdoten über das Leihen eines Films aus der Videothek.

Alle Filme, die ich in diesem Kapitel diskutiert habe, sind Filme, die ich
auf Video gesehen und gesammelt habe. Es mag vielleicht keine direkte
Verbindung zwischen weiblicher Zuschauerschaft und dem Aufkommen
von Videoverleih und -verkauf bestehen, aber es gibt eine gewisse Verbindung, denn die Idee eines Films, der »für den männlichen Zuschauer
gemacht« ist, gewinnt selbst zunehmend etwas rührend Altmodisches,
weil viele der Faktoren, die solche Unterscheidungen bekräftigen – insbesondere diejenigen, die mit Kinobesuch zu tun haben – wegbrechen.
Mit dem Aufkommen des Videoverleihs und -verkaufs und der daraus
folgenden Verfügbarkeit von Filmen, die sonst aus einer Vielzahl von
Gründen hätten verboten sein können, sieht die Zuschauerin – und
ebenso der männliche Zuschauer – Filme auf andere Weise, und sie
sieht andere Filme. Frauen mögen vielleicht nicht die »intendierten«
Zuschauer von »Frauen im Gefängnis«-Filmen sein, aber das ganze
Konzept eines intendierten Zuschauers ist zunehmend schwieriger aufrechtzuerhalten, da es so viele verschiedene Läden für den Konsum von
Filmen auf Video gibt. Inzwischen heiße ich die Gelegenheit willkom-
men, weiterhin die Freuden eines Genres zu entdecken, das dem Feminismus auf eine so interessante Weise den Spiegel vorhält.

(Aus dem Englischen von Benjamin Marius Schmidt)

Literatur

Bliss, Michael / Banks, Christina, *What Goes Around Comes Around: The Films of Jonathan Demme*, Carbondale / Edwardsville 1996.

Clover, Carol J., *Men, Women, and Chain Saws: Gender in the Modern Horror Film*, Princeton NJ 1992.

Cook, Pam, »Authorship and Cinema«, in: dies. (Hg.), *The Cinema Book*, London 1985, S. 114–206

Cook, Pam, »›Exploitation‹ Films and Feminism«, in: *Screen* 17.2 (1976), S. 122–127.

Corman, Roger / Jerome, Jim, *How I Made a Hundred Movies in Hollywood an Never Lost a Dime*, New York 1990.

Doane, Mary Ann / Mellencamp, Patricia / Williams, Linda (Hgg.), *Re-vision: Essays in Feminist Film Criticism*, Frederick MD 1984.

Foucault, Michel, *Discipline and Punish: The Birth of the Prison*, New York 1977.

Harris, Sara, *Hell Hole*, New York 1967.

Hart, Lynda, *Fatal Women: Lesbian Sexuality and the Mark of Aggression*, Princeton NJ 1994.

Henry, Joan, *Women in Prison*, Garden City NY 1952.

Kerec, Linda, »These Gals Don't Bake Cookies: A Look at Women in Prison Films«, in: http://www.taponline.com/tap/life/womensroom/culture/WIP (1998).

Maltby, Richard, »Documents on the Genesis of the Production Code«, in: *Quarterly Review of Film and Video* 15.4 (1995), S. 33–63.

Maltin, Leonard, »Interview with Roger Corman«, in: *The Big Doll House* (Video), 1997.

Mercer, Kobena, »Skin Head Sex Thing: Racial Difference and the Homoerotic Imaginary«, in: Bad Object Choices (Hg.), *Queer Film and Video*, Seattle 1991, S. 169–210.

Morey, Anne, »›The Judge Called Me an Accessory‹: Women's Prison Films, 1950–1962«, in: *Journal of Popular Film and Television* 23.2 (1995), S. 80–87.

Morton, Jim, »Women in Prison Films«, in: Jim Morton (Hg.), *Incredibly Strange Films*, San Francisco 1986, S. 151–152.

Nochlin, Linda, »The Imaginary Orient«, in: dies., *The Politics of Vision: Essays on Nineteenth-Century Art and Society*, New York 1989, S. 33–59.

Otis, Margaret, »A Perversion Not Commonly Noted«, in: *Journal of Abnormal Psychology* 8 (1913), S. 113–116.

Rich, B. Ruby, »When Difference Is (More Than) Skin Deep«, in: Martha Gever / John Greyson / Pratibha Parmar (Hgg.), *Queer Looks: Perspectives on Lesbian and Gay Film and Video*, New York / London 1993, S. 318–339.

White, Patricia, »Supporting Character: The Queer Career of Agnes Moorehead«, in: Corey K. Creekmur / Alexander Doty (Hgg.), *Out in Culture: Gay, Lesbian, and Queer Essays on Popular Culture*, Durham 1995, S. 91–114.

Zalcock, Bev[erly], *Renegade Sisters: Girl Gangs on Film*, London / San Francisco 1998.

Zalcock, Beverly / Robinson, Jocelyn, »Inside Cell Block H: Hard Steel and Soft Soap«, in: *Continuum* 9.1 (1996), S. 88–97.

Derrick de Kerckhove

Psychotechnologien
Interfaces zwischen Sprache, Medien und Geist

Mich interessiert die Beziehung zwischen Technologie und Psychologie. Dieses Thema gehe ich an, indem ich mich zunächst der Frage widme, wie Medien die Umwelt edieren, wie sie unsere Umwelt für uns verändern und wie sie dabei auch den Benutzer edieren, das heißt, wie Menschen durch den Gebrauch von Medien modifiziert werden, denen sie täglich ausgesetzt sind. Welchen Effekt haben die Bildschirme von Fernsehern und Computern, Videogeräte, Palm-Tops und Mobiltelefone auf unser Leben, Fühlen und Denken, insbesondere wenn man in Betracht zieht, wie viel Zeit wir vor ihnen verbringen. Bildschirme sind uns so intim geworden, dass sie beinahe eine Art Biotechnologie geworden sind. Ich widme mich auch der Thematik von Kognition und Medien sowie der Frage, wie neue Technologien unsere bewussten und unbewussten Strategien der Informationsverarbeitung beeinflussen. In den Netzwerk-Medien finden sich beispielsweise viele kognitive Ereignisse, die Beobachtungen über den Unterschied zwischen individuellen, kollektiven und konnektiven Formen des Bewusstseins stützen.

Medien als Interfaces

Medien fungieren als Interfaces zwischen Sprache und Geist.[1] Indem sie das Körperbild beeinflussen, beeinflussen sie auch den Körper. Sie positionieren Sprache und Denken inner- und außerhalb des Körpers. Die alten Griechen glaubten, dass die Menschen Information nicht denken, sondern »atmen«, dass sie Information nicht sehen oder hören, sondern

1 Ich übersetze durchgängig »mind« als »Geist« und »consciousness« als »Bewusstsein«. – Anm. d. Ü.

ein- und ausatmen. Das erscheint sinnvoll für eine Kultur, die Atem mit Leben gleichsetzt. Körper werden als tot, das heißt fühllos, erkannt, wenn sie aufgehört haben zu atmen. Wenn also Atmen und Wissen in der Wahrnehmung dessen, was Wissen ist, integriert sind, dann wird man Information und Wissen vermutlich eher »fühlen« als sehen, hören oder denken. Eine weitere relevante Frage ist heute: Findet unser Denken inner- oder außerhalb unseres Kopfes statt – oder sowohl als auch? Da zunehmend mehr Intelligenz sich außerhalb unseres Kopfes befindet, wird zunehmend mehr Intelligenz zwischen dem Nutzer und der Außenwelt geteilt. Ob man nun Kanadier, Schweizer oder Japaner ist, ob man nun Wissenschaftler ist oder nicht – wie viel eigenes Fühlen und Denken ist tatsächlich eigenes Fühlen und Denken, wie viel davon hat man unter seiner Kontrolle und wie viel davon ist ein Nebenprodukt oder ein Teil der »Bewusstseinsindustrie«, wie Hans Magnus Enzensberger die Industrie von Radio und Fernsehen nannte? Bewusstseinsindustrien sind diejenigen Industrien, die nicht nur unsere Aufmerksamkeit, sondern auch die Inhalte unserer Gedanken und Begehren vermarkten. Das Fernsehen spielt dabei eine dominante Rolle in der Kollektivierung unserer intimsten Reflexe, wie zum Beispiel in unserer Assoziation von Erotik und der Attraktivität von Produkten. Aber was ist heutzutage, da das Internet uns ermöglicht, auf unsere Bildschirme zu antworten und mit ihnen die Verantwortung für das, was sie enthalten, zu teilen, der Status der Bewusstseinsindustrie? Wenn man sagen kann, dass das Fernsehen die *kollektiven Inhalte* unseres Geistes managt – oder industrialisiert –, managt das Internet dann die *konnektiven Prozesse* unseres Geistes? Kann eine Maschine mentale Prozesse für uns vorzeichnen? Mit anderen Worten, kann die Art und Weise, in der wir denken, durch Technologie reproduziert und organisiert werden? Und haben wir Kontrolle darüber?

»Bildschirmkunde«

Der Bildschirm ist zum notwendigen Eingangspunkt für vernetzte Informationsverarbeitung geworden. Ein erster Schritt war die Privatisierung und Internalisierung des Geistes in individuellen Körpern. In der Geschichte des Schreibens im Westen tritt eine Art Privatisierung des Geistes auf, so als ob es einen Bildschirm in unserem Kopf gäbe, als ob Kognition ausschließlich im Kopf stattfände. Wenn ich einen Roman lese, gelangt Information hinein, und ich denke darüber innerhalb meines Geistes nach. Ich übersetze die Worte in sinnlichen Gehalt, und mein Geist macht eine Art psycho-sensorische Synthese, um Bilder aufzubauen, die sich wie Similes einer realen Sinneserfahrung verhalten. Ich stelle mir Orte und Menschen und Bewegungen vor, als ob ich einen interaktiven Film auf einen internen Bildschirm projizieren würde. Diese private Informationsverarbeitungsaktivität war mächtig genug, um die Umverteilung des Bewusstseins von den Akteuren eines kollektiven Stammes mit mündlicher Überlieferungstradition auf die Individuen unabhängiger Gemeinschaften zu unterstützen. Jeder durfte nun verschiedene Inhalte und Prozesse entwickeln. Jeder konnte potenziell ein Wissenschaftler oder ein Schriftsteller werden. Fiktion wurde zu einem Experiment, zu einem Modell des Lebens und Denkens, das von einem einzelnen Individuum, dem Autor, einer beliebigen Anzahl anderer Individuen, den Lesern, bereitgestellt wurde.

Mit dem Fernsehen hat sich die kognitive Situation radikal geändert. Dank Fernsehen erfahren alle Menschen, die zur gleichen Zeit zuschauen, gemeinsam denselben Inhalt. Also ist der Bildschirm ein notwendiges Portal, in dem der öffentliche Geist erzeugt wird. Und diese Beziehung zum Fernsehbildschirm kehrt die Ausrichtung des Geistes um. Beim Fernsehen geht mein Geist zum Bildschirm, um die Welt zu betreten, die er mir zeigt. Wenn ich lese, denke ich ausgehend von Worten, welche die Welt in meinen Geist bringen. Wenn ich vor dem Bildschirm bin, kehre ich dies um und externalisiere meinen Denkprozess, was verglichen mit unserer traditionellen Herangehensweise ein radikaler Unterschied ist. Bildschirme externalisieren die psycho-sensorische Synthese. Mithilfe der Computer verhandeln wir die Bedeutung, die auf dem Bildschirm erscheint und vielen unserer kognitiven Strategien erlaubt, nach außerhalb unseres privaten Geistes umzusiedeln. Was wir betrachten, ist also eine Art Emigration des Geistes aus dem Kopf auf den Bildschirm. Nicht der ganze Geist bewegt sich auf den Bildschirm, aber ein großer Teil davon, und dort trifft er natürlich auf andere Geister.

Nachdem wir während der Fernseh-Ära die Kontrolle über den Bildschirm verloren haben, beginnen wir sie nun mithilfe des Computers wiederzugewinnen. »Screenager« (»screen« heißt »Bildschirm« – Anm. d. Ü.) ist ein Ausdruck, der von Douglas Rushkoff geprägt wurde, gebildet nach der bekannten Kategorie der »Teenager«. Screenager sind Jugendliche, die das Fernsehen als interaktives Medium nutzen; sie »spielen Fernsehen«: mit Videospielen, mit dem Internet, mit CD-

ROMs. Sie wissen, wie sie den Bildschirm kontrollieren können, während ihre Eltern damit zufrieden sind, einfach zuzuschauen. Der Computer ermöglicht eine Wiedergewinnung der Kontrolle über den Schirm, sodass wir nun an der Verantwortung über die Produktion von Bedeutung teilhaben. Wir produzieren Bedeutung zusammen mit Maschinen und mit anderen Menschen.

Medien edieren die Umwelt

Wie edieren Medien die Umwelt? Zunächst einmal wählen sie das Objekt. Sie rahmen die Situation und organisieren die physische Umwelt und den Gebrauch spezifischer Objekte. So wie Kino und Photographie die Objekte und Szenarien ihres Inhaltes auswählen und rahmen, so rahmen sie die Umwelten, in denen diese Objekte wahrgenommen werden. Fernsehen rahmt die Welt nicht auf dieselbe Weise wie Film; Film tut dies anders als Photographie, Photographie tut es sehr anders als das World Wide Web. Die Rahmung eines Objekts ist die Organisation von Information. Fernsehen verändert sowohl Größe wie auch den Gebrauch von Raum in unserem Alltagsleben. Wir wissen, dass es unsere Wahrnehmungsweite ausdehnt; es bringt die Welt ins Wohnzimmer,»live«, das heißt in»Echtzeit«. Echtzeit ist nicht nur eine physikalische Realität, sondern auch eine psychologische. Fernsehen kontrolliert unsere Zeit. Die meisten Menschen sehen zu ganz bestimmten Zeiten fern. Man mag sich frei fühlen, aber in der Regel hat man ein Rendezvous mit dem Fernsehgerät zu bestimmten Tageszeiten.

Der andere Punkt ist, wie Medien mit Bildern der Welt umgehen: Photographie und Kino edieren beispielsweise die Umwelt und zerschneiden sie zu kleinen Ausschnitten. Im Kino werden diese Rahmen zusammengesetzt, um eine Sequenz von Bildern zu kreieren. Fernsehen ist weitaus schneller: Es scannt die Welt. Auch wir werden gescannt. Fernsehen scannt sowohl das Objekt wie auch das Subjekt des Fern-Sehens. Anders ausgedrückt, wenn man ein Buch liest, bewegt man seine Augen über die Seiten. Man hat Kontrolle über die Bewegung, also scannt man selber. Aber wenn man fernsieht, geschieht die Bewegung durch die Kathodenstrahlröhre, welche den Betrachter mit regelmäßigen Sprühladungen von ineinander geschobenen Photonen-Scans beschießt. Um dieses Argument ein wenig überzustrapazieren, könnte man sagen, es ist, als ob man vom Fernsehen gelesen würde. Beim Fernsehen ist das

Medium die Botschaft; sie folgt der Struktur der Wirkungsweise des Fernsehens auf das Bewusstsein des Betrachters. Und die Massenkultur, die dem Fernsehen folgt, die Massenerzeugung und -verteilung von Objekten und Ansichten, folgt der Struktur des Scan-Vorgangs. Wie Marshall McLuhan wiederholt beobachtete, ist dieses Scannen des Betrachters eine Art Massage, eine subtile taktile Erfahrung, die einen beruhigenden Effekt hat. Der Strahl des Fernsehbildschirms streichelt die Betrachter und homogenisiert dadurch auch ihre Unterschiede, sozialisiert sie nach einem Modell, das wir »Massenkultur« nennen.

Medien edieren den Benutzer

Wie edieren Medien den Benutzer? Sie bestimmen das Reiz/Reaktions-Verhältnis, also die Geschwindigkeit, mit der Menschen die Information verarbeiten, und wie viel Information sie tatsächlich abschließend verarbeiten. In der psychologischen Theorie ist das Abschließen (im Original »closure« – Anm. d. Ü.) ein Akt des Bewusstseins, welcher eine Informationseinheit als bemerkenswert erkennt und aufzeichnet und mit einem früheren Kontext persönlicher Relevanz verknüpft. Nicht alle Medien lassen jedoch gleichermaßen ein solches Abschließen zu. Das Fernsehen funktioniert beispielsweise dafür viel zu schnell. Es ist anders als die Lektüre eines Buches. Wenn man ein Buch liest, kann man jeden Satz abschließen und daraus einen Sinn erzeugen. Beim Fernsehen hat man dazu keine Zeit. Die Medien bestimmen die Aufmerksamkeitsspanne. Vor einem Text kann und muss man eine relativ große Aufmerksamkeitsspanne entwickeln. Der Text steht fest; er bewegt sich nicht, und man erfasst so viel Bedeutung, wie man braucht, in der Zeit, die man braucht, um diese Bedeutung zu erfassen; Menschen können ganze Paragrafen auf einmal lesen oder an den Anfang zurückgehen, um denselben Satz mehr als einmal zu lesen und so ihr Verständnis zu vertiefen. Beim Fernsehen wird die Aufmerksamkeitsspanne auf die kontinuierliche Aktivität des Scanners reduziert.

Fernsehwerbung hat sich von den frühen Spots, die 60 Sekunden und länger dauerten, zum jetzigen Trend von 15 Sekunden und weniger entwickelt. Fernsehserien und Sitcoms scheinen die Methode von Komikern zu imitieren, die Witze und Anspielungen so schnell aneinander reihen, dass wir kaum den Inhalt registrieren können. Wir lachen hauptsächlich wegen der Geschwindigkeit, nicht wegen des Inhalts. Der

Zweck von Fernsehwerbung – und von Fernsehen überhaupt – ist es, uns in einem rezeptiven, nicht in einem kritischen Modus zu halten. Wenn wir fernsehen, werden ständig Fragen aufgeworfen, die zu beantworten wir niemals Zeit haben. Das macht uns offen und für kommerzielle Indoktrinierung verfügbar. Fernsehen erzeugt so eine kollektive Mentalität. Andererseits ist das mit Computern oder dem Internet nicht der Fall, weil beide Medien die Möglichkeit des Abschließens wiederherstellen.

Das Internet kann die Aufmerksamkeitsspanne erhöhen, weil es sowohl Lese- wie auch Betrachtungsstrategien erfordert und kombiniert. Sogar die Qualität der Aufmerksamkeit wird beim Internet verbessert. Das liegt daran, dass wir beim Internet die Information und die Verantwortung des Stromes teilen. Die Aufmerksamkeitsspanne, die wir einem Objekt zukommen lassen, ist potenziell größer, länger und tiefer. Online entscheidet der Benutzer, wie viel Zeit er mit etwas, das auf dem Bildschirm erscheint, verbringen möchte. Beim Internet wird ein Abschließen möglich, sobald wir mit der Information auf dem Bildschirm interagieren. Dies versieht uns mit einem angemessenen Maß an psychologischer Unabhängigkeit.

Medien managen Sinnesreaktionen

Medien bestimmen die sensorischen Vorlieben des Benutzers. Sowohl in der Kunst wie in der Geschichte des Westens in der Antike und dann wieder von der Renaissance bis zur Moderne ist es offensichtlich, dass die dominante sensorische Ausrichtung das Sehen war. Das ist ein Effekt des Alphabetismus. Heutzutage stellt dank der Elektrizität die taktile Ausrichtung eine Herausforderung an die dominant visuelle Ausrichtung dar. Indem Elektrizität sich im Fluss der Elektronen, die einander in jedem Moment berühren, mit sich selbst verbindet, bringt sie die ganze Welt beständig mit sich selbst in Kontakt.

In der virtuellen Realität, in der 3-D-Grafik und allgemein in allen interaktiven Medien sehen wir die Umkehrung der Renaissance-Perspektive. In der westlichen Kunst wurde während der Renaissance die Perspektive eine Grundlage für die visuelle Repräsentation des Raumes. Perspektive war die formale Repräsentation eines Raumes, der von einer binokularen Sicht strukturiert wurde, zu einem Zeitpunkt, als die analytische Seite der visuellen Erfahrung und Kognition wichtiger und bedeutungsvoller wurde als der bloße Wahrnehmungsaspekt. Dies ist eine Konsequenz des Alphabets, welches die kognitiven Prioritäten des visuellen Systems umverteilt vom bloßen »Greifen« (das Auge »ergreift« buchstäblich das visuelle Objekt und seinen Rahmen) hin zu einer Analyse der Objekte des Sehens.

Was sich heute entwickelt, ist das genaue Gegenteil: Die Elektrizität fördert die Priorität des Greifens gegenüber dem Analysieren. Während der Renaissance haben Künstler und Architekten genauso wie ihre Auftraggeber oft auf die Technik des »trompe-l'œil« zurückgegriffen. Trompe-l'œil bedeutet, taktile Erfahrungen durch Anschauung zu simulieren. Die Wände der Kirchen und Châteaus der Renaissance sind aus realem Stein gebaut, die Reliefs aus realem Stein gehen da, wo die Wände mit der Decke in Verbindung zu treten beginnen, in gemalte Simulationen über, und zwar an dem Punkt, wo die Genauigkeit des Auges schwächer zu werden beginnt. Ein Trompe-l'œil ist also eine Art Eroberung des Tastsinns durch den Sehsinn. 3D ist das genaue Gegenteil. Trompe-l'œil macht das Tasten visuell, während 3D das Sehen taktil macht. 3D bedeutet eine Wiederherstellung einer taktilen Erfahrung in visueller Form.

Perspektive entfernt den Betrachter aus dem Sichtfeld. 3D bringt ihn wieder hinein. Perspektive tut dasselbe wie das Theater. Warum haben die alten Griechen das Theater erfunden? Um den Zuschauer aus dem Schauspiel auszustoßen, um ihn oder sie vom Schauspiel zu entfernen. Das war Brechts große Erkenntnis über das Theater, dass seine wahre Natur nicht eine totale Teilnahme verlangt, wie von Artaud gefordert, sondern einen starken Distanzierungseffekt, um dem Betrachter zu ermöglichen, sich vom Objekt der Reflexion zu lösen. Interaktivität ist im Grunde Artauds Kind, denn sie bringt den Interagierenden, den Benutzer, wieder in den Prozess hinein. Interaktivität hält den Benutzer davon ab, auf Distanz zu bleiben – jene Distanz, welche die Distanz des Urteilens, der kritischen Haltung, die intellektuelle Distanz ist. Interaktivität könnte also das Ende der Theorie und der theoretischen Dissoziation zwischen dem Wissenden und dem Objekt des Wissens verkünden. Auf diese und viele andere Weisen hat die Elektrizität viele Aspekte der Lese- und Schreibfähigkeit, wie wir sie erfahren haben, umgekehrt.

Ein weiterer interessanter Aspekt ist, dass wir mit der Maus, der Tastatur und dem Zeiger auf taktile Weise in den Bildschirm eindringen: Wir stecken unsere Hände in die Welt des Denkens. Wir gelangen nun in die Information hinein, indem wir sie buchstäblich mit unseren Händen, mit Links, mit dem Zeiger usw. greifen. Interaktivität ist dem Tastsinn näher als dem Sehsinn. Interaktivität ist eine Variation der taktilen Erfahrung.

Wie Medien den Geist edieren

Medien unterhalten eine innige Beziehung zur Sprache, und Sprache unterhält eine intime Beziehung zu unserem Bewusstsein, sodass die Medien selbst beständig in Kommunikation zwischen unserem Geist und der Außenwelt sind. Die Hochzeit von Sprache und Elektrizität im Telegrafen, welche letztlich zum World Wide Web geführt hat, ist wahrscheinlich eine der mythischsten Erfahrungen unseres Zeitalters. Ich sage deshalb mythisch, weil der Telegraf ein Treffpunkt zweier grundlegender Mächte unserer Zeit ist – Geschwindigkeit und Komplexität. Es war die erste Technologie, in der maximale Geschwindigkeit, nämlich Elektrizität, mit maximaler Komplexität, nämlich Sprache, kombiniert wurde.

Aufgrund dieser intimen Beziehung zur Sprache bestimmen Medien auch einige der Basisstrukturen oder fundamentalen Koordinaten unseres Geistes. Indem Fernsehen uns allen zur selben Zeit denselben Inhalt gibt, versieht es uns mit einem Kollektivbewusstsein, welches sich als Ausdehnung unseres Privatbewusstseins verhält. Das Fernsehen erzieht uns für die Welt des Bildschirms; es ist eine Erziehung zu einer Form von Kognition, die auf unterschiedliche Weise geteilt wird. Aber natürlich können wir am Fernsehen nicht teilnehmen, wir können ihm nicht antworten, und der große Unterschied zu Computern und dem Internet besteht darin, dass wir es hier können.

Wie wir Zeit und Raum sowohl in unserem Geist wie auch in unserem Leben organisieren, hängt davon ab, wie die Medien selbst Zeit und Raum behandeln. Westliche Menschen sind beispielsweise durch das Alphabet unbewusst darauf trainiert, alles in Bezug auf einen mentalen Horizont wahrzunehmen, und entwickeln eine Präferenz für die Horizontale, wohingegen Chinesen oder Japaner dazu tendieren, vertikale Strukturen zu favorisieren (wofür sich in ihren kalligrafischen und bildlichen Traditionen reiche Belege finden). Ebenso werden zeitliche Modi von phonetisch literaten Kulturen von der Notwendigkeit beeinflusst, Phoneme nacheinander zu Silben zu kombinieren, Silben zu Worten, Worte zu Sinn. Dieser (quasi irreversible) Einbahn-Prozess linearer

Kombination legt es dem westlichen Geist nahe, seine Auffassung von Zeit auf eine lineare, historisch orientierte, nicht-reversible Weise zu strukturieren. Japaner tendieren hingegen dazu, eine Trennung zwischen Zeit und Raum weniger zu betonen. Es ist für einen Westler schwierig, die komplexe Integration von Zeit und Raum, die Japaner »ma« nennen, wirklich zu verstehen.

Das »objektive Imaginäre«

Vielleicht ist die virtuelle Realität der Ort, an dem Zeit und Raum wiedervereint werden. In der virtuellen Realität wird Raum durch eine Geste kreiert, die Zeit braucht. Schon auf der technischen Ebene der Informationsverarbeitung wird beständig zwischen der visuellen (räumlichen) Auflösung und dem (zeitlichen) Fluss der Geste abgewogen. Wegen der Begrenzungen der Integrationskraft der Prozessoren nimmt das eine in dem Maße ab, in dem das andere wächst. Virtuelle Realität steckt unseren Kopf in eine Welt von kombinierter Zeit und Raum (»reale« Zeit und »virtueller« Raum), während Lesen eine Welt, die aus Raum gemacht ist, in unseren Kopf steckt. Virtuelle Realität bringt den Betrachter ins Sichtfeld, wohingegen Bücher das Sichtfeld in den Betrachter bringen. Es ist das genaue Gegenteil. Während die Leseprozesse die Entwicklung einer privaten, subjektiven Einbildungskraft ermutigen, kreiert die Welt der virtuellen Realität einen objektiven imaginären Ort und Zeit, eine Art der Einbildungskraft, die man mit anderen Menschen teilen kann. Sie ist imaginär, weil sie eine Reproduktion von etwas ist, das nicht real ist. Und auch wenn virtuelle Realität gänzlich auf »realen« Dingen oder Orten oder Daten beruht, sogar wenn sie nur benutzt wird, um die reale Welt zu vermehren, so ist sie doch eine Art objektiv-imaginäre Umwelt, so wie die reale Welt eine subjektiv-imaginäre Umwelt wird, wenn wir in unserem eigenen Geist über sie nachdenken.

Geist-Maschine-Direktverbindung

Medien bestimmen auch, welche Assoziationen wir mit den Inhalten haben, die sie für uns produzieren. So gibt uns das World Wide Web eine unglaubliche Umwelt permanent verfügbarer Assoziationen. Wir sind daran gewöhnt, Assoziationen in unserem Kopf zu kultivieren; jetzt können wir sie draußen kultivieren. Sony, Olympus und andere Hersteller produzieren kleine Brillen zur direkten Verbindung mit dem Computer. Diese »Kopfhörer für die Augen« bringen eine neue Intimität zwischen Bildschirm und Geist. Es gibt eine direkte Verbindung, der Bildschirm schlägt einem geradezu ins Gesicht. Und mit »Vitrionik« kommen wir bald sogar noch näher. Vitrionik ist eine technologische Entwicklung, die versucht, den Bildschirm als Kontaktlinsen direkt in unsere Augen zu bringen. Wir können das eine »Geist-Maschine-Direktverbindung« nennen.

Gurunet.com ermöglicht dem Schreibenden beispielsweise, direkt von der Textverarbeitung zu einer Suchmaschine zu gelangen. Man muss nur auf ein Wort klicken, um relevante Links aufzurufen. Michael La Chance ist ein Philosoph an der Universität von Québec in Montréal, der das Konzept der Hyperphilosophie erfunden hat. Er schlägt vor, dass mit einer direkten Auge-Hirn-Verbindung jeder Blick zu einem Befehl werden könnte und sollte. Das hieße, wenn wir ein Wort ansehen, das wir gerade getippt haben, und dabei diese Brille benutzen, könnten wir es einfach anblinzeln und daraufhin alle relevanten Informationen dazu aus dem Netz erhalten. Wenn das gängig wird, haben wir sofortige Verbindung mit einer unglaublichen Umwelt von Ressourcen, die ähnlich, aber natürlich unendlich viel mächtiger ist als unser eigener Geist.

Wenn wir uns an etwas erinnern oder über etwas nachdenken, haben wir sofort eine Suchmaschine, die Informationen auf unseren persönlichen mentalen Bildschirm bringt. Alle unsere interaktiven Methoden sind ein Ersatz für die Art von internen Suchmaschinen, die wir in jeder Sekunde unseres Lebens benutzen, um Dinge zu ergreifen und zu begreifen. Aber ist das wirklich »Wie wir denken könnten« (»As We May Think«) – der Titel eines Artikels von Vanevar Bush von 1948, welcher als Ursprung von Hypertext und Hyperdenken gilt? Es gibt in der Suchmaschine etwas, das ich Hypertinenz nenne. Aber ich glaube nicht, dass das wirklich dem entspricht, »wie wir denken könnten«, denn was wir im Netz finden, ist nicht in unserem Kopf, sondern auf einem Bildschirm. Der Bildschirm ist aber notwendig, um die sofortige Konnektivität mehrerer Benutzer im selben Denkprozess zu ermöglichen. Das Internet und das Web kombinieren sich derzeit mit immer schnelleren und mächtigeren Prozessoren, mit schnelleren und nahezu augenblicklichen Download-Zeiten, welche das persönliche und private geistige Eigentum mit dem Geistesinhalt von jedem anderem, der online ist, verbinden.

Verbundene Intelligenz

Wenn wir über die neuen Beziehungen zwischen Lesen, Schreiben und Denken nachdenken, die durch den Hypertext eingeführt worden sind, kommt uns der Verdacht, dass die sehr klare Unterscheidung zwischen Sprechen und Denken, zu der wir intuitiv tendieren, vielleicht doch nicht ganz so klar ist. Was wäre, wenn Denken nicht nur internalisiertes und formalisiertes – diszipliniertes – Sprechen wäre, das heißt »Sprechen im Kopf«, sondern wenn Sprache selbst in Wirklichkeit externalisiertes Denken wäre? Was wäre, wenn das, was Menschen zueinander sagen, in Wirklichkeit »Denken außerhalb ihrer Köpfe und Teilen des Prozesses« wäre? Köpfe scheinen dazu gemacht, die Komplexität des Denkens auf vielen Ebenen zu interpretieren. Stellen wir uns vor, wir könnten die Kontrolle und Denkdisziplin, die einem Geist zur Verfügung steht, der durch Logik, Philosophie oder Mathematik trainiert ist, einer Brainstorm-Gruppe oder einem Workshop zur Verfügung stellen. Es ist heute möglich, mit dieser Hypothese online und mithilfe von Hypertext zu experimentieren. Hypertext kombiniert die Externalisierung des Redens durch Schreiben mit dem nicht-linearen Zugang zu Assoziationswissen, mit den Archivierungseigenschaften des Schreibens, mit einer Flexibilität des Sprachmanagements, die der des Denkens nahe kommt, mit einer kontextbasierten Beziehung, die sich der von mündlichen Bedingungen annähert. Bisher nutzen und konzipieren die Menschen Hypertext als ein Zugriffs- und Darstellungsinstrument und nicht primär als ein Werkzeug, um Ideen zu teilen. Aber Hypertext ist ein Zustand von Sprache, der Menschen zusammenbringt und eine Grundlage für gleichzeitiges Denken, Schreiben und Lesen von vielen Menschen, entweder in Echtzeit oder für eine gegebene Zeitspanne der Zusammenarbeit. Er kombiniert die Fluidität des Denkens und der unmittelbaren Relevanz des Redens mit der bleibenden Qualität des Schreibens. Der Bildschirm wird zu dem Ort, wo das Denken niedergeschrieben wird, aber zugleich ist er auch der Ort, an dem das Denken von mehreren Menschen geteilt und verarbeitet wird. Durch Hypertext-Verbindungen können Menschen sich versammeln, wo auch immer sie sich gerade aufhalten, und zu einem gemeinsamen Denkprozess beitragen. Das ist eine Form der verbundenen Intelligenz.

Auf diese Weise können wir nicht nur die Objekte des Sehens, sondern auch die Inhalte des Denkens, wie sie in Sätzen und Bildern ausgedrückt werden, miteinander teilen und kombinieren. Die Erkundung und Entwicklung dieser Art von Umgebung hat kaum angefangen, aber es ist klar, dass eine Kombination von Kognitions-, Architektur- und Design-Fähigkeiten erforderlich ist, um Struktur, Effizienz und Kohärenz zu erlangen.

Hyperdenken

Die Art, wie ich an einem Plan oder an einer Aufgabe arbeite, besteht darin, dass ich Ideen, die mir kommen, während ich weiterhin über die Sache nachdenke, mehr oder weniger so, wie sie kommen, aufs Papier werfe. Ich skizziere und notiere Listen, Illustrationen, Randbemerkungen, Gedanken. Durch Wiederholungen und den Verbrauch einer Menge Papier gelange ich schließlich zu einem Entwurf, der hinreichend ist, um mich zum Schreiben eines Textes zu veranlassen. Früher dachte ich, dass das einfach ein Ausdruck meines unordentlichen Geistes ist, aber jetzt erkenne ich, dass diese Nicht-Methode eine sehr flexible, fluide und schnelle Strategie von Ideen-Management ist. Während ich meine Notizen scanne, gibt es einen beständigen Vor- und Rückkopplungs-Effekt zwischen dem Wieder-Lesen und Wieder-Schreiben meiner Notizen, der größere und kleinere Anpassungen, neue Assoziationen, verbesserte Unterscheidung von Relevantem und Nicht-Relevantem ermöglicht. Dieser Art von Denken ist ein beständiger Evaluationsprozess inhärent.

Für das Hyperdenken müsste diese Art von Prozess einer Gruppe von Menschen zugänglich gemacht werden. Es müsste möglich sein, Ideen und Vorschläge von anderen Teilnehmern in ein und derselben Umgebung zu sehen, um so einander eine Art von Alles-auf-einmal-Sicht des Ganzen zu ermöglichen und um in der Lage zu sein, im Laufe der Zeit etwas hinzuzufügen, umzuordnen und allen anderen wieder bereitzustellen. Was ich brauche, ist die Hinwendung eines jeden Geistes auf die gemeinsame Aufgabe, und zwar so, dass ich es sehen und bewerten kann, nicht lediglich die Aufzeichnungen der Bemerkungen der Teilnehmer. Was ich will, ist ein Werkzeug, um gemeinsam denken und brauchbare Resultate erzielen zu können, mit einem Format, welches eine Synthese voranbringt.

Mein erstes Software-Entwicklungs-Projekt war genau auf dieser Spur. Es begann Anfang 1999, als ich, von den Verzögerungen und dem inkonsequenten Verhalten des Verlegers von *Connected Intelligence* (Toronto 1997) frustriert, entschied, das Buch online zu veröffentlichen, und zwar auf eine Weise, welche sowohl das neue Potenzial für eine Kombination von Online-Posting und -Publishing wie auch das Wesentliche der Konnektivität reflektieren würde. Ich war inspiriert von Thinkmap, einer eleganten Software, die von Plumbdesign in New York entwickelt wurde, und von Visual Thesaurus, einem Bildschirmschoner, der assoziative Verbindungen zwischen 50 000 Vokabeln etabliert. Das Wort in der Mitte des Bildschirms bestimmt die Assoziationen, welche die anderen Worte aufrufen, die es kreisförmig umgeben. Wenn man eines von ihnen anklickt, bringt man damit dieses Wort ins Zentrum und ruft andere Assoziationen auf. Diese brillante Metapher dessen, wie der Geist Assoziationen über Nachbarbedeutungen kreiert, schien mir bahnbrechend für die Erkundung von Gruppendenken zu sein. Ich begann von einem Hypertext-System zu träumen, welches dasselbe wie Thinkmap tun würde, aber anstatt auf den geschlossenen Inhalt einer einzigen Datenbank beschränkt zu sein, würde es sich dem Netz öffnen, so wie Tim Berners-Lee den Hypertext für den Zugriff auf jegliche bestehende vernetzte Datenbank weltweit geöffnet hat. Das führte zu ThinkWire.

ThinkWire

ThinkWire ist das Hauptprodukt einer neuen dot.com-Firma (http:// www.thinksmith.net), die bisher anscheinend den Absturz von e-Firmen seit April 2000 überlebt hat. Der eigentliche Kern von ThinkWire entstand an einem stürmischen Wintertag im Januar 1999 mit Gary Schwartz, dem Mitbegründer von Thinksmith. Ich wollte *Connected Intelligence* online bringen. Gary sagte, dass wir eine bestehende Netz-Anwendung benutzen könnten, um die Ideen in dem Buch abzubilden und um daraus die Architektur für einen kollaborativen Online-Workshop zu entwickeln, in dem Benutzer jederzeit von überallher Ideen anfügen könnten, in einem Austausch, der das Spiegelbild einer echten Unterhaltung wäre. Zusammen mit einem Programmierteam entwickelte Gary dann von einer Garage in Toronto aus eine Software, deren Architektur auf »Ideen« beruht. Ein Denkteam kann um ein Set von Ideen herum entwickelt werden. Ideen erscheinen auf einer kognitiven Landkarte auf der linken Seite, und die verankerten Abschnitte des Textes erscheinen auf der rechten Seite. Gary nennt dies »Knowledge Building« (»Wissensaufbau«) im Gegensatz zu »Knowledge Management« (»Wissensmanagement«) .

Menschen, die ThinkWire benutzen, können sich gemeinsam in Echtzeit an der Erstellung eines Dokumentes beteiligen und die Diskussio-
nen für einen zukünftigen Zugriff archivieren. Wirkliches Hyperdenken
erfordert von Programmierern, dass sie höhere Leistungsebenen berücksichtigen. ThinkWire ermöglicht den Teilnehmern eines Online-Work-
shops, Bemerkungen in Echtzeit einzufügen und sie in dem sich selbst
beständig auf den neuesten Stand bringenden Plan des Textes erscheinen
zu lassen. Durch Scrollen oder durch Aufrufen von Abschnitten auf
nicht-lineare Weise kann der Benutzer das Dokument auf lineare Weise
erkunden (indem er die Icons auf der linken Seite des Bildschirms anklickt). Um Bemerkungen einzufügen, braucht der Diskussionsteilnehmer lediglich ein Wort oder einen Satz im Dokument auf der rechten
Seite des Bildschirms anzuklicken. Dies öffnet ein Auswahlmenü für die
Art von Bemerkung, die der Benutzer machen möchte, sei dies eine An-
frage, eine Aussage, ein Argument oder ein Verknüpfungsvorschlag. Das
Anklicken ruft eine Box auf, welche es dem Benutzer ermöglicht, eine
Bemerkung einzufügen und abzuschicken. Innerhalb von weniger als
einer Sekunde erscheint diese Bemerkung dann an das Thema angehef-
tet, das dazu Anlass gegeben hat, auf der linken Seite des Bildschirms.
Jeder Bemerkung wird ein Evaluations-Chart angefügt, sodass der Leser
die Relevanz der Bemerkung einschätzen kann.

Neue Ideen, Fragen und Anliegen aus dem Team werden grafisch in
der kognitiven Landkarte ausgeflaggt, damit alle sie erkennen und diskutieren können. Dokument- und Netz-Ressourcen können als Hinter-
grundinformationen oder als Basis einer neuen Diskussion hinzugefügt
werden. Das Buch wird dynamisch und modular und wächst beständig.
ThinkWire archiviert den gesamten Denkprozess des Teams.

Sessionstorm

Wir haben ThinkWire in verschiedenen Zusammenhängen verwendet
und zu unserer Bestürzung und Enttäuschung entdeckt, dass es von den
ansonsten sehr motivierten Teams zwar bewundert, aber niemals wirklich benutzt wurde. Der letzte Versuch wurde zur Entwicklung meines
neuesten Buches, *The Architecture of Intelligence,* unternommen (Basel
2001 – die deutsche Ausgabe ist im Herbst 2001 erschienen). Ein dynamisches Team von meist jungen Absolventen der Architektur- und
Design-Schule an der University of Waterloo (Kanada) namens »Rna

connective« begann ThinkWire zu benutzen, um einzelne Kapitel zu diskutieren, Ideen und Verknüpfungen vorzuschlagen und online am Aufbau der Arbeit mitzuwirken. Nach wenigen Wochen beschlossen sie jedoch, sich aus den Software-Verbindungen zu lösen, um sich auf direkte persönliche Begegnungen zu konzentrieren, von denen sie legitimerweise sagten, dass sie angenehmer seien. Einige führten die Langsamkeit der Reaktionen an, andere den Mangel an Mehrwert, der direkte persönliche Interaktionen ersetzen und ablösen könnte. Schließlich fanden wir ein besseres Werkzeug für Online-Publishing in einer Slash-dot-inspirierten Technologie namens Openflows. Zwei Kapitel des Buches sind unter http://www.architecture.openflows.org verfügbar.

Also ging ich ans Zeichenbrett zurück, und mit einem neuen Team, inspiriert von einem neuen, ehrgeizigeren Projekt – junge kanadische Führungskräfte miteinander zu verbinden, um einen nationalen Think Tank für lokale, regionale, nationale und internationale Themen zu schaffen –, entwickelten wir Sessionstorm. Es handelt sich um eine kollaborative Software, die gängige Funktionen von Browsern und Online-Kommunikationsformen wie Chats und Foren dazu nutzt, Strategien oder Produkte oder Planungen zu entwickeln, welche die Fähigkeiten und Expertise von Menschen erfordern, die nicht notwendig zur selben Zeit am selben Ort sind. Der Verdienst von Sessionstorm besteht darin, dass die Nutzung anders als bei ThinkWire kein besonderes Training erfordert. Alle Funktionen sind jederzeit auf einem einzigen Bildschirm verfügbar und selbst Newbies (Slang für Anfänger in der vernetzten Welt – Anm. d. Ü.) wohl bekannt. Drei komplementäre Ebenen ermöglichen den Input von Ideen und Bemerkungen, angefangen vom Chat bis hin zu ausgereiften Präsentationswerkzeugen wie Powerpoint oder personalisierten Strategievorschlägen. Eine sich selbst auf den neuesten Stand bringende Umgebungskarte zeigt die eigenen wie auch die Ideen der anderen Beiträger in einer farbkodierten Darstellung, welche verschiedene Attribute für die Art von Ideen oder ihre intendierten Adressaten-Kategorien anzeigt. Diese Karte, die von dem Thesaurus von ThinkWire inspiriert wurde, ermöglicht dem Benutzer auch das Sortieren und Neuordnen der verschiedenen Items durch einfaches Anklicken und Ziehen der Elemente. Es ist so, als könne man verschiedene Architekturen von Ideen im eigenen Geist kreieren, während man es in Wirklichkeit mit den Ideen aller Beiträger zu tun hat.

Sessionstorm ermöglicht unmittelbaren Input und Abfrage der Bemerkungen in verschiedenen Visualisierungs-Modi. Einer dieser Modi ermöglicht es dem Benutzer, alle Bemerkungen in einem Forum zu sehen, einen entscheidenden Satz einer Bemerkung durch einfaches Darüberfahren mit der Maus aufzurufen, die Bemerkungen durch »click-and-drag« zu ergreifen und einen neuen Baum zu bauen, indem man einfach alle relevanten Bemerkungen in eine gegebene Gegend des Bildschirms zieht und durch Linien und Pfeile verbindet, wo immer relevant. Jeder der am gemeinsamen Denken beteiligt ist, erhält persönliche und uneingeschränkte Editier-Privilegien. Tatsächlich ermöglicht Sessionstorm jedem Diskussionsteilnehmer, die Inhalte der Diskussion nach eigenen Vorstellungen umzubauen, ohne die ursprüngliche Anordnung der Bemerkungen für die anderen Teilnehmer zu stören. Die Bemerkungen, Korrekturen, Verknüpfungen, Vorschläge und Textbeiträge zu einem gemeinsamen Projekt werden als Konstruktionsblöcke verfügbar – nicht nur für den Projektkoordinator, sondern für alle Teilnehmer. Ab einer gewissen Reifestufe kann ich dann, genau wie die anderen Mitarbeiter auch, eine neue Ordnung von Ideen vorschlagen; diese Gruppierungen, die aus einer zweiten oder höheren Ebene der Wiederholung hervorgehen, werden als solche markiert, wodurch die Werkzeuge zur Ebenenmarkierung, die bereits in Software wie ThinkWire verfügbar sind, bedeutsamer werden.

Wir haben Sessionstorm in einer Klasse von zweihundert Studenten in Nizza getestet und ihnen in zwanzig Teams von je zehn Menschen verschiedene Forschungsprojekte zugeteilt. Innerhalb von weniger als zehn Tagen ermöglichte Sessionstorm diesen Studenten, ein Dutzend glaubhafter Entwicklungsstrategien mit vollen Illustrationen zu posten, die jetzt auf http://www.nice.sessionstorm.com verfügbar sind.

Technopsychologie

Die Praxis des Hyperdenkens geht davon aus, dass die Produktion von Bedeutung immer mehr oder weniger geteilt wird, auch wenn aufgrund der Vorlieben der westlichen Schriftkultur dieses Teilen nicht anerkannt wird. Was ist die Konsequenz dieser Evolution? Wir bewegen uns von einer Kultur der Betrachter-, Zuschauer- und Leser-Sensibilität zu einer Kultur der Benutzer und der Interagierenden. Wir müssen eine neue Psychologie entwickeln, die von einer neuen Epistemologie, einem neuen Wissen darüber, wie wir Dinge wissen, unterstützt wird. Wir können nun beginnen, ein Muster in der Entwicklung und Verteilung von Geist und Medien zu sehen. Wir haben erfahren, wie das Individuum durch alphabetisches Lesen und Schreiben kreiert wurde; wir haben erfahren, wie das Kollektiv durch Radio und Fernsehen kreiert wurde. Wir entwickeln weltweit eine neue Art von Geist, der weit über das Kollektiv hinausgeht. Es handelt sich um den konnektiven Geist. Und die Bedeutung davon besteht darin, dass das Konnektive es ermöglicht, sowohl die Psychologie der Gruppe wie auch die der individuellen Person mit wechselseitigem Respekt zu integrieren. Dies ist die wirkliche Botschaft der Hypertextualität. Der konnektive Geist bedeutet nicht einfach, dass das Individuum die Gruppe beseitigt, wie der Leser, der nicht fernsieht, noch ist er Teil einer Masse ohne Identität, wie jemand, der nur fernsieht und niemals liest. Wir befinden uns in einer konnektiven Situation, wo wir private Identität kultivieren und bewahren können, aber auch Informationsverarbeitung mit ausgewählten Gruppen teilen können, ohne durch die Identität der Gruppe ausgelöscht zu werden. Wenn wir uns dessen einmal bewusst geworden sind, müssen wir neue Fähigkeiten entwickeln. Wir müssen unsere Reaktionsfähigkeit ausweiten in Richtung einer neuen Ver-Antwortung (im Original »response-ability« – Anm. d. Ü.) in der Informationsverarbeitung. Wir müssen einen neuen Zweig der allgemeinen Psychologie entwickeln, der den gleichen Status wie die Entwicklungs- oder Kinderpsychologie hat: die Technopsychologie, die Wissenschaft, von der Carl Gustav Jung bereits sprach, ohne sie selbst zu verfolgen, die Erforschung der sich wechselseitig beeinflussenden Beziehungen zwischen Technologie und Psychologie.

(Aus dem Englischen von Benjamin Marius Schmidt)

N. Katherine Hayles

Fleisch und Metall

Rekonfiguration des Geistkörpers
in virtuellen Umwelten

In meinem neuesten Buch *How We Became Posthuman* [1] (Wie wir posthuman geworden sind) habe ich mich bemüht, die Cartesianische Geist-Körper-Spaltung zu vermeiden. Deshalb unterschied ich zwischen Körper und Verkörperung. Ich schlug vor, dass der Körper ein abstraktes Konzept sei, das immer kulturell konstruiert ist. Egal wie man ihn sich vorstellt, der »Körper« generalisiert ausgehend von einer Gruppe von Beispielen und verfehlt in diesem Sinne stets den spezifischen Körper einer Person, der notwendigerweise in größerem oder kleinerem Ausmaß von der kulturell konstruierten Norm abweicht. Am anderen Ende des Spektrums liegen unsere Erfahrungen von Verkörperung. Während diese Erfahrungen zwar auch kulturell konstruiert sind, sind sie es doch nicht zur Gänze, denn sie entstehen aus den komplexen Interaktionen zwischen dem bewussten Geist und den physiologischen Strukturen, die aus Jahrtausenden biologischer Evolution entstanden sind. Der Körper ist die menschliche Form von außen gesehen, aus einer kulturellen Perspektive, die danach strebt, Repräsentationen anzufertigen, die für Körper im Allgemeinen stehen können. Verkörperung wird von innen erfahren, von den Gefühlen und Empfindungen, welche die dynamische Textur unseres Lebens ausmachen. [2]

Dieses Essay geht über die Position hinaus, die gegen Ende von *How We Became Posthuman* artikuliert wurde, wo ich argumentierte, dass das Ausradieren der Verkörperung, welches für die Geschichte der Kyber-

1 N. Katherine Hayles, *How We Became Posthuman: Virtual Bodies in Cybernetics, Literature, and Informatics,* Chicago / London 1999.
2 Ich danke Michael Fadden und Carol Wald für Hilfe bei der Recherche für diesen Aufsatz sowie Simon Penny, Alan Dunning, Paul Woodrow und Victoria Vesna dafür, dass sie unveröffentlichte Essays, Videos, Vorausstellungen und anderes Material zu ihren Kunstwerken mit mir geteilt haben.

netik so charakteristisch ist, nicht wieder durchgespielt werden sollte, wenn wir uns in Richtung jener techno-wissenschaftlichen Formationen bewegen, die ich das Posthumane nenne.

Anstatt dualistisch mit Körper und Verkörperung zu beginnen, schlage ich vor, den Fokus auf die Idee der Relation zu richten und sie als den dynamischen Fluss zu postulieren, aus dem sowohl der Körper wie auch Verkörperung hervorgehen.

Indem ich Entitäten sehe, die aus spezifischen Arten von Interaktion hervorgehen, bin ich in der Lage, sie nicht als statische Objekte zu sehen, die bereits im Voraus codiert und bewertet sind, sondern vielmehr als die sichtbaren Ergebnisse des dynamischen Fortlaufens des Flusses, welches in sich weder gut noch schlecht sein kann, weil es vor diesen Bewertungen liegt und als Quelle von allem dient, das meine wahrgenommene Welt bevölkert, inklusive meines Körpers und meiner Erfahrungen von Verkörperung.[3]

Mit Relationen statt mit bereits existierenden Entitäten zu beginnen, ändert alles. Es ermöglicht uns zu sehen, dass verkörperte Erfahrung nicht nur aus dem komplexen Wechselspiel zwischen Hirn und inneren Organen hervorgeht, das Antonio Damasio in *Descartes' Error (Descartes' Irrtum)*[4] so zwingend beschreibt, sondern auch aus dem beständigen Engagement unserer verkörperten Interaktionen mit der Umgebung. Abstrakte Ideen des Körpers gehen ebenso sehr aus dem Wechselspiel zwischen vorherrschenden kulturellen Formationen und den Glaubenssätzen, Beobachtungen und Erfahrungen hervor, die in einer gegebenen Gesellschaft als empirische Beweise zählen. In dieser Sichtweise sind Verkörperung und der Körper emergente Phänomene, die aus dem dynamischen Fluss entstehen, welchen wir analytisch zu verstehen suchen, indem wir ihn in Konzepte wie Biologie und Kultur, Evolution und Technologie aufschlüsseln. Diese Kategorien kommen jedoch immer nach den Tatsachen, die aus einem Fluss hervorgehen, der zu komplex, interaktiv und holistisch ist, als dass er als das Ding an sich ergriffen werden könnte. Um diese emergente Qualität von Körper und Verkörpe-

---

3 Ich argumentiere schon seit mehreren Jahren für eine solche Sichtweise. Siehe beispielsweise »Constrained Constructivism: Locating Scientific Inquiry in the Theater of Representation«, in: *New Orleans Review* 18 (1991), S. 76–85, wieder abgedruckt in *Realism and Representation: Essays on the Problem of Realism in Relation to Science, Literature, and Culture*, hg. von George Levine, Madison 1993, S. 27–43.
4 Antonio R. Damasio, *Descartes' Error: Emotion, Reason, and the Human Brain*, New York 1994 (deutsche Übersetzung: *Descartes' Irrtum: Fühlen, Denken und das menschliche Gehirn*, München / Leipzig 1995)

rung zu bezeichnen, übernehme ich den von Mark Hansen vorgeschlagenen Begriff für eine ähnliche Einheit:»Geistkörper«.[5] Während das Studium anatomischer Lehrbücher über die Jahrhunderte hinweg bestätigen wird, dass die Vorstellungen vom Körper sich ändern, so wie die Kultur sich ändert, ist es weniger offensichtlich, dass auch unsere Erfahrungen von Verkörperung sich ändern.[6] Wenn man sich weigert, der Verkörperung einen Status vor der Relation einzuräumen, dann öffnet dies die Möglichkeit, dass Veränderungen in der Umwelt (welche ihrerseits aus systemischen und organisierten Veränderungen im Fluss hervorgehen) mit Veränderungen in der Verkörperung zutiefst verbunden sind. Das Leben in einer technologisch gestalteten und informationsreichen Umwelt bringt eine Verschiebung in Gewohnheiten, Haltungen, Verhaltensweisen und Wahrnehmungen mit sich – kurz, Veränderungen in den Erfahrungen, welche die dynamische Lebenswelt konstituieren, welche wir als verkörperte Kreaturen bewohnen. Eine bestimmte Geschichte von diesen Veränderungen – eine Geschichte, gegen die ich heftig Widerstand leisten möchte – erzählt sie als das, was Donna Haraway eine maskulinistische Fantasie zweiter Geburt nennt, eine transzendente Vereinigung des Menschlichen und des Technologischen, die uns in die Lage versetzen wird, unser Bewusstsein auf Computer runterzuladen und als körperlose Informationsmuster zu leben, um so den Schwächen des menschlichen Körpers und insbesondere der Sterblichkeit zu entkommen.[7] Mein Widerwille gegen diese Geschichte ist so intensiv, dass ich mich davor hüten muss, mich von ihr blind machen zu lassen gegenüber den Arten und Weisen, wie verkörperte Erfahrungen sich durch Interaktionen mit informationsreichen Umwelten verändern.

Welche Arten der Veränderung bringen diese Verschiebungen in der verkörperten Erfahrung mit sich? Man denke zunächst an die Macht der Gewohnheit in der Gestaltung verkörperter Reaktionen, insbesondere der Propriozeption, jenes inneren Sinnes, der uns das Gefühl gibt, dass wir unsere Körper *besetzen,* statt sie nur zu besitzen. Computerspieler bezeugen ihre Empfindung, dass sie ihren propriozeptiven Sinn in den simulierten Raum der Spielwelt projizieren. Sie betonen sogar eloquent, dass diese Art der Projektion für einen guten Spieler absolut erforderlich

---

5 Mark Hansen, Präsentation an der University of California in Los Angeles, Mai 2001.
6 Siehe beispielsweise Thomas Laqueur, *Making Sex: Body and Gender from the Greeks to Freud,* Cambridge 1992.
7 Donna Haraway, Präsentation an der University of California in Los Angeles, Juni 2001.

ist. Ihre Körpergrenzen sind mit den technologischen Angeboten so ineinander geflossen, dass sie den Joystick als eine unbewusste Erweiterung der Hand empfinden. Ein verwandtes Set von Veränderungen betrifft die verschiedenen Arten und Weisen, in denen ihre Nervenstrukturen sich als Ergebnis ihrer extensiven Interaktionen mit dieser Technologie entwickelt haben. Menschen gehören zu den Gattungen auf der Erde mit der längsten Periode der Neotonie, was die Fähigkeit des Nervensystems, sich nach der Geburt zu verändern und zu entwickeln, zumindest ins Jugendalter ausdehnt. Die Flexibilität des menschlichen Nervensystems macht die Bildung neuer Synapsenverbindungen in Reaktion auf verkörperte Interaktionen möglich. Das impliziert, dass ein Jugendlicher, der in einem mittelalterlichen Dorf im Frankreich des 12. Jahrhunderts aufwuchs, buchstäblich andere Nervenverbindungen hätte als ein amerikanischer Jugendlicher des 21. Jahrhunderts, der viel Zeit mit Computerspielen verbracht hat.

Zusätzlich zu diesen technologischen Veränderungen gibt es dann auch stärkere Eingriffe, welche das Biologische mit dem Technologischen verbinden. Sandro Mussa-Ivaldi und sein Forschungsteam an der Northwestern University haben erfolgreich Teile des Hirns eines Neunauges entfernt, es in einem Bad von Nährlösung am Leben erhalten und dann mit Drähten verbunden, um elektrische Signale von den optischen Sensoren eines beweglichen Roboters in das Vestibularsystem des Neunauges zu bringen, also in den Teil des Hirns, der für die Oben/unten-Orientierung im Wasser zuständig ist. Das körperlose Hirn interpretiert anscheinend die Signale des Roboters als Anzeichen einer gewissen Orientierung im Wasser und schickt Signale zurück, welche den Roboter sich zum Licht hin bewegen lassen (so die häufigste Reaktion), weg vom Licht, in einem Kreis oder einer Spirale.[8] Diese Verschmelzung von einem biologischen Organismus und einem kybernetischen Gerät ist so auffällig, dass »Cyborg« ein zu harmloser Begriff scheint, um sie zu beschreiben.

Während die Anzahl von Menschen, die Implantate haben, in naher Zukunft wahrscheinlich gering bleibt, werden weitaus mehr von der fortgesetzten Entwicklung und Erweiterung des alles durchdringenden Computereinsatzes betroffen sein. Die Idee ist, unzählige Sensoren und kleine Computer in die Umwelt einzulagern, die fähig sind, Informatio-

---

8 Sid Perkins, »Lamprey Cyborg Sees the Light and Responds«, in: *Science News* 20 (11. November 2000), S. 309.

nen zu sammeln, zu verarbeiten, zu speichern und zu übertragen. Die Entwicklung von smarten Umwelten macht die Argumente des Philosophen Andy Clark und des Anthropologen Edwin Hutchins noch überzeugender, dass Kognition nicht so gesehen werden sollte, als finde sie allein im Hirn statt. In ihrer Sichtweise ist Kognition vielmehr eine systemische Aktivität, die in der gesamten Umwelt, in der Menschen sich bewegen und arbeiten, verteilt ist. Clark argumentiert sogar, dass es schon immer das Unterscheidungsmerkmal von Menschen gewesen sei, Objekte in ihre kognitiven Systeme aufzunehmen und dadurch eine verteilte Funktionalität zu erschaffen, welche er den »erweiterten Geist« nennt.[9] Wir sind Cyborgs, schrieb er in einem neueren Artikel, »nicht in dem bloß oberflächlichen Sinn einer Kombination von Fleisch und Drähten, sondern in dem tieferen Sinn von Mensch-Technologie-Symbioten: Denk- und Verstandessysteme, deren Geist und Selbst über das biologische Hirn und nicht-biologische Schaltkreise ausgebreitet ist.«[10] Indem er zwar bemerkt, dass der »erweiterte Geist« eine Strategie so alt wie die Menschheit ist, macht er doch darauf aufmerksam, dass die Verbindung von Technologie mit Biologie eine »kognitive Maschinerie« erschaffen hat, die »jetzt intrinsisch auf Transformation, technologiebasierte Expansion und repräsentatives Wachstum ausgerichtet ist«. Obwohl relativ kleine Veränderungen im menschlichen Hirn ausreichend sein mögen, um uns zur »symbolischen Gattung« zu machen, wie Terrence Deacon die Menschen nennt, haben diese graduellen Veränderungen uns nun »auf die andere Seite einer steilen Klippe im kognitiv-architekturalen Raum« katapultiert (»Natural Born Cyborgs?«).

Entlang ähnlicher Denkbahnen argumentiert Edwin Hutchins, dass Kognitionswissenschaftler einen fundamentalen Fehler machten, als sie Kognition im Hirn lokalisierten und dann versuchten, diese Kognition nach dem Modell künstlicher Intelligenz zu modellieren.[11] Sie hätten stattdessen erkennen sollen, dass Kognition eine systemische Aktivität ist, die in der ganzen Umwelt verteilt ist und durch eine Vielzahl unterschiedlicher Akteure ausgelöst werden kann, von denen nur einige menschlich sind. In seiner Sichtweise ist es nicht bloß eine Metapher, wenn man das Ziehen einer Linie auf einer Navigationskarte Erinnern

9 Andy Clark, *Being There: Putting Brain, Body, and World Together Again*, Cambridge 1998.
10 Ders., »Natural Born Cyborgs?«, zu Gast auf der von John Brockman unterhaltenen The Third Culture Web site: *www.edge.org/3rd_culture/clark/clark_index.html*
11 Edwin Hutchins, *Cognition in the Wild*, Cambridge 1996.

und das Ausradieren einer Linie Vergessen nennt, denn wenn diese Objekte ein Teil unseres erweiterten Geistes sind, dann sind Zeichnen und Ausradieren in der Tat dem Erinnern und Vergessen funktional äquivalent. Das Modell des erweiterten Geistes zeigt an, wie sich kulturelle Wahrnehmungen in Bezug auf die Entwicklung von informationsreichen Umwelten verändern. Gegenüber dem Cartesianischen Subjekt, das beginnt, indem es sich von seiner Umwelt abschneidet und seine denkende Präsenz als das eine Ding visualisiert, das es nicht bezweifeln kann, weiß der Mensch, der die informationsreichen Umwelten der zeitgenössischen technologischen Gesellschaften bewohnt, dass die dynamischen und fluktuierenden Grenzen seiner verkörperten Kognitionen sich in Bezug auf andere Kognitionsagenten entwickeln, die in die ganze Umgebung eingebaut sind und unter denen die mächtigsten intelligente Maschinen sind.

In diesen Sichtweisen wird die Auswirkung von Informationstechnologien auf den Geistkörper immer als zweiseitige Relation verstanden, als Rückkopplungsschleife zwischen biologisch entwickelten Fähigkeiten und einer reich konstruierten technologischen Umwelt. Solche Rückkopplungsschleifen mögen vielleicht neue Levels von Intensität erreichen, da unsere Umwelten smarter und informationsreicher werden, aber die zugrunde liegende Dynamik ist so alt wie die Menschheit. Um auf *The Symbolic Species* zurückzukommen, übernehme ich Deacons These, dass die Evolution der Sprache zwar die Struktur des menschlichen Hirns verändert hat, dass aber die Struktur des menschlichen Hirns auch die Evolution der Sprache beeinflusst hat. Um die Wichtigkeit dieser Relationalität zu betonen, schlägt er vor, dass wir uns »Sprache als eine unabhängige Lebensform vorstellen, die menschliche Hirne kolonisiert und parasitiert, um sie zur Reproduktion zu nutzen«.[12]

Mein Argument impliziert weiterhin, dass diese koevolutionären Dynamiken nicht nur abstrakte Thesen sind, die der bewusste Geist begreift, sondern auch emergente dynamische Prozesse, die durch Interaktionen mit der Umwelt ausgelöst werden. Und hier besteht ein Problem. Insbesondere in Zeiten rapider technologischer Innovation bestehen viele Lücken und Diskontinuitäten zwischen abstrakten Konzepten des Körpers, den Erfahrungen von Verkörperung und den dynamischen Interaktionen mit dem Fluss, dessen akkulturierte Ausdrücke sie sind.

---

12 Terrence W. Deacon, *The Symbolic Species: The Co-evolution of Language and the Brain*, New York 1997, S. 111.

Die Umwelt verändert sich, und der Fluss verschiebt sich auf korrelierte systemische und organisierte Weisen, aber es braucht Zeit, Gedanken und Erfahrung, damit diese Veränderungen im Geistkörper registriert werden. Diese Lücken zu überbrücken und diese Diskontinuitäten zu verbinden ist die Aufgabe, welche die drei Kunstwerke in virtueller Realität unternommen haben, die hier diskutiert werden: »Traces« (Spuren) von Simon Penny und seinen Mitarbeitern, »Einstein's Brain« (Einsteins Gehirn) von Alan Dunning, Paul Woodrow und ihren Mitarbeitern sowie »NØTime« (Keine Zeit) von Victoria Vesna und ihren Mitarbeitern. Wenn Kunst uns nicht nur lehrt, unsere Erfahrungen auf neue Weise zu verstehen, sondern tatsächlich die Erfahrung selbst verändert, dann engagieren diese Kunstwerke uns auf Weisen, welche das Entstehen von Vorstellungen vom Körper und von Erfahrungen von Verkörperung aus unseren Interaktionen mit zunehmend informationsreichen Umwelten lebendig und real machen. Sie lehren uns, was es heißt, im besten Sinne posthuman zu sein, wobei der Geistkörper als emergentes Phänomen erfahren wird, das in dynamischer Interaktion mit dem ungreifbaren Fluss kreiert wird, aus dem auch die kognitiven Agenten entstehen, die wir intelligente Maschinen nennen. Zentral ist für alle drei Kunstwerke das Engagement, den Körper und Verkörperung relational zu verstehen, als Prozesse, die aus komplexen rekursiven Interaktionen entstehen, nicht als bereits existierende Entitäten. Weil Relationalität durch viele verschiedene Linsen gesehen werden kann, habe ich Werke gewählt, welche die Betonung auf verschiedene Modi von Relation legen. »Traces« rückt die Relation des Geistkörpers zur unmittelbaren Umgebung in den Vordergrund, indem es auf robuste Bewegungen in einer dreidimensionalen Umwelt fokussiert; »Einstein's Brain« rückt Wahrnehmung als Relation zwischen Geistkörper und Welt in den Vordergrund, welche den Fluss für uns als eine gelebte Realität zur Existenz bringt; »NØTime« betont Relationalität als kulturelle Konstruktion.

Bereits 1994 sprach Simon Penny vom Wunsch, vom üblichen Modell virtueller Realität abzuweichen, welches seiner Einschätzung nach »auf unbekümmerte Weise eine Geist / Körper-Spaltung verdinglicht, die ihrem Wesen nach patriarchal und ein Paradigma des Sehens ist, welches phallisch, kolonialisierend und panoptisch ist«.[13] In »Traces« schuf

13 Simon Penny, »Virtual Reality as the Completion of the Enlightenment Project«, in: *Culture on the Brink: Ideologies of Technology*, hg. von Gretchen Bender / Timothy Druckrey, Seattle 1994, S. 231–263, insbesondere S. 238.

Penny zusammen mit seinen Mitarbeitern Jeffrey Smith, Phoebe Sengers, Andre Bernhardt und Jamieson Shulte ein interaktives Kunstwerk, welches darauf angelegt war, den Körper stärker in den virtuellen Raum einzubringen. Sie schlagen vor, ein »nicht behinderndes Sensorsystem« zu bauen, »welches den gesamten Körper der Benutzerin modelliert«.[14] Sie arbeiteten mit einer dreidimensionalen CAVE-Umwelt, die simulierte visuelle Bilder auf vier Oberflächen (drei Wänden und dem Boden) wie auch in den Brillen der Benutzerin zeigte, und implementierten ein visuelles Spurfindungssystem, welches das Körpervolumen der Benutzerin berechnet, indem es ihre Bewegung in Raum und Zeit mithilfe von dreidimensionalen Würfeln modelliert, die »Voxels« genannt werden (volumetrische Einheiten, deren Name in Analogie zu zweidimensionalen Pixeln gebildet wurde). Aus dieser Berechnung erzeugt es »Spuren«, simulierte Bilder von volumetrischen Rückständen, die hinter dem gerenderten Modell des Körpers der Benutzerin herziehen und sich mit der Zeit allmählich auflösen, während fortgesetzte Bewegung neue Spuren erzeugt, die sich ebenfalls auflösen.

Das Avatar-Interface ist, in Pennys Terminologie, dazu entworfen, »autopädagogisch« zu sein und der Benutzerin beizubringen, wie sie mit ihm im Laufe der Evolution durch die drei Phasen von passiver Spur, aktiver Spur und Verhaltensspur umzugehen hat. Er und seine Mitarbeiter machen darauf aufmerksam, dass die »Traces«-Simulation, wenn man sie als Avatar betrachtet, einen Mittelbereich einnimmt zwischen Avataren, welche die Bewegung der Benutzerin spiegeln, und autonomen Agenten, die sich unabhängig von ihren menschlichen Gesprächspartnern verhalten. Indem der »Spur«-Avatar sich vom Spiegeln der Aktionen der Benutzerin zu selbstständigen Verhaltensweisen transformiert, stellt er ein Grenzland dar, in dem die Grenzen des Selbst in die unmittelbare Umwelt diffundieren und dann zu unabhängigen Agenten ausdifferenzieren. Diese Performance, die von der Benutzerin visuell und auch kinästhetisch registriert wird, indem sie sich energetisch innerhalb des Raumes bewegt, um die Entitäten der Aktiven Spur und der Verhaltensspur zu generieren, macht lebendig und klar, dass die simulierten Entitäten, die sie »ihren Körper« und die »Spur« nennt, emergente Phänomene sind, die aus ihren dynamischen und kreativen Interaktionen entstehen.

---

14 Simon Penny u. a., »Traces: Embodied Immersive Interaction with Semi-Autonomous Avatars«, unpubliziertes Essay, S. 3. Ich danke Simon Penny für die Erlaubnis, aus diesem Essay vor seiner Veröffentlichung zu zitieren.

In seiner Form, Konstruktion und Funktionalität bezeugt »Traces« die Relationalität, welche es zugleich für die Benutzerin aufführt. Weit entfernt von der Fantasie körperloser Information und transzendenter Unsterblichkeit, spricht »Traces« von den spielerischen und kreativen Möglichkeiten eines Körpers mit verschwommenen Grenzen, von Erfahrungen von Verkörperung, die sich mit der Zeit transformieren und entwickeln, von Verbindungen mit intelligenten Maschinen, welche die Mensch/Maschine-Grenze als wechselseitiges Entstehen inszenieren, und von der Freude, die aufkommt, wenn wir verstehen, dass wir nicht vom Fluss isoliert sind, sondern unsere Geistkörper durch tiefe und beständige Kommunion mit ihm darstellen.

Relation als Wahrnehmung

Das Projekt »Einstein's Brain« ist seit fünf Jahren im Prozess und hat in verschiedenen Installationen unterschiedliche Formen angenommen, aber eine gemeinsame Idee vereint die einzelnen Manifestationen.[15] Der Titel weist auf die Tatsache hin, dass das Hirn als fetischisiertes physisches Objekt isoliert von der Welt betrachtet unmöglich den Reichtum menschlicher Erfahrung erklären kann. Die Künstler sind dem Verständnis verpflichtet, dass die Welt konsensueller Realität nicht in irgendeinem Sinn »dort draußen« in den Formen existiert, in denen wir sie wahrnehmen. Vielmehr ist die Welt, die wir kennen, eine aktive und dynamische Konstruktion, die aus unseren Interaktionen mit dem Fluss entsteht.

Sie positionieren ihre Arbeit bewusst und reflektiert in Opposition zur Nutzung von virtueller Realität durch das Militär und die Konzerne, welche beständig auf immer größeren Realismus abzielen. Sie machen darauf aufmerksam, dass der Effekt, wenn die Illusionen virtueller Realität mit dem Ziel einer nahtlosen Reproduktion der »realen« Welt konstruiert werden, ob gewollt oder nicht, darin besteht, existierende Strukturen von Autorität und Herrschaft zu verstärken. Im Gegensatz dazu verstehen Dunning und Woodrow Simulationstechnologien als absicht-

---

15 Die Mitarbeiter sind von Projekt zu Projekt verschieden, aber unter anderen sind es Martin Raff (MRC Laboratory for Cell Biology, University College, London), Pauline van Mourik Broekman (*Mute magazine*, London), Hideaki Kuzuoka (Department of Engineering, University of Tzukuba, Japan), Nick Dalton (Bartlett School of Architecture, University College, London) und Arthur Clark (Department of Neurology Health Sciences, University of Calgary, Calgary AB, Kanada).

298   N. Katherine Hayles

lich unvollkommen, um klarzustellen, dass ihre Konstruktionen nicht
als »Realitätsmaschinen« zu verstehen sind, die »mit der Erzeugung einer
Realität verbunden sind, sondern als Mittel, ein Bewusstsein zu erreichen, welches seinerseits eine Realität formt«. (»Einstein's Brain«, S.

7) Um der Herrschaft eines »von Ausdruck, Symbol oder Metapher lee-
ren Realismus«, der »von den Autoritäten der Homogeneität und Naht-
losigkeit aufrechterhalten wird«, in der virtuellen Realität Widerstand zu
leisten (»Einstein's Brain«, S. 1), erschaffen Dunning und Woodrow eine
»kraniale Landschaft«, in der symbolische und semiotische Markierun-
gen mit der Landschaft der Erfahrung verschmelzen (»Einstein's Brain«,
S. 5). Die Inspiration für die kraniale Landschaft kommt teilweise aus
Carte du tender, Madeleine de Scudérys romantischer narrativer Landkarte von 1654, in der auf eine Landschaft Namen geschrieben werden,
welche das vorhersehbare Aufflammen und Abkühlen einer Liebesaffäre
anzeigen. Dunning und Woodrow eignen sich den Namen einer dieser
Schauplätze, den »Wald der Vokale«, an und erschaffen eine semiotisch
markierte Landschaft, die für die Benutzerin als eine verhandelbare
Oberfläche und ebenso als eine sich verändernde Landmasse existiert, die
mit den Reaktionen der Benutzerin verbunden ist, welche durch Lesen
ihrer Hirnwellen und anderer physiologischer Indikatoren registriert
werden.

»Wir und andere Künstler verschieben unsere Aufmerksamkeit weg
von einer greifbaren, überwiegend körperlichen Welt hin zu einer zunehmend schlüpfrigen, sich entziehenden und immateriellen. Geist und Materie, die sich im kognitiven Körper kombinieren, sind interdependent.
Die Welt, die wir bewohnen, ist im Fluss und besteht aus zunehmend
komplexen Verknüpfungen und Interaktionen. In dieser Welt gibt es
keine festen Objekte, keine unveränderlichen Kontexte. Es gibt nur ko-
existente, ineinander eingebettete Vielfältigkeiten.« (»Einstein's Brain«,
S. 8) Sie haben die Absicht, mit ihrer Kunst Engagements darzustellen,
welche die Tatsache lebendig und real machen, dass alles in unserer Welt,
inklusive (oder vielmehr: insbesondere) der menschliche Geistkörper,
exakt aus unserer Relation mit dem geschehenden Fluss entsteht.

Diese Ideen und Strategien kommen in der Installation zusammen,
die im September 2001 in der TechnOboro Gallery in Montreal eröffnet
und im April 2001 als Prototyp auf der Digital Arts Conference an der
Brown University ausgestellt wurde, wo ich sie sah. Das zentrale Stück
der Installation ist der ALIBI, das »anatomisch lebensnahe interaktive
biologische Interface«, ein anatomisch korrektes, lebensgroßes Modell

des menschlichen Körpers, das mit einer Vielzahl unterschiedlicher Sensoren voll gestopft ist, inklusive Theramin-Proximitäts-Sensoren, Tast-Sensoren, Aroma-Schnüfflern, Druck-Sensoren, Klang-Sensoren und Kohlendioxid-Sensoren. Teilnehmerinnen tragen Brillen, die so arrangiert werden können, dass sie nur die simulierte Welt zeigen oder (indem man die Blenden vom Linsenbereich entfernt) die Szene in eine »gemischte Realität« konvertieren, in der sowohl die Simulation wie auch der reale Raum sichtbar sind. Sie sind so in der Lage, zugleich die Projektion virtueller Realität und den künstlich-faktischen Körper zu sehen, der auf einem leichten Tisch im Zentrum des Raumes liegt. Der Körper wurde aus dem Abguss eines männlichen Modells hergestellt und mit thermochromischer Farbe angemalt, die als ein liebliches Dunkelblau erscheint, wenn sie kühl ist, aber weiß wird, wenn sie durch Berührung angewärmt wird, und wieder blau, wenn dieser Bereich auf Umgebungstemperatur abkühlt. Teilnehmerinnen können mit dem Körper interagieren, indem sie ihn an Hüften, Bauch, Beinen usw. berühren, ihm ins Ohr flüstern oder gar in den Mund atmen. Wenn diese Interaktionen von dem System wahrgenommen werden, aktivieren und ändern sie die simulierten Welten, die in den Brillen bildlich vorgestellt werden. Der blaue Körper agiert so als ein Navigationsinterface und öffnet Portale zu einer Vielzahl verschiedener simulierter Welten, wenn die entsprechenden Körpergegenden berührt, massiert oder auf andere Weise manipuliert werden. Eine Benutzerin trägt einen Helm, der in der Lage ist, ihre elektroenzephalische Aktivität zu registrieren, inklusive Alpha-, Beta-, Theta- und Delta-Hirnwellen. Diese Daten werden zusammen mit anderen biologischen Daten, die von der Benutzerin abgenommen werden, wie etwa Blutdruck, Pulsfrequenz und galvanische Hautreaktion, in die Simulation eingespeist. Die Daten lösen eine Performance von simulierten Bildern aus, wobei Sonnenexplosionen, Polygone und Lichtblitze als Reaktion auf die Reaktionen der Benutzerin erscheinen. Zudem werden die Amplitude und Frequenz der Hirnwellen der Benutzerin zu MIDI-Dateien konvertiert und dazu benutzt, eine Klanglandschaft für die Simulation zu erschaffen, die als akustische Transformation ihrer gegenwärtigen physiologischen Reaktionen dient.

Der aus meiner Sicht auffälligste Teil der Installation sind die Rückkopplungsschleifen zwischen den Reaktionen der Benutzerin, ihren Interaktionen mit dem künstlich-faktischen Körper und der Produktion der simulierten Welt. Stellen Sie sich den Schauplatz vor. Sie sind in einem anfänglichen Hirnzustand, der Bilder und Klänge in der simulierten Welt, die Sie sehen, generiert. Während Sie diese Darstellungen betrachten, beginnen Sie, den Körper an seinen empfindsamen Stellen zu berühren, wodurch Sie Portale in andere simulierte Welten öffnen, was neue Reaktionen in Ihnen auslöst, die wiederum in die Simulation zurückgespeist werden, um sie zu verändern, was Sie dazu veranlasst, den Körper auf andere Weise berühren zu wollen, was weitere Veränderungen der simulierten Bilder und Klänge bedeutet, die ihrerseits weitere Reaktionen von Ihnen generieren. Die Schleife ist endlos und unendlich faszinierend, da sie, wie die Autoren sagen, ein »einziges intelligentes symbiotisches System« bildet.[16] »Der Körper verschwindet, weil er auf sich selbst gewendet wird. Die Ich-Grenze ist nicht mehr der Punkt, an dem der Körper im Bezug auf eine externe Umwelt anfängt und aufhört, sondern er ist vielmehr [...] das Ende der Welt selbst.« (»Einstein's Brain«, S. 5)

Relationalität ist hier der relevante Punkt an einem Geistkörper, der sich selbst durch seine spielerischen und intensiven Interaktionen mit sich entwickelnden virtuellen Welten verwirklicht, welche in der Sichtweise dieser Künstler unsere Wahrnehmungen der realen Welt ebenso beinhalten wie auch unsere Erfahrungen der simulierten. In diesem Sinn ist jegliche menschliche Erfahrung eine »gemischte Realität«, die aus einer anderen Art verblüffender Helligkeit entsteht, in der Technologie, die Welt und menschliche Verkörperung alle eine Rolle spielen.

Relation als Akkulturierung

Victoria Vesna erdachte »NØTime« (Keine Zeit) ursprünglich als Reaktion auf das verbreitete postmoderne Gefühl, keine Zeit zu haben. Ihre spielerisch-paradoxe Idee bestand darin, Avatare zu kreieren, die Teile unseres Lebens übernehmen und für uns leben könnten, während wir damit beschäftigt sind, andere Dinge zu tun. Als das Projekt sich entwickelte, nahm die Idee von kollaborativen Interaktionen, die zusammen eine »Person« oder ein »Leben« kreieren, eine etwas andere Wendung und fokussierte auf eine Serie von ineinander eingebetteten Relationen zwischen dem Lokalen und dem Fernen, dem Individuellen und dem Kollektiven, dem Benachbarten und dem Verteilten, dem Unmittelbaren und dem Langfristigen. Wie bei »Traces« und »Einstein's Brain« besteht

---

16 Alan Dunning / Paul Woodrow, »The Stone Tape, the Derive, the Madhouse«, präsentiert am New Media Institute im Banff Centre, September 2000, S. 6.

der Effekt darin, einen Raum intensiver Interaktion und Rückkopplung zu erschaffen, in dem das Subjekt sich erlebt als etwas, das aus relationaler Dynamik entsteht, statt als vorgegebenes und statisches Selbst zu existieren.

Das Kunstwerk besteht aus einem verteilten kognitiven System, darunter eine physische Installation in einem Galerieraum und eine Fernkomponente, die über das Internet ausgespielt wird. Wenn die Besucherin sich im Zentrum der Installation aufstellt, fungiert die durchscheinende Abdeckung wie ein Grenzland zwischen Innen und Außen, denn es wird ein Gefühl der Einschließung erzeugt, während zugleich Formen und Klänge durch das Tuch hindurch wahrnehmbar sind.[17] Auf der Wand ist eine Projektion, welche die Namen der Teilnehmerinnen aufblitzen lässt, die zuvor in »NØTime«»Körper« erschaffen haben. Wenn die Besucherin einen Namen sieht, den sie erkennt oder mag, geht sie einen Schritt nach vorne, und der »Körper«, der mit dem Namen korrespondiert, wird auf der anderen Wand gezeigt.

Wie Penny, Dunning und Woodrow ist auch Vesna der Tendenz zu immer größerem Realismus in der virtuellen Realität des Militärs und der Konzerne gegenüber kritisch. Statt an dieser Tendenz durch das Erschaffen eines anthropomorphischen Avatars teilzunehmen, zieht Vesna es vor, mit realistischer Repräsentation zu brechen und den Informations-/Energie-»Körper« als Tetraeder zu visualisieren, der anfänglich aus den sechs Linien und vier Ecken besteht, die nötig sind, um die tetraedrische Gestalt zu umreißen. Der Tetraeder, so erklären es Botschaften, die auf der Wand aufblitzen, wird deshalb privilegiert, weil er von allen Polyedern den größten Widerstand gegen eine gegebene Last hat. Wenn die Last die kritische Toleranzschwelle überschreitet, wird der Tetraeder nicht verbeult oder verbogen wie andere polyedrische Strukturen. Der Tetraeder stülpt sich vielmehr nach außen, was ihn »einzigartig macht, weil er nämlich sein eigenes Doppel ist«. Es gibt auch einen Bezug zur tetraedrischen Gestalt der Kohlenstoffstereochemie, wodurch der Tetraeder die essenzielle Gestalt für jegliches kohlenstoffbasiertes Leben auf der Erde ist. Die sechs Kanten des Tetraeders nennt Vesna

17 Don Ihde bemerkt in *Technology and the Lifeworld: From Garden to Earth*, Bloomington IN 1990, S. 72 ff., dass viele Menschen die Vorteile der Technologie haben wollen, ohne dass sie in ihr Leben eindringt – ein widersprüchliches Begehren, das sich in dem Wunsch manifestiert, dass mächtige Technologien existieren, aber auch transparent sein sollen. Die durchscheinende Einschließung scheint diesen Wunsch anzuerkennen, ihm aber auch zu widerstehen, indem Transparenz evoziert, zugleich aber verneint wird.

»Intervalle« und assoziiert sie mit den für das menschliche Leben essenziellen Komponenten, wie sie im indischen Chakra-System identifiziert werden.

Die Ecken werden ebenfalls benannt, aber hier konzentriert sich das Benennungssystem auf die kulturellen Konstruktionen, die Richard Dawkins »Meme« nannte, das heißt Ideen, Teile von Liedern und andere Konzepte, die sich rapide durch die Kultur verbreiten und als Ideenviren agieren, welche Menschen als ihre konzeptionellen Replikationssysteme benutzen, so wie es, Dawkins' Vision zufolge, das »selbstbezogene Gen« durch den physischen Körper tut.[18] Wenn der Körper fertig ist, wird er mit einer dreidimensionalen Klanglandschaft korreliert, durch welche eine Besucherin navigieren kann, indem sie innerhalb der Installation ihren Standort wechselt. Gerald Jongs maßgefertigte Software mit dem Namen »Fluidiom« (Flüssige Sprache) koordiniert die von Bewegungsmeldern registrierte Position der Besucherin innerhalb dieser Klanglandschaft und erschafft eine akustische Erfahrung, die für die Interaktionen zwischen einem spezifischen virtuellen Körper und den individuellen Bewegungen einer Benutzerin innerhalb des Raumes einzigartig ist.

Wenn der Basiskörper konstruiert ist, kann er durch Besucherinnen wachsen, die bereit sind, einige Zeit im physischen Raum zu verbringen. Je länger eine Besucherin vor Ort bleibt und jemandes Tetraeder betrachtet, desto mehr Intervalle werden zu der Figur hinzugefügt. Die Besitzerin des Körpers kann dann Meme hinzufügen oder Freundinnen etwas hinzufügen lassen oder Karten austeilen, mit denen Besucherinnen etwas über eine vor Ort befindliche Internetverbindung hinzufügen können. In Übereinstimmung mit dem Thema der Installation kann das Wachstum jedoch nicht unendlich weitergehen. Als Darstellung der Endlichkeit, die Zeit, Raum und Lebensspanne für alle Menschen zu begrenzten Gütern macht, wird ein Körper dekonstruiert, wenn er die Größe von 150 Intervallen erreicht hat. Das Ereignis wird im Voraus auf der Webseite angekündigt, und man wird eingeladen, dem virtuellen Kollaps beizuwohnen. An diesem Punkt wird der übergroß gewachsene Körper in einer Datei archiviert, die nur der Besitzerin zugänglich ist, welche die Möglichkeit hat, den Wachstumsprozess nochmals mit demselben Basis-Tetraeder zu beginnen oder einen neuen zu bauen.

Durch seine verteilte Architektur, kollaborativen Prozeduren und skulptural auffällige Vor-Ort-Installation stellt »NØTime« den mensch-

---

18 Richard Dawkins, *The Selfish Gene,* New York 1990.

lichen Körper als emergentes Phänomen dar, das durch multiple Handlungsträger zur Existenz kommt, darunter das Begehren der Besitzerin, die kulturellen Formationen, innerhalb deren diese Identitäten dargestellt und vorgeführt werden können, und die sozialen Interaktionen, die durch die globalen Netzwerke des World Wide Web zirkulieren.

Relation als das Posthumane

In *How We Became Posthuman* argumentierte ich, dass eine Reihe von Entwicklungen in Bereichen wie der Kognitionswissenschaft, des künstlichen Lebens, der Evolutionspsychologie und der Robotik eine Verschiebung in dem, was es heißt, Mensch zu sein, mit sich bringen, die so signifikant von dem liberalen humanistischen Subjekt abweicht, dass sie angemessenerweise posthuman genannt werden kann. Unter den Qualitäten des liberalen humanistischen Subjekts, die durch techno-wissenschaftliche Artikulationen des Posthumanen verschoben worden sind, sind Autonomie, freier Wille, Rationalität, individuelle Handlungsträgerschaft und die Identifikation des Bewusstseins als Sitz der Identität. Ob als biologischer Organismus oder als Cyborg verstanden, der nahtlos mit intelligenten Maschinen verbunden ist, das Posthumane wird als eine Konstruktion gesehen, die an verteilter Kognition teilnimmt, welche über den Körper und die Umwelt verstreut ist. Handlungsträgerschaft existiert noch, aber für das Posthumane ist sie ebenfalls eine verteilte Funktion geworden. Für das Posthumane wird Bewusstsein nicht mehr als Sitz der Identität gesehen, es wird stattdessen ein Epiphänomen, eine späte evolutionäre Hinzufügung, deren Hauptfunktion darin besteht, ungefähre Geschichten zu erzählen, die oft wenig mit dem zu tun haben, was wirklich passiert. In der Krise, die durch die Dekonstruktion des liberalen humanistischen Subjekts ausgelöst wurde, wird eine Art der Reaktion durch Versuche repräsentiert, die verlorenen Qualitäten durch die Meisterung von zunehmend mächtigen Rechen- und Informationstechnologien wieder einzusetzen. Wenn Bewusstsein auf ein Epiphänomen reduziert wird, kann seine souveräne Rolle vielleicht dadurch wieder eingesetzt werden, dass man den Körper verliert und den Geist in einen Computer verlagert. Wenn Handlungsträgerschaft genau wie Kognition verteilt ist, kann sie vielleicht wiedergewonnen werden, indem man mächtigere Prothesen erschafft, ausgedehntere Implantate, smartere Waffen. Diese Reaktionen sträuben sich alle dagegen, menschliche Endlichkeit zu akzeptieren; sie bleiben darauf ausgerichtet, den Willen des Individuums der Welt aufzuzwingen, die als zu beherrschendes Objekt gesehen wird. In diesen Konstruktionen bleibt das Subjekt selbst dann unverletzt, wenn es den Körper verliert, und die Grenzen des Subjekts sind weiterhin klar gegenüber einer objektiven Welt abgesteckt. Diese Reaktionen führen auf wichtige Weise die schlimmsten Aspekte des liberalen humanistischen Subjektes fort, während sie sich dem Posthumanen zuwenden.

Eine andere Art der Reaktion wird durch die Kunstwerke virtueller Realität dargestellt, die oben diskutiert wurden. Hier wird das Posthumane als Gelegenheit begrüßt, die Geist/Körper-Spaltung und die Prämisse, dass Geist und Körper, wie der Rest der Welt, bereits vor unseren Erfahrungen von ihnen bestehen, erneut zu überdenken. Wie wir gesehen haben, legt die relationale Haltung, die von diesen Werken dargestellt wird, die Betonung eher auf dynamische interaktive Prozesse, aus denen sowohl Geistkörper wie auch die Welt gemeinsam entstehen. Die Bedeutung dieser Werke in diesem posthumanen Moment ist tiefgründig, denn sie operieren mit einer performativen Intensität, welche uns die Wichtigkeit der emergenten Relationalität in Geist und Körper begreifen lässt, indem diese beiden »Elemente« zum Geistkörper transformiert werden, der wiederum in unsere Relationen mit der Technowelt eingebettet ist. Indem diese Kunstwerke zu mehr als dem bewussten Geist sprechen, bieten sie unseren Geistkörpern reiche Erfahrungsfelder, welche die relationale Haltung mit Bedeutungen versieht, die auf vielfältigen Ebenen funktionieren, inklusive des Neokortex, aber ebenso darunter und darüber hinausreichend. Sie zeigen lebendig das Versprechen des Posthumanen, dass Existenz ohne Relation, wenn man sie sich überhaupt vorstellen könnte, eine gemeine und armselige Sache wäre. Wir existieren nicht, um in Relation zu stehen, wir stehen vielmehr in Relation, um als voll verwirklichte Menschen existieren zu können.

(Aus dem Englischen von Benjamin Marius Schmidt)

Zu den AutorInnen

Mandakranta Bose, geb. 1938, Studium der Oriental Studies an der Universität Oxford und der Vergleichenden Literaturwissenschaft an der British Columbia University, Vancouver / Canada, Direktorin am Centre for India and South Asia Research und Programme in Inter-Cultural Studies in Asia. Veröffentlichungen (Auswahl): *The World My Mother Gave Me: Asian Women's Perspectives and Perceptions in Literature,* Vancouver 1998. *Faces of the Feminine in Ancient, Medieval and Modern India,* New York 2000. *A Varied Optic: Contemporary Studies in Ramayana,* Vancouver 2000.

Drucilla Cornell, geb. 1950, Professor of Law (Feminist Jurisprudence), Rudgers School of Law at Newark, New Jersey. Veröffentlichungen (Auswahl): *Transformations: Recollective Imagination and Sexual Difference,* New York 1993. *Feminist Contentions: A Philosophical Exchange* (mit Seyla Benhabib, Judith Butler, Nancy Fraser), New York 1994. *The Imaginary Domain: Abortion, Pornography & Sexual Harassment,* New York 1995.

Georges Didi-Huberman, geb. 1953, Philosoph und Kunstwissenschaftler, lehrt an der Ecole des Hautes Etudes en Sciences Sociales in Paris. Veröffentlichungen (Auswahl): *Erfindung der Hysterie,* München 1997 (franz. Original 1982). *Was wir sehen blickt uns an: Zur Metapsychologie des Bildes,* München 1999 (franz. Original 1992). *Ähnlichkeit und Berührung,* Köln 1999 (franz. Original 1997). *Vor einem Bild,* München 2000 (franz. Original 1990).

Terry Eagleton, geb. 1943, Professor für Kulturtheorie an der Universität von Manchester. Veröffentlichungen (Auswahl): *Ästhetik: Die Geschichte ihrer Ideologie,* Stuttgart / Weimar 1994 (engl. Original 1990). *Die Illusionen der Postmoderne,* Stuttgart / Weimar 1997 (engl. Original 1996). *The Idea of Culture,* Oxford 2000.

Michael L. Geiges, geb. 1964, Dr. med., Konservator der Moulagensammlung Universitätsspital und Universität Zürich, Arzt an der Dermatologischen Klinik des Universitätsspitals Zürich, Mitarbeiter des Medizinhistorischen Institutes der Universität Zürich. Studium in Zürich, Assistenz in Psychiatrie, Chirurgie, Innerer Medizin, Medizingeschichte, zurzeit in Weiterbildung zum Facharzt Dermatologie und Venerologie in Zürich. Ausstellung und Sonderausstellungen im Moulagenmuseum. Veröffentlichungen: *Die Haut in der wir leben* (hgg. mit Günter Burg), Zürich 2001.

Michael Hardt, geb. 1960, Romanist und Literaturwissenschaftler, Professor an der Duke University, Durham, New York. Veröffentlichungen (Auswahl): *Gilles Deleuze: An Apprenticeship in Philosophy,* Minneapolis 1993. *Die Arbeit des Dionysos,* Berlin 1996. *Empire* (mit Toni Negri), Cambridge 2000.

N. Katherine Hayles, geb. 1943, Professorin für Englisch an der University of California, Los Angeles. Veröffentlichungen (Auswahl): *Chaos and Order: Complex Dynamics in Literature and Science* (Hg.), Chicago 1991. *How We Became Posthuman: Virtual Bodies in Cybernetics, Literature and Informatics,* Chicago 1999. *Coding the Signifier: Rethinking Semiosis from the Telegraph to the Computer,* Chicago 2001.

Jörg Huber, geb. 1948, Dr. phil., Dozent für Theorie und Kulturwissenschaften an der Hochschule für Gestaltung und Kunst Zürich, Leiter des Instituts für Theorie der Gestaltung und Kunst (ith) sowie der *Interventionen,* Studium der Germanistik, Kunstgeschichte, Volkskunde, Geschichte an den Universitäten Bern und München. Veröffentlichungen in Fachpublikationen der Bereiche Kunst, Film, Photographie, Kulturtheorie, Herausgeber des Jahrbuchs *Interventionen.*

Derrick de Kerckhove, geb. 1944, Direktor des McLuhan-Programms für Kultur und Technologie sowie Professor für französische Literatur an der Universität von Toronto. Veröffentlichungen (Auswahl): *The Alphabet and the Brain,* Wien / New York 1988. *Brainframes: Technology, Mind and Business,* Utrecht 1991. *Schriftgeburten: Vom Alphabet zum Computer,* München 1995 (franz. Original 1990). *Principles of Cyberarchitecture,* Basel 2001.

Ram Adhar Mall, geb. 1937, Studium der Philosophie, Psychologie, von Sanskrit, der Englischen Sprache und Literatur und Wirtschaftswissenschaften an der Universität Kalkutta. Dissertation und Ha-

bilitation an den Universitäten Köln und Trier, Dozent für Philosophie an verschiedenen Universitäten in Indien, Deutschland
und Österreich, Gründungspräsident der internationalen »Gesellschaft für interkulturelle Philosophie (GIP)«. Veröffentlichungen
(Auswahl): *Buddhismus: Religion der Postmoderne?*, Hildesheim
1990. *Interkulturelle Philosophie – Eine neue Orientierung*, Darm-
stadt 1995. *Intercultural Philsosophy*, New York / Oxford 2000.
Judith Mayne, geb. 1948, Professorin für French and Women's Studies
an der Ohio State University in Columbus. Veröffentlichungen
(Auswahl): *Cinema and Spectatorship*, London / New York 1993.
Directed by Dorothy Arzner, Bloomington / Indianapolis 1994.
Framed: Lesbians, Feminists and Media Culture, Minneapolis 2000.
Angela McRobbie, geb. 1951, Kulturwissenschaftlerin, Professorin am
Department of Media and Communications, Goldsmiths College,
University of London. Veröffentlichungen (Auswahl): *Postmoder-
nism and Popular Culture*, London / New York 1994. *British
Fashion Design: Rag Trade or Image Industry?*, London / New
York 1998. *In the Culture Society: Art, Fashion and Popular Music*,
London 1999.
Irene Nierhaus, geb. 1955, Kunsthistorikerin, arbeitet zur räumlichen
und visuellen Kultur in Bildmedien, Architektur und Städtebau
des 19. und 20. Jahrhunderts mit medienübergreifenden Analysen.
Veröffentlichungen (Auswahl): *Arch6: Raum, Geschlecht, Archi-
tektur*, Wien 1999. »Munitionen des Hauses: Zur Diskursivierung
des Privaten«, in: *Kunstgrenzen: Funktionsräume der Ästhetik in
Moderne und Postmoderne*, Wien 2001. »Von der Dingfülle zum
Materialbewusstsein«, in: Gisela Ecker (Hg.), *Kulturelle Transfor-
mationen der Dinge*, Königstein 2001.
Horst Wenzel, geb. 1941, Professor für Deutsche Philologie an der
Humboldt-Universität Berlin, Forschungsschwerpunkte sind die
Literatur und Kultur des hohen und späten Mittelalters, Text und
Bild, mediale Umbruchszeiten. Veröffentlichungen (Auswahl):
*Hören und Sehen – Schrift und Bild: Kultur und Gedächtnis im
Mittelalter*, München 1995. *Die Verschriftlichung der Welt: Bild,
Text und Zahl in der Kulturgeschichte des Mittelalters und der
Frühen Neuzeit* (Hg., mit Wilfried Seipel und Gotthart Wunberg),
Wien 2000. *Audiovisualität vor und nach Gutenberg: Zur Kultur-
geschichte der medialen Umbrüche* (Hg., mit Wilfried Seipel und
Gotthart Wunberg), Wien 2001.

Huang Qi (ed. and transl.)

黃琪（編輯與翻譯）

Two Arts on a Jade Stone

**Alberto Giacometti
seen through the camera
of Ernst Scheidegger**

雙藝合璧
鮮伊代克鏡頭中的賈珂梅悌

Chinese / English (forword and introductions)
Sea Salt Series, volume 1
278 pages, 201 illustrations, hardcover
ISBN 3-908704-00-6 / CHF 100 / EUR 62

Photography and text by Ernst Scheidegger
Frontispiece calligraphy by Wang Shi-xiang

原著與攝影：鮮伊代克
特邀書法題簽：王世襄

中文繁體版　前言及文獻附外文
海鹽譯著系列第一輯
278 頁　201 幅圖板　精裝
ISBN 3-908704-00-6 定价：歐元 62

»Much has been written by poets, authors and critics about Alberto Giacometti's utterances, interviews and experiences, and his works appraised. With the present volume my aim is to document Giacometti's personality from a very different standpoint; with photographs that came about almost continuously from 1943 up to his death. [...] For me, Giacometti was no legend. I appreciated his unbounded desire for freedom. In his judgments he was often devious and even hard, but at the same time also sensitive. The much described contradictoriness was to me a manifestation of his personality, his own living reality, his presence. I loved and worshipped this man, for me his work is among the most important attainments of today's art scene.«
– Ernst Scheidegger

We wanted to lay a path. Starting points were our personal admiration for Alberto Giacometti's work and the age-old wish for different cultures to meet; more, to recognise themselves in each other. This path has meanwhile become a modest, narrow bridge, but also a small crossroads: a book and a travelling exhibition.

For the path marked out by this book and by the exhibition in China we have chosen the name »Sea Salt«. A Swiss scholar once spoke of art as the salt of life, and in China the sea has long been a symbol of the west. The exhibition on thirty-six large Chinese hanging scrolls will be shown between December 2000 and June 2002 in sixteen significant Chinese museums.

賈珂梅悌的生平、經歷、言談已被詩人、作家和研究者詳盡地描述了，他的作品亦有了舉世公認的評價，我的這本攝影集卻在於從一個完全不同的角度來展示賈珂梅悌作為個人的存在。我之所以這樣自信，首先是因為本集作品精選於我無以數計的習作中，其次，它們都是在一九四三年至一九六六年之間拍攝的。在這二十年間我不間斷地追蹤拍攝了賈珂梅悌，而正是在這二十年間，他的藝術獲得了自己的地位和知名度。賈珂梅悌對於我不是神話人物，和普通人相比，他有著絕不妥協的意志，這種意志賦於了他自由和獨立。另外，作為一個非常敏感和細膩的人，他在下判斷時往往近乎狡點，有時甚至專橫。而在我看來，這種種自相矛盾之處正是賈珂梅悌天性的流露，正是他活著的真實，也正是他作為個體的存在。

——作者一九九零年冬於蘇黎世

我們嘗試鋪一條路。筑基時，僅僅是我們個人對賈珂梅悌作品的牽繫和一縷長年的願望：文化之間的對視。今天，鋪出了立交橋的雛形：一本書、一個展覽。

我們把這條路稱作"海鹽"，源於一位瑞士學者的話，藝術在當代生活中像"鹽"，又源於"海"在中國一直是西方的象徵。我們還常常說要鋪一條鐵路，火車在中國和歐洲都是最普通的交通工具，很多人乘著它自由平等地往往來來。

——編者二零零零年冬於蘇黎世

蘇黎世渥地出版社海鹽譯著系列第一輯暨瑞士在中國的首次藝術巡迴展
在中國十六家博物館相攜下輾轉北國江南
2000 年冬至 2002 年夏

Edition Voldemeer Zürich

蘇黎世渥地出版社

Bettina Heintz / Jörg Huber (Hgg.)

Mit dem Auge denken

Strategien der Sichtbarmachung
in wissenschaftlichen und virtuellen Welten

T:G \ 01

Deutsch
Institut für Theorie der Gestaltung und
Kunst (ith) an der HGK Zürich
403 Seiten, 144 Abbildungen, Französische
Broschur, 2001
ISBN 3-211-83635-7 / CHF 68 / EUR 42

Am Anfang dieses Buches steht die Feststellung einer Diskrepanz: Während sich die Öffentlichkeit am Beispiel der Genom-Entzifferung noch mit der Textstruktur der Natur beschäftigt und sich die Frage stellt, ob die Natur nicht doch als »Buch« zu begreifen ist, dessen Zeichen und Grammatik es zu entziffern gilt, scheint die Praxis der Naturwissenschaften eher nach kunsttheoretischer Expertise zu verlangen. Die zunehmende »Piktoralisierung« der Naturwissenschaften wurde von der Wissenschaftsforschung erst am Rande zur Kenntnis genommen.

Die vorliegenden Beiträge machen deutlich, wie viele Apparaturen, Operationsschritte, Entscheidungen und Eingriffe involviert sind, bis vor unseren Augen jene Bilder entstehen, deren Perfektion unmittelbare Sichtbarkeit suggeriert. Faktisch sind diese Bilder aber keine Abbilder, sondern visuell realisierte theoretische Modelle bzw. Datenverdichtungen. Ähnlich wie man wissenschaftliche Texte mit dem Werkzeug der Literaturtheorie analysieren kann, bietet es sich an, wissenschaftliche Bilder mit dem Instrumentarium der Kunstwissenschaft auf ihre Funktion und formale Qualität hin zu untersuchen.

Die Text- und Bildbeiträge des vorliegenden Bandes zeigen, wie wissenschaftliche Bilder entstehen und interpretiert werden, und demonstrieren damit gleichzeitig, dass es sich lohnt, aus einer bild- und medientheoretischen Perspektive über sie nachzudenken.

»Die Beiträge sind in thematische Abteilungen aufgeteilt worden, die sich zum einen um generelle ›Bilderfragen‹ kümmern, zum anderen aber ganz präzise auf das ›Sichtbarmachen‹ als neue *technè* in den Naturwissenschaften und in der Mathematik eingehen.«
– Neue Zürcher Zeitung

»[…] neue Schnittstellen zwischen Kunst- und Wissenschaftsbildern erkunden […] starke Impulse zum Dialog zwischen den verschiedenen wissenschaftlichen Kulturen, die von dem Band mit seiner beeindruckenden Materialfülle und dem hohen Reflexionsniveau ausgehen werden.« – *Tages-Anzeiger*, Zürich

Arnold Benz
Gottfried Boehm
Cornelia Bohn
Cornelius Borck
Alois Breiing
Regula Burri
Gerhard M. Buurman
Gérard Crelier
Udo Diewald
Marc Droske
Gabriele Fackler
Gerd Folkers
Christoph Grab
Arnim Grün
Christian Hübler
Thomas Järmann
Gottfried Kerscher
Karin Knorr Cetina
Knowbotic Research
Sybille Krämer
Joachim Krug
Reinhard Nesper
Tobias Preußer
Hans-Jörg Rheinberger
Stefan Roovers
Martin Rumpf
Mike Sandbothe
Robert Strzodka
Gabriele Werner
Yvonne Wilhelm

Edition Voldemeer Zürich
Springer Wien New York

Ines Anselmi / E. Valdés Figueroa (Hgg.)

Neue Kunst aus Kuba
Art actuel de Cuba
Arte cubano contemporáneo
La dirección de la mirada

Deutsch / Français / Español
144 Seiten, 82 Abbildungen, gebunden,
Fadenheftung, 1999
ISBN 3-211-83301-3 / CHF 36 / EUR 22

Die »Neue Kubanische Kunst« der 90er Jahre ist Markenzeichen, tolerierter Skandal und bilderreicher Dissens in einem. In »elitärer« Vieldeutigkeit formuliert, entzieht sich die bildnerische Produktion einer neuen Generation spielerisch der lokalen Zensur und sichert sich gleichzeitig die Aufmerksamkeit der Kuratoren aus Los Angeles und Madrid.

Texte von Jorge Ángel Pérez, Ines Anselmi, Abelardo Mena, Gerardo Mosquera, Eugenio Valdés Figueroa.

»New Art from Cuba« of the nineties is three things in one: trade-mark, tolerated scandal, and art-inspiring dissent. Deliberately claiming an »elitist« position of ambiguity this young generation of artists manages to outwit local censorship as well as to attract the attention of curators in Los Angeles or Madrid.

»[...] die Möglichkeit zu entdecken, daß zeitgenössisches Kunstschaffen von Fidel Castros Insel weder mit agit-properen Polit-Pamphleten noch mit den Stereotypen eines folkloristisch angehauchten ›lateinamerikanischen Phantastischen‹ etwas zu tun hat. Vielmehr präsentiert sich ein Panoptikum verblüffend moderner Exponate [...] ein sehr schön gestaltetes Buch.« – *Neue Zürcher Zeitung*

Tania Bruguera / Los Carpinteros / Sandra Ceballos / Luis Gómez / Rodolfo Llópiz / Kcho / Ibrahim Miranda / Antonio Núñez / Sandra Ramos / Fernando Rodríguez y Francisco de la Cal / René Francisco Rodríguez / Lázaro Saavedra / Ezequiel Suárez / Tonel

Edition Voldemeer Zürich
Springer Wien New York

Marie-Louise Lienhard (Hg.)

Anselm Stalder –
Keine Deregulierung für die Erfindung des Nebels
No Deregulation for the Invention of Fog

Deutsch / English
Helmhaus Zürich
128 Seiten, 87 Abbildungen, gebunden,
Fadenheftung, 2000
ISBN 3-211-83587-3 / CHF 48 / EUR 30

Anselm Stalder, geboren 1956, ist der Philosoph unter den Schweizer Künstlern. Sein Zugriff auf die Welt ist begrifflich, denkerisch definiert. Seine Sprache sind Bilder. Aus dieser Disposition wächst jedoch nicht eine Kunst, die in einem herkömmlichen und historischen Sinn »konzeptuell« ist, sondern vielmehr eine Kunst, die darauf insistiert, künstlerische Gedanken mit allen Widersprüchlichkeiten in der Materialität des Werkes aufgehen zu lassen. Dies geschieht in Malereien, Plastiken, Zeichnungen, in einer raffinierten Zwiesprache zwischen der »stummen« Materie und der Komplexität der künstlerischen Absichten.

Texte von Roman Kurzmeyer, Marie-Louise Lienhard, Michael Lüthy.

Anselm Stalder, born in 1956, is the philosopher among Swiss artists. His access to the world is framed in thoughts, ideas. Images are his language. But this turn of mind does not engender an art which is »conceptual« in the conventional and historic sense, but rather an art that insists on bringing artistic thoughts with all their contradictions to burgeon in the materiality of the work. This takes place in paintings, modellings and drawings, in a sophisticated colloquy between the »mute« material and the complexity of the artistic intention.

Texts by Roman Kurzmeyer, Marie-Louise Lienhard, and Michael Lüthy.

Edition Voldemeer Zürich
Springer Wien New York

Roman Kurzmeyer

Viereck und Kosmos

Künstler, Lebensreformer, Okkultisten, Spiritisten in Amden 1901–1912
Max Nopper, Josua Klein, Fidus, Otto Meyer-Amden

Deutsch
264 Seiten, 80 Abbildungen, gebunden, Fadenheftung, 1999
ISBN 3-211-83371-4 / CHF 48 / EUR 30

Im Jahr 1903 kaufte Josua Klein in Amden, einer am Walensee in der Schweiz gelegenen Berggemeinde, für viel Geld zahlreiche Häuser, Wiesen, Äcker und Wälder. Josua Klein, Sohn eines freireligiösen Privatgelehrten, und Max Nopper, ein aus Gewissensgründen aus dem Dienst der Württembergischen Armee ausgetretener Offizier, ließen die Häuser reparieren und einen Zentrumsbau errichten. Josua Klein plante in Amden Tempel zu bauen und engagierte für diese Aufgabe den Berliner Künstler Fidus. Unter deutschen Lebensreformern hieß es, in Amden entstehe ein Gottesreich auf Erden.

In 1903, Josua Klein spent a fortune buying numerous houses, meadows, fields, and forests in and around Amden, a small mountain village above Lake Walenstadt in central Switzerland. Klein, the son of a non-denominational scholar, together with Max Nopper, ex-officer of the Wurttemberg army and a conscientious objector, organized the restoration of the existing houses as well as the construction of new buildings, among them a number of temples to be designed by Fidus, an artist from Berlin. Among other German adherents to the lifereform-movement there was talk of a Divine Kingdom on earth being created at Amden.

»Kurzmeyer hat die Faktengeschichte [...] minuziös recherchiert und [...] Kontexte (Lebensreform, ›Tempelkunst‹) des Projekts von Nopper und Klein in dem ästhetisch sehr ansprechend gestalteten Band dargestellt.«
– *Neue Zürcher Zeitung*

Edition Voldemeer Zürich
Springer Wien New York

Roman Kurzmeyer

Max von Moos (1903–1979)

Atlas, Anatomie, Angst
Atlas, Anatomy, Angst
Joseph von Moos
Max von Moos
Elie Nadelman
Max Raphael

Deutsch / English
215 Seiten, 114 Abbildungen, gebunden, Fadenheftung, 2001
ISBN 3-211-83682-9 / CHF 68 / EUR 42

Max von Moos (1903–1979) ist ein bedeutender Vertreter der modernen Schweizer Malerei. In seiner Arbeit kultivierte er den Zweifel als bildgenerierendes Prinzip. Sein Surrealismus eignet sich nicht zum Träumen. Mit großer technischer Meisterschaft schildert Max von Moos Weltangst und das Versagen der Wahrnehmungs- und Ausdrucksfähigkeit angesichts einer Unheil kündenden Wirklichkeit. Es gibt Kunstwerke, die den Blick wie ein Auge anziehen, festhalten und führen. Der vorliegende Text befasst sich dagegen mit einer Bildwelt, vor deren Tragik wir die Augen verschließen möchten, deren künstlerisch konstruktive Auffassung aber paradoxerweise das Sehen stimuliert und trägt.

Max von Moos (1903–1979) is regarded as a significant exponent of modern Swiss painting. He cultivated skepticism as an image-generating principle in his work. The Surrealism of Max von Moos is not the stuff of dreams. In paintings exhibiting a striking degree of technical mastery, this artist describes weltangst and the failure of the capacities of perception and expression in the face of a reality that foreshadows catastrophe. There are works of art which attract the gaze, holding and guiding it like an eye. This book is concerned with another world of images, however, one so tragic that we want to turn our eyes away. The paradox is that its constructive manifestation stimulates and supports the desire to see.

Edition Voldemeer Zürich
Springer Wien New York